和竿大全《わざおたいぜん》

葛島一美

すべてが竹竿だった時代から
今もなお息づく、
タナゴからイシダイまで
新旧幻江戸和竿勢揃い

はじめに

戦前の名著との巡り合いから

今、僕の手元に一冊の分厚い本がある。松崎明治著『釣技百科』。朝日新聞社の釣り欄担当だった松崎明治が、日本全国の釣魚と地域色豊かな釣り方などを調べ上げ、細かく記した戦前の名著として名高い。

書名は聞き及んでいたものの、僕がこの本と運命的な出会いを果たすことができたのは、恥ずかしながら平成の時代である。そのきっかけは今は亡き服部善郎さん。ＴＶ番組11ＰＭのイレブンフィッシングで活躍されていたあの服部名人だ。

番組を通じて昭和40年代以降の世界のフィッシングシーンを紹介したことが大きな功績として知られる服部名人は、それ以上に国内の釣りにも精通しており、その深い造詣は職漁師の釣りにまで及んでいた。

約十年前、隔週刊『つり情報』から長期連載「服部博物館」の全取材を仰せつかった僕は、足掛け4年にわたって茅ヶ崎のご自宅を訪ね、服部名人の取材を重ねていった。

何度目かの折、本棚のある本に話が及んだ。よほど繰り返し読まれたのだろう、痛みの激しいその本こそ松崎明治の『釣技百科』だった。

「釣技百科は私の釣り師匠の一人かな」。服部名人はそう言って微笑んだ。

それは服部名人にとっての教科書であると同時に、膨大な釣り具コレクションの形成にも大きな影響を及ぼしていたのだ。

時は流れて平成28年初夏。東京中日スポーツ・釣り欄の連載「温故知新～古き良き釣り具店を訪ねて～」の取材で、僕は東京都大田区大森北にある老舗釣具店・大倉屋を訪ねた。

帰り際、2代目主人から1冊の本を手渡された。

「初代が熟読していたものです。参考資料にしてください」

それはガムテープで背が補修された、ボロボロの状態の「あの本」だった。思わず懐かしさがこみ上げたが、差し当たって用もなく、本は僕の部屋の本棚でしばしの間眠っていた。

ところが数ヵ月後には本書の企画が立ちあがり、貴重な「参考資料」として叩き起こすことになるとは夢にも思わなかった。全くなんという偶然、あるいは縁だろうか。

『釣技百科』に登場する釣り竿はいうまでもなくほぼ１００％和竿だ。もちろん竿の本ではない。しかし、そこに収められているのはまぎれもなく和竿の時代の釣りの世界である。

本書の執筆や撮影にあたって、『釣技百科』は有形無形にさまざまな示唆を与えてくれた。和竿の歴史は長く、時代とともに失われたものもある中で、その闇を照らすカンテラの明かりのように僕を導いてくれたのだ。

松崎明治の戦前、そして僕やあなたが釣りを楽しんできた戦後昭和と平成の時代を中心とした江戸和竿の竹竿史、その息吹を本書から感じていただければ、これ以上の幸せはない。

和竿大全
contents

川、池、湖の和竿

東京湾幻の釣りと和竿

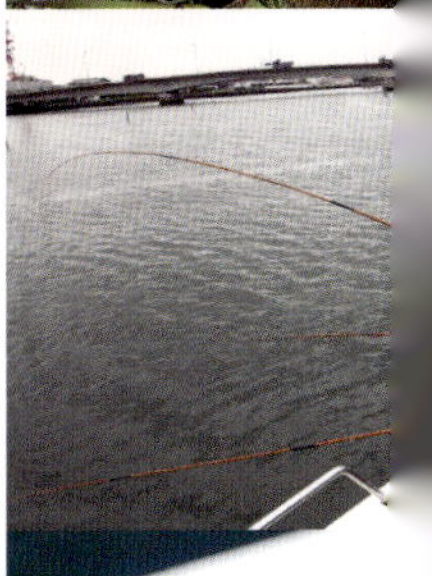

海の和竿

コラム

BOOK デザイン：神谷利男デザイン（株）
アートディレクター：神谷利男
デザイナー：坂本成志・斉藤潤花
本文イラスト：廣田雅之

真《ま》鮒《ぶな》竿

シモリ仕掛けの探り釣り小継ぎ竿

「フナに始まりフナに終わる」という格言がある一方で、竿作りにおいてマブナ竿は「江戸和竿作りの原点」ともいわれる。四季折々の引き味を通じて小継ぎ竿の真髄をじっくりと体感していただきたい。

東作本店

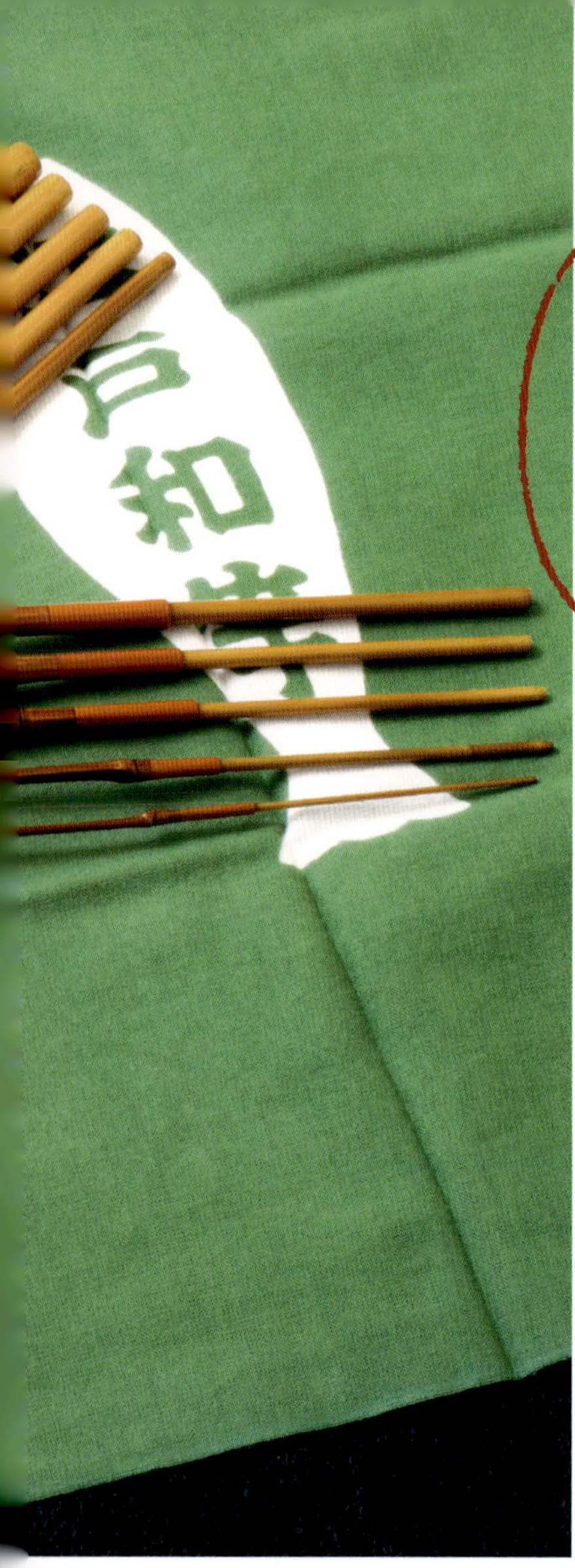

◉ 6代目東作

尺2寸元12本継ぎ（全長2間）のマブナ竿／印籠継ぎの布袋竹竿

紅柄塗りの口塗りで、筋巻き入り蝋色（ろいろ）の口栓と象牙の竿尻がアクセントになっている

焼き印とともに刻印の年号を入れることが多かった6代目東作

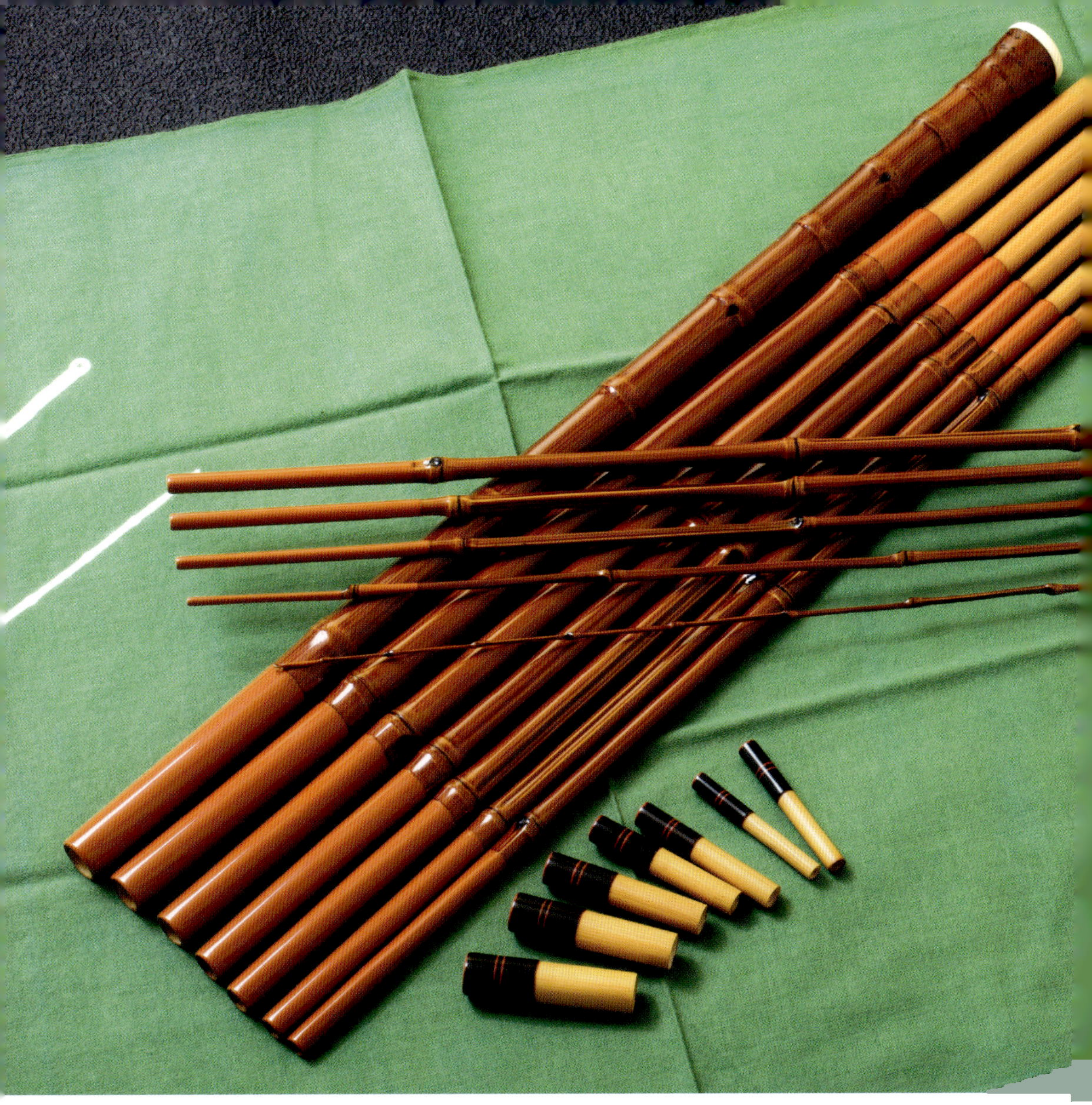

淡水釣りの原点にふさわしいターゲットといえば、里川を中心に湖沼でも楽しめるマブナ釣りだろう。

古くからの人気を裏付けるように、マブナ釣りには季節を追って呼び名が変わる釣り暦がある。

暦の1ページ目を告げるのは3月上旬の二十四節気の一つ、啓蟄《けいちつ》。冬ごもりしていた虫類が土の中から出てくるのと同じく、大河川や湖沼の深場で越冬中だったマブナたちもやっと目覚めて、春の第一歩を記す釣期が巣離れブナである。

マブナの動きはまだまだ鈍いが、水温が上がる暖かい日和を選んで、越冬していた大場所から中小河川や水路をたどり、最終的には浅く細い流れを目差す。これら一連の行動が産卵を目的とした春本番

◉ 6代目東作
尺2寸元9本継ぎ（全長9尺）のマブナ竿／削り穂・淡竹手元の並継ぎ矢竹竿・鞘入りの替え穂付き

6代目東作が最も得意とした赤の雨模様塗り

の乗っ込みブナだ。

乗っ込みブナを頂点とする春のシーズンは、桜の開花前線とともに北上しながら各地で釣れ続き、良型ぞろい。ときとして30cmを超す尺ブナが竿を円弧を描くように絞り込んでくれる引き味は堪えられない。

このような春の釣りをはじめ、主にシモリ仕掛けを使った探り釣りの主軸として活躍してくれるのが、小継ぎのマブナ竿である。

マブナ竿の全長は1尺（約30cm）刻みを基準とし、6尺（約1・8m）の短竿から2間半（約4・5m）の長竿まで、釣り場の規模など諸条件によって、必要な長さの竿をそろえるのが一般的だ。たとえば、川幅2m以内のホソねらい専門なら全長7〜8尺（約2・1〜2・4m）竿1本で事

白檀塗りと手拭きの胴中で仕上げ、竿尻には四分一銀の細工

◉6代目東作

尺5寸元6本継ぎ（全長8尺）のマブナ竿／削り穂・淡竹手元の並継ぎ矢竹竿

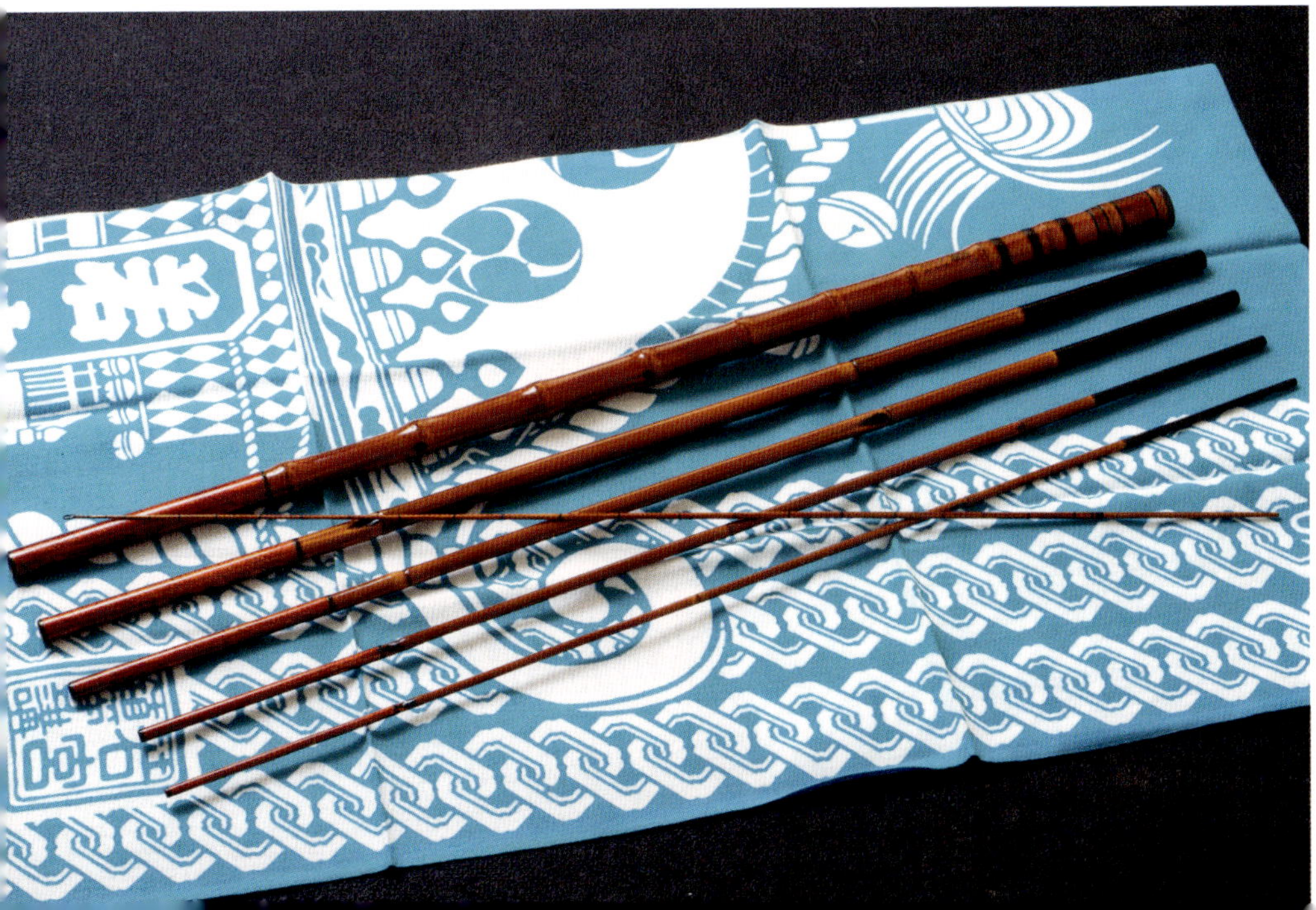

◉6代目東作
2尺元5本継ぎ(全長9尺)マブナ竿／印籠継ぎの総布袋竹竿

黒覆輪の同返し塗り

足りるし、川幅5〜6mの中小河川用にもう1本増やす場合は2〜3尺飛ばして、全長10〜12尺(約3〜3・6m)竿を追加するとよい。

小継ぎマブナ竿の切り寸法は尺5寸(約45㎝)元、尺8寸(約54㎝)元、2尺(約60㎝)元の長短3種類が大半を占め、それぞれの切り寸法によって継ぎ数が変わる。

竹材は真竹の削り穂以下、穂持ちから手元2番まで矢竹を用い、手元または握り手元として淡竹か矢竹を継ぐことが多い。矢竹主体のマブナ竿は7：3調子の先調子で並継ぎに整え、収納は3本仕舞いが大前提になっている。

江戸和竿が伝承してきた継ぎ竿の基本は、渓流竿や清流竿、アユ竿が2本仕舞い。一方、マブナ竿とタナゴ竿の小継ぎ竿は3本仕舞いという相

4代目東作が愛用した
「カク東作」の焼き印

銀の覆輪入り紅柄塗りで、
穂先先端部の細かな筋巻き
も印象的

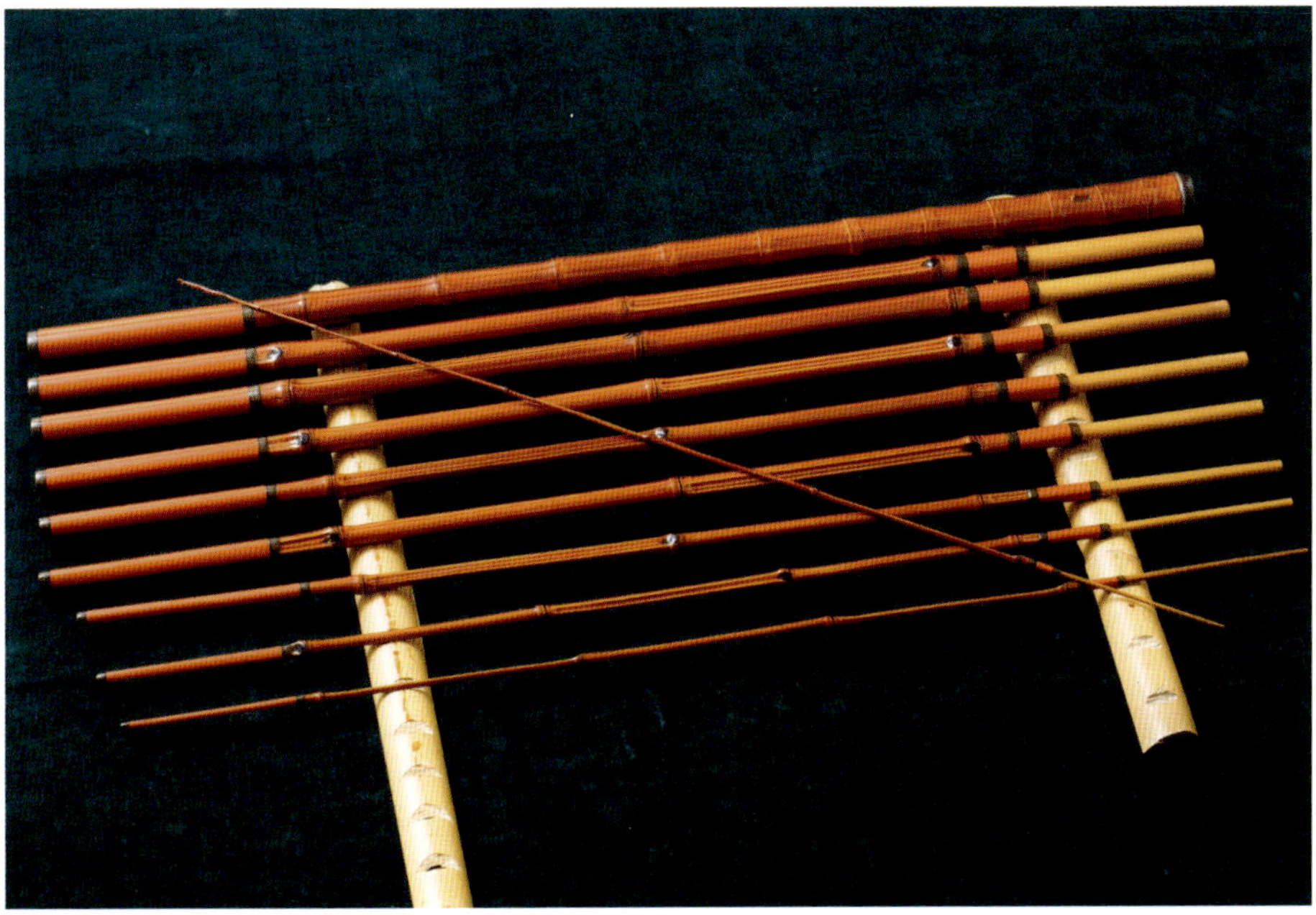

◉4代目東作
尺5寸元10本継ぎのマブナ竿／印籠継ぎの節ぞろい総布袋竹竿

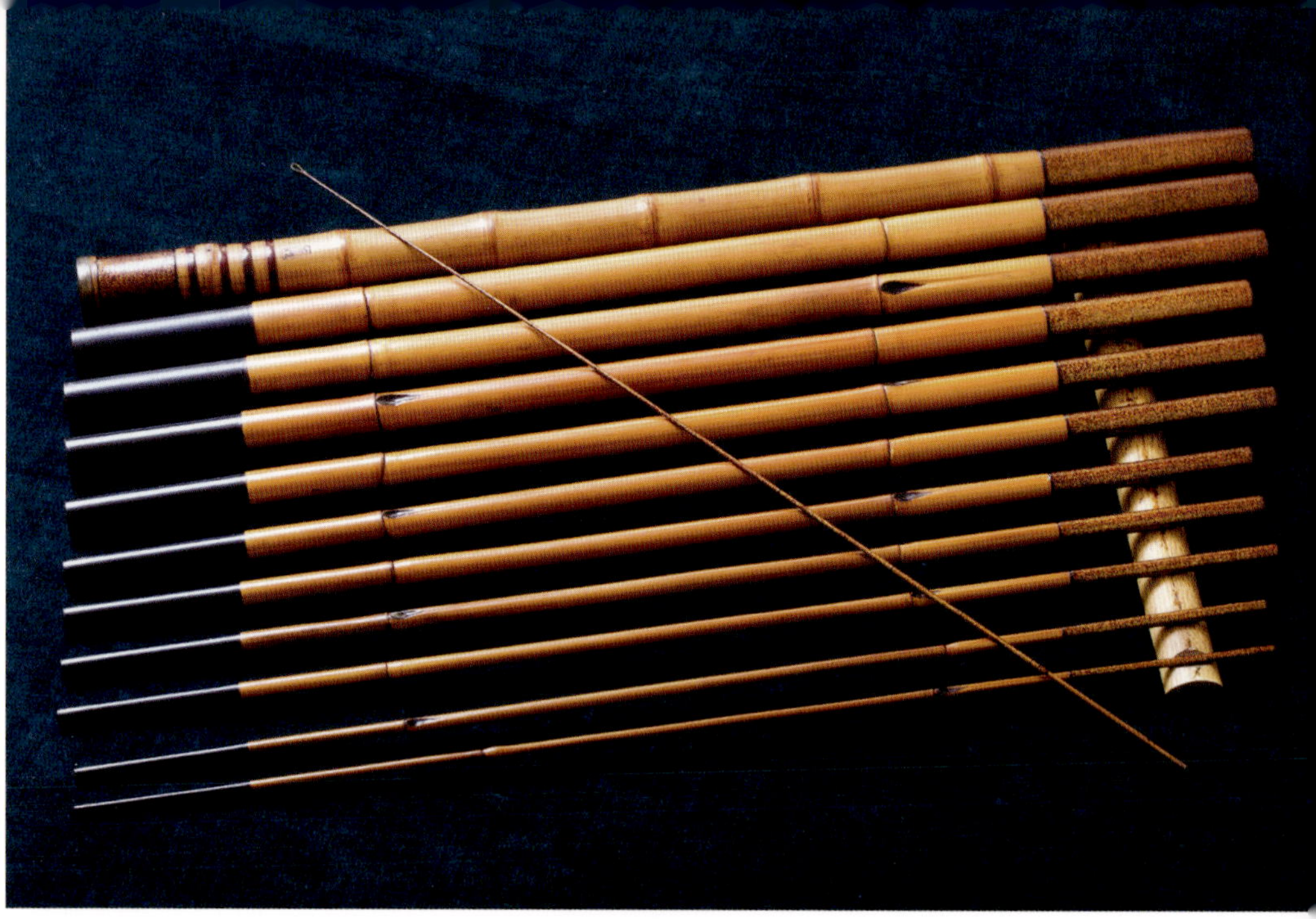

◉ **4 代目東作**
尺 5 寸元 12 本継ぎ(全長 2 間半)のマブナ竿／削り穂・淡竹手元の並継ぎ矢竹竿

梨子地粉塗りは 4 代目東作にとって、変わり塗りの意欲作の一つ

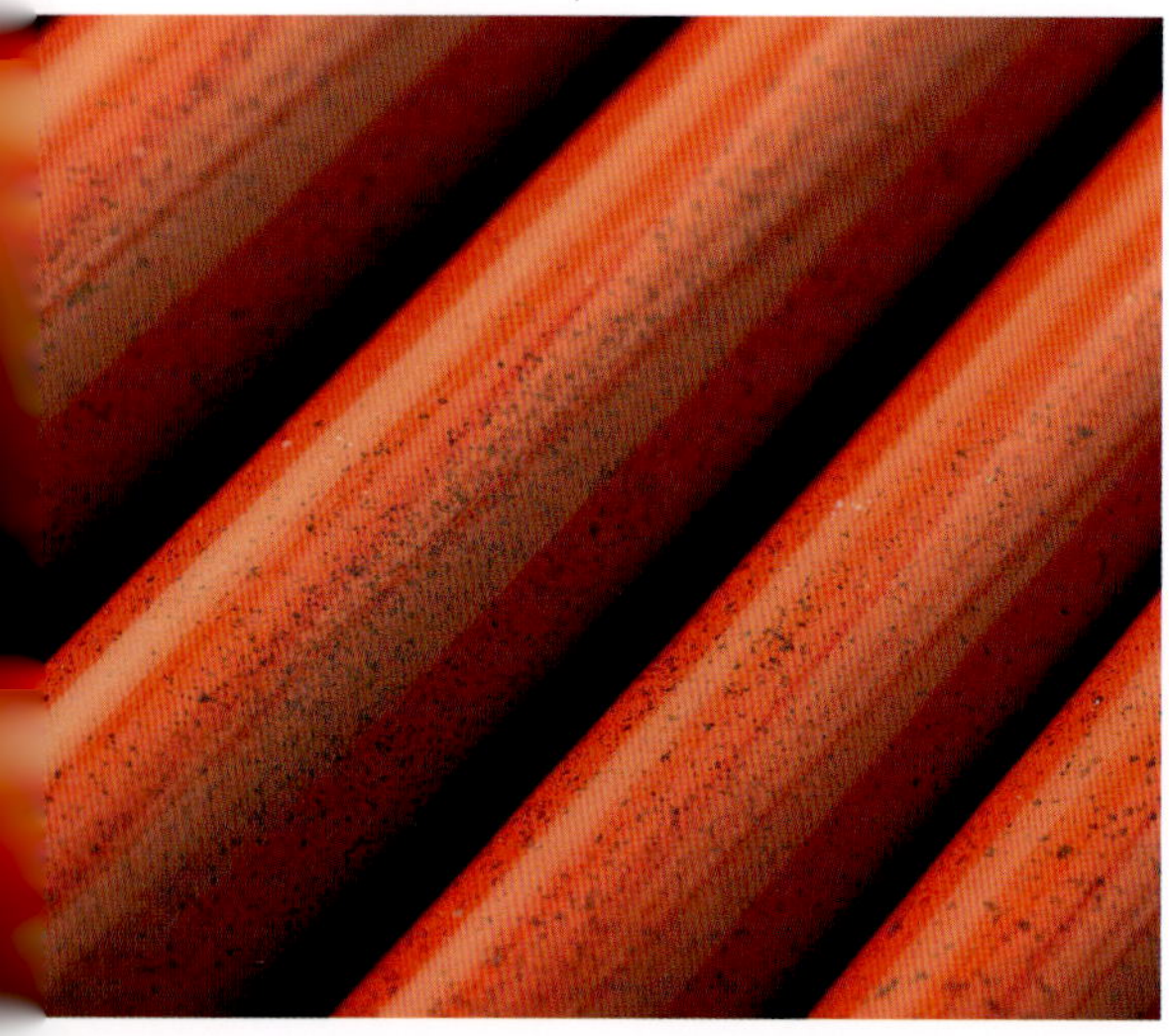

目立たぬ色の変化を楽しむ朱の石地(いじ)塗り。小説家を夢見た 5 代目東作が残した数少ない作品だ

違点を覚えておくとよい。

　このほかに、穂先から手元まで布袋竹で組む印籠継ぎの総布袋竹竿などがあり、収納方法は前述の限りではない。

　印籠継ぎに組んだ総布袋竹竿や矢竹竿は、滑らかに胴に乗る粘り強い6：4調子に仕上がり、尺ブナの強い引きにも負けない頑丈な乗っ込みブナ専用竿として人気が高い。

　また別の用途としては、全長2間～2間半（約3・6～4・5m）など長寸のマブナ竿は、ウミタナゴや小メジナを相手にする堤防や小磯の小もの竿としても使い勝手がよい。

◉4代目＆5代目東作合作
尺2寸元13本継ぎのマブナ竿／印籠継ぎの総布袋竹竿
晩年の4代目東作は息子の5代目東作、または6代目東作と組んだ合作竿を残している。4代目が竿作りの要である切り組みを担当し、後の工程は息子に任せた。当時は、親子3人が力を合わせた合作竿には必ず手元に3本の筋巻きを施す秘密の申し合わせがあった

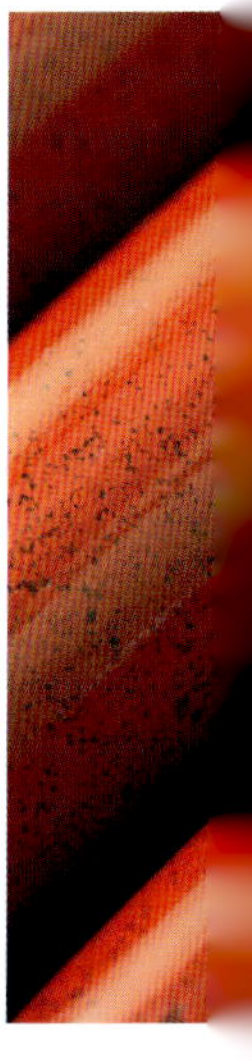

東作の東、亮平の亮の1文字ずつを合わせた東亮の焼き印

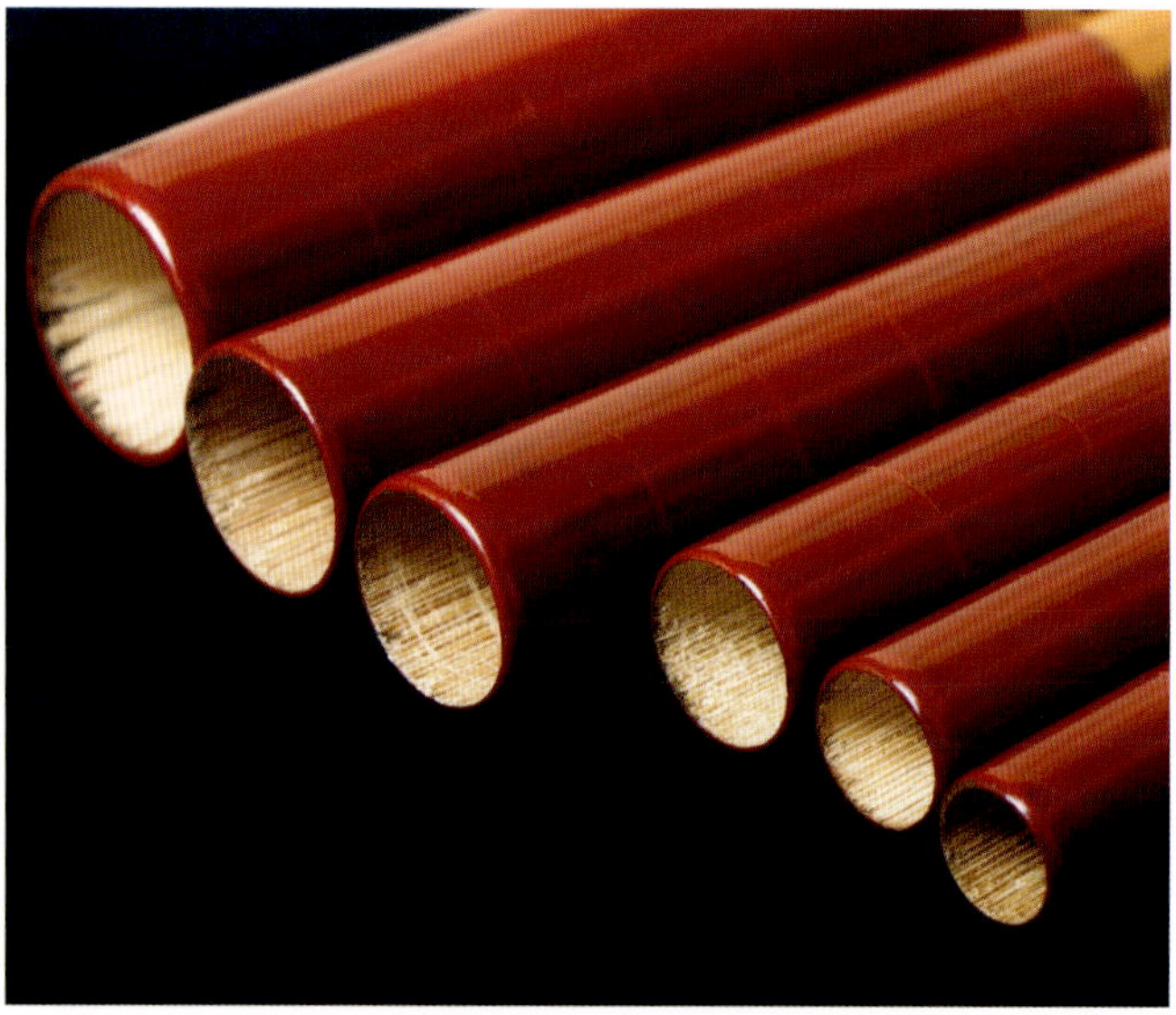

口塗りは朱の覆輪の同返し塗り

◉**東亮**

尺2寸元10本継ぎ（全長10尺）のマブナ竿／削り穂・淡竹手元の並継ぎ矢竹竿

◉ **3代目竿辰**　尺2寸元6本継ぎのマブナ竿／削り穂の並継ぎ矢竹竿

味わい深い朱色の
石黄(せきおう)塗り

3代目竿辰の焼き印

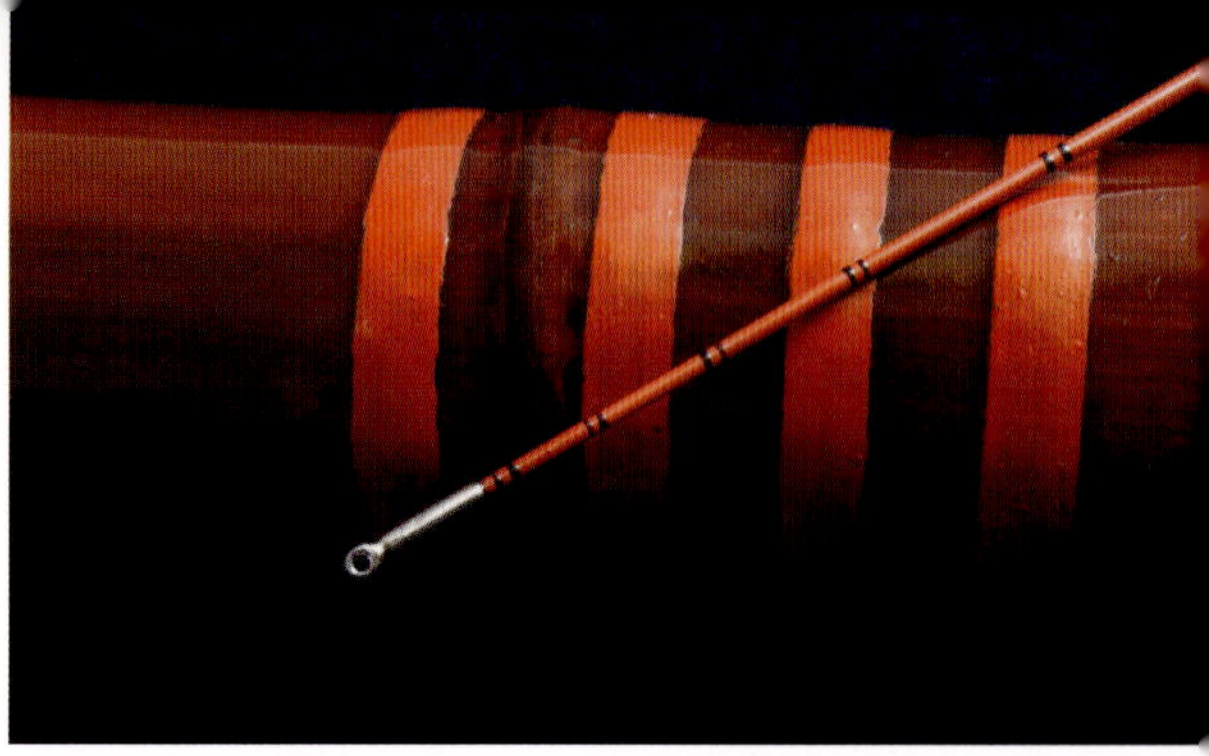

管付きのヘビ口をはめ込んでいるのは珍しい

2代目竿辰の焼き印

すげ口周りの漆は欠けているものの、丸みを帯びた輪郭は健在。少なくとも70年も前に作られた竹竿なのだから驚きだ

◉2代目竿辰
尺8寸元の10本継ぎのマブナ竿／削り穂・淡竹手元の矢竹竿

竿忠

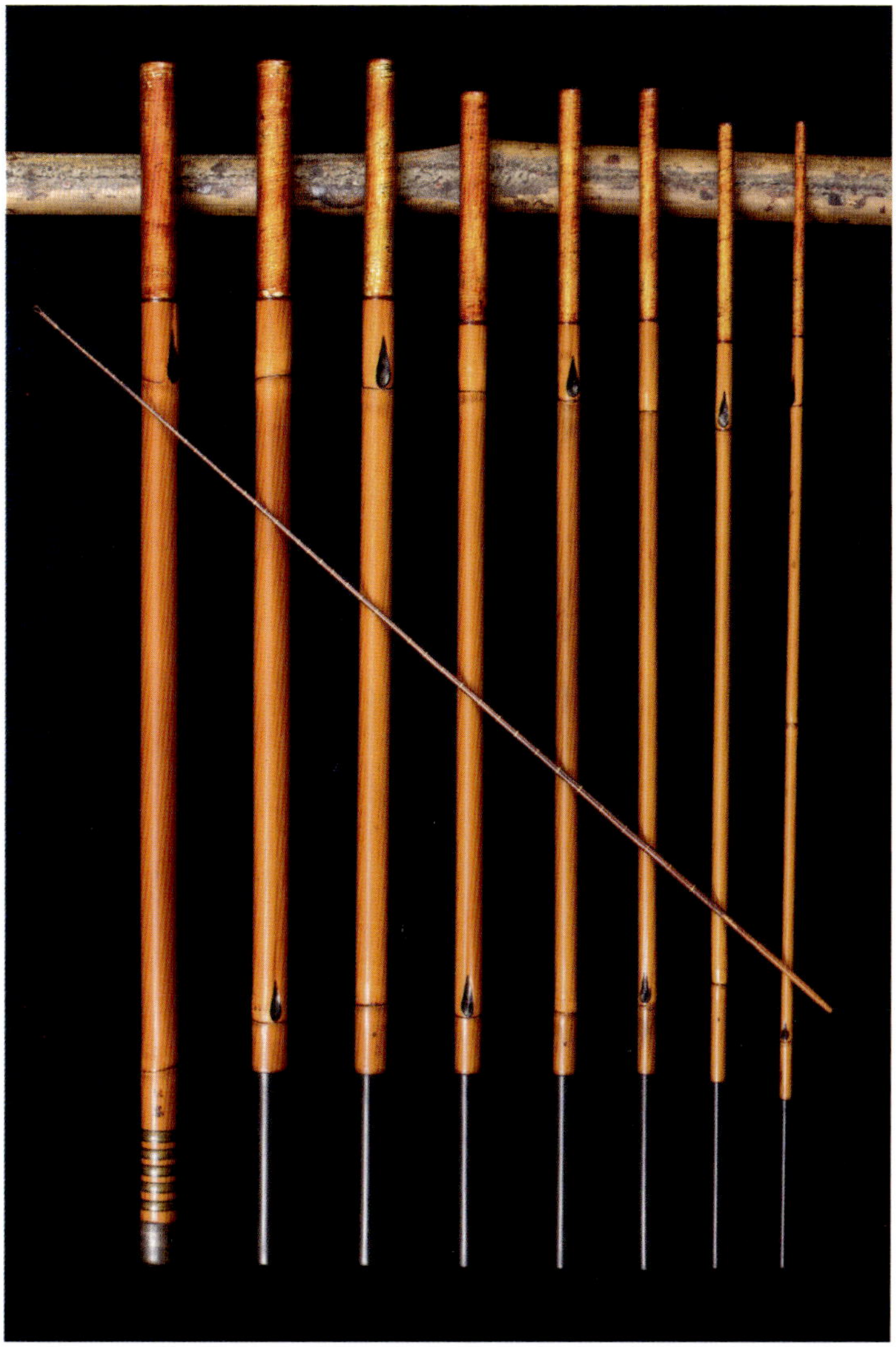

◉2代目竿忠
尺2寸元9本継ぎのマブナ竿／削り穂の並継ぎ矢竹竿

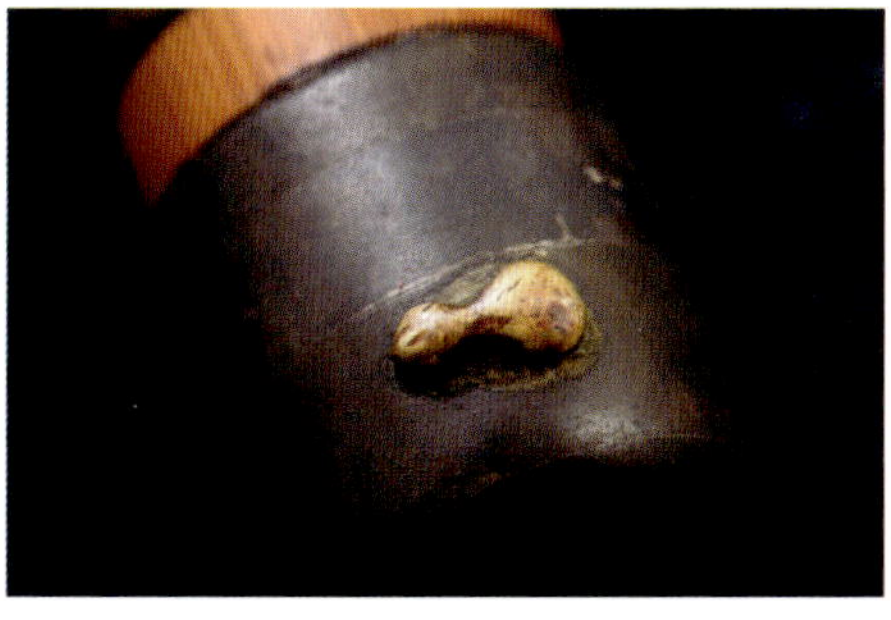

竿尻近くにはひょうたん型イト止めの粋なアクセント！

複雑な金色模様が波打つ変わり塗り

◉ 2代目竿富
尺5寸元5本継ぎのマブナ竿／削り穂の印籠継ぎ矢竹竿

竿富

紫がかった下地に金色が混ざり合う山立ての研ぎ出し

胴中は節影塗りを施した4本仕舞い。乗っ込みブナ用剛竿だ

秋冬の小ブナ竿

竿しば

マブナ釣りのシーズン後半戦は、残暑が治まる秋9月中旬から。秋ブナとはあまりいわず、日に日に水温が低下してマブナも徐々に深みに下がっていく時期なので、落ちブナ釣りと呼ぶ。

良型中心だった春ブナ釣りシーズンとは打って変わり、晩秋から初冬に向かう落ちブナ釣りでは、体長5〜8cmの可愛い小ブナがよく釣れる時期を迎える。

釣り場は大半が田園地帯を潤す川幅の狭いホソ群。それ

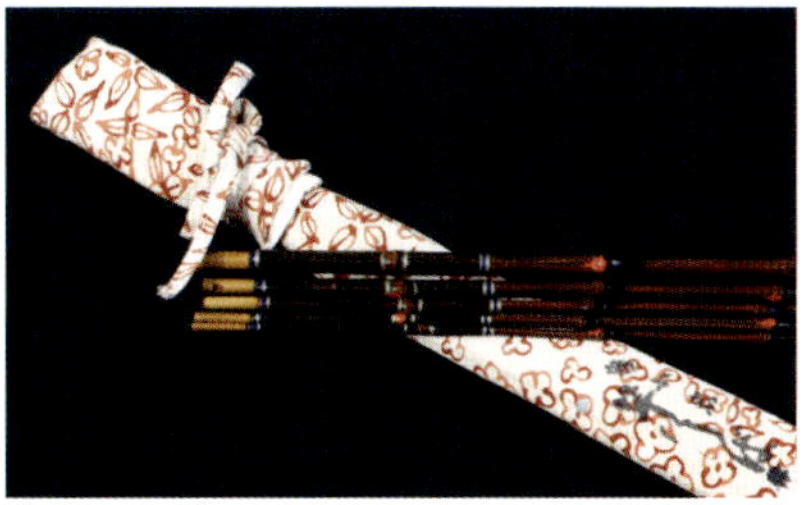

竿しば夫人の茶羽織(ちゃばおり)を縫い直した竿袋がお供！

金砂子塗りの口塗りに、銀と青の化粧巻きの組み合わせ

◉竿しば
尺2寸元6本継ぎの5節ぞろい小ブナ竿／根掘り手元の印籠継ぎ布袋竹竿

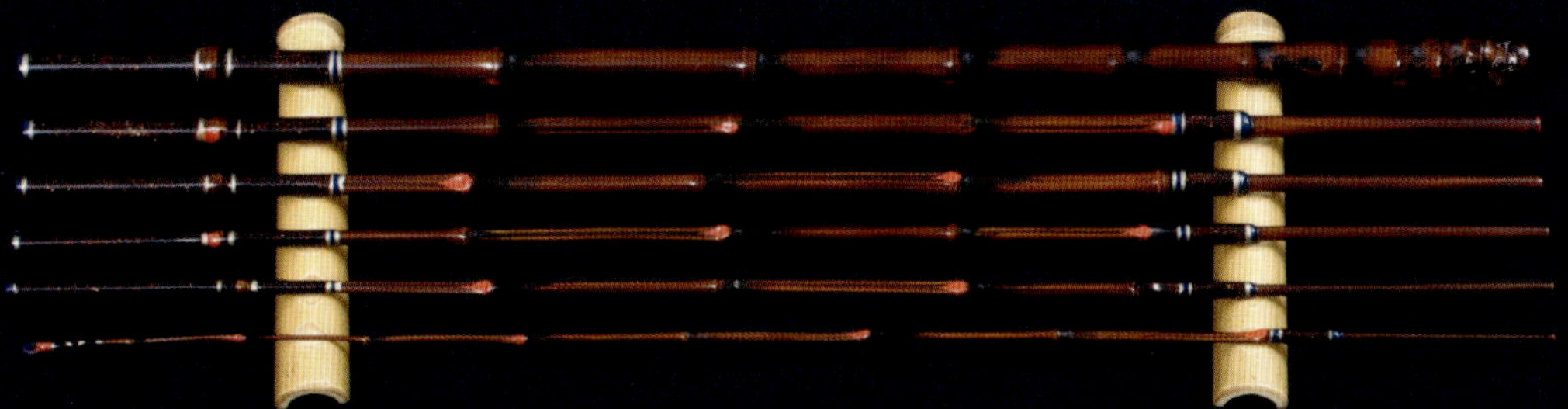

らを点々と拾うように釣り歩く探り釣りのほかに、一段と寒さが増す師走が近づくと、合切箱やイスに座ったエンコ釣りで、柿の種の愛称を持つ3～4cm級ミニブナの数釣りに興じるのも、これまた楽しい。

落ちブナ釣りの時期に小ブナ専門にねらう小継ぎ竿は、小ブナ竿と称されている。竹材や継ぎ方などの定法は、マブナ竿と大きな変わりがない。とはいえ小ブナの引き味を充分楽しめる軟らかな調子に仕上げ、切り寸法も短くすることが小ブナ竿らしい点かもしれない。

小ブナ竿の切り寸法は1尺（約30cm）元または尺2寸（約36cm）元が好まれ、川幅2m以内のホソをねらうことを考慮すると全長4～7尺（約1・2～2・1m）竿の出番が大半。もちろん、タナゴ竿の

竿富

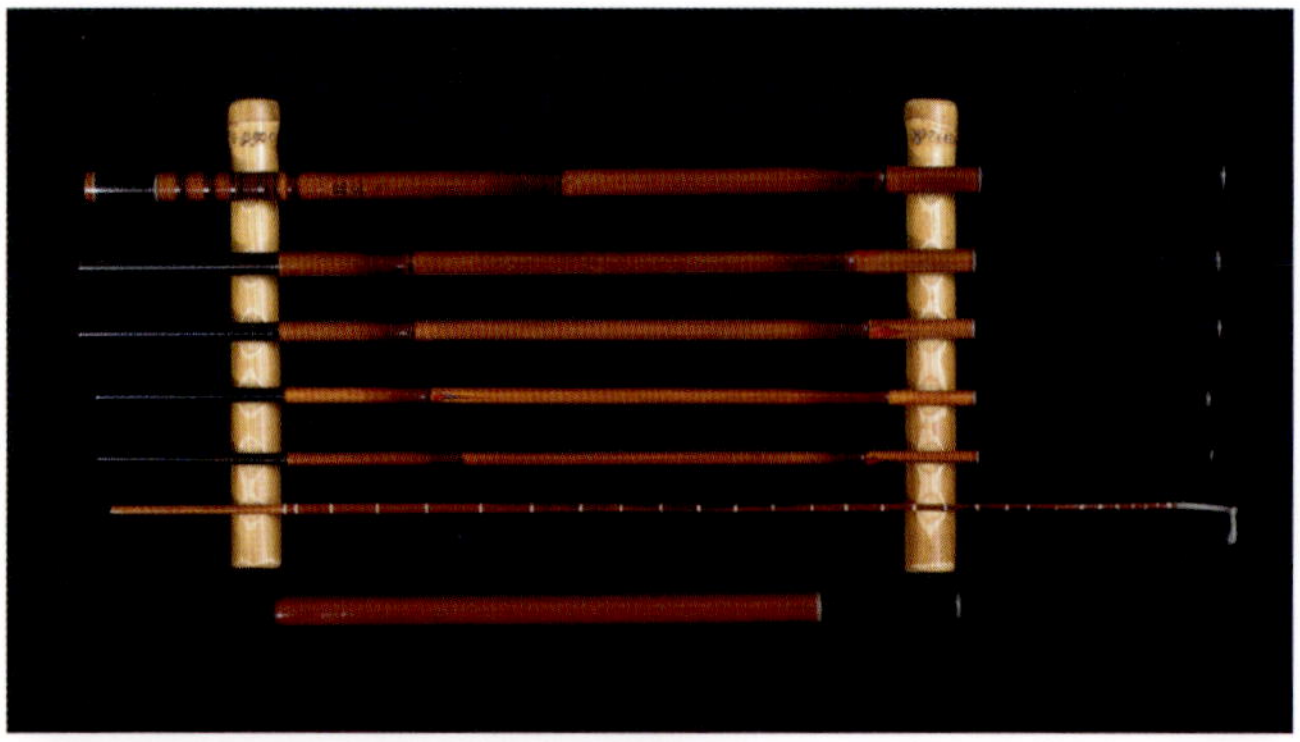

◉2代目竿富
1尺元6本継ぎの小ブナ竿／削り穂の並継ぎ矢竹竿・替え手元は4番（手元から数えて）に継ぐ

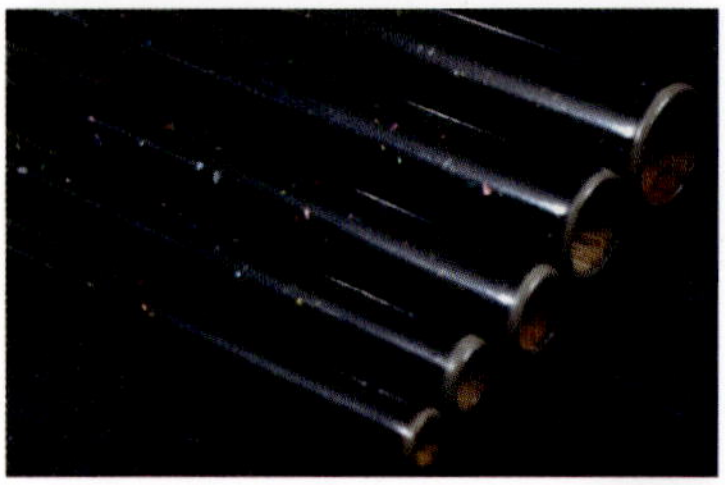

青貝の研ぎ出しと節影塗りは竿富の定番

小豆色のすげ込みで渋さが増す

汀石

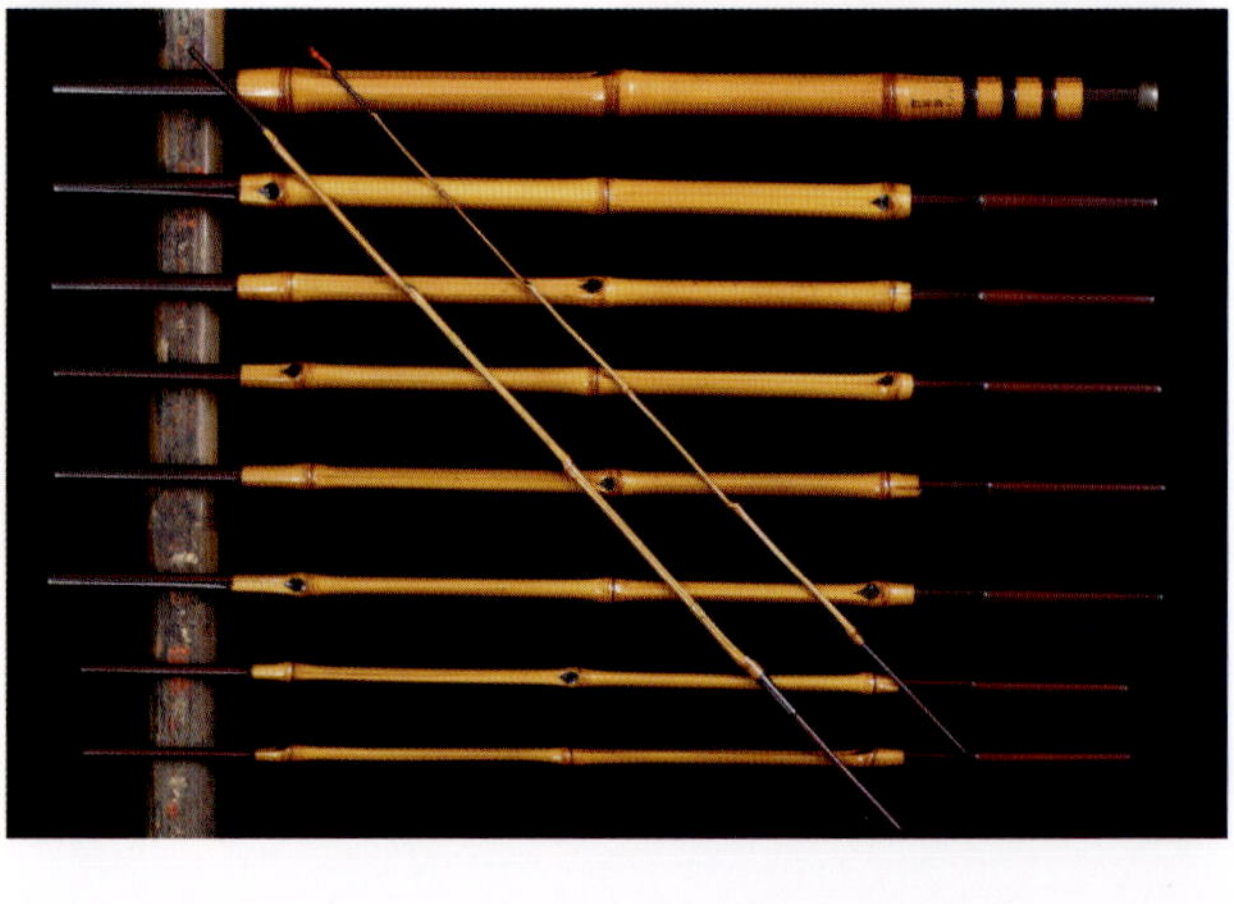

◉汀石
1尺元10本継ぎの小ブナ竿／印籠継ぎの総布袋竹竿

ように8寸（約24㎝）元のミニ竿でもよい。

　これらのマブナ竿や小ブナ竿は、好みの全長や和竿師の個性的な作品を1本ずつ買い集めていくのが楽しみの1つ。その一方で、切り寸法やデザインとともに長短一式をそろえた注文の組竿もあり、江戸和竿コレクターにとっても垂涎の的だろう。

乾漆塗りの替え手元は8番と6番用。総布袋竹の印籠継ぎだけに、ヘラブナ竿以上の軟調子に仕上がっている

金赤の山立て研ぎ出し塗り

俊秀作

東俊の弟子である俊秀作だけあって、刻印が多い

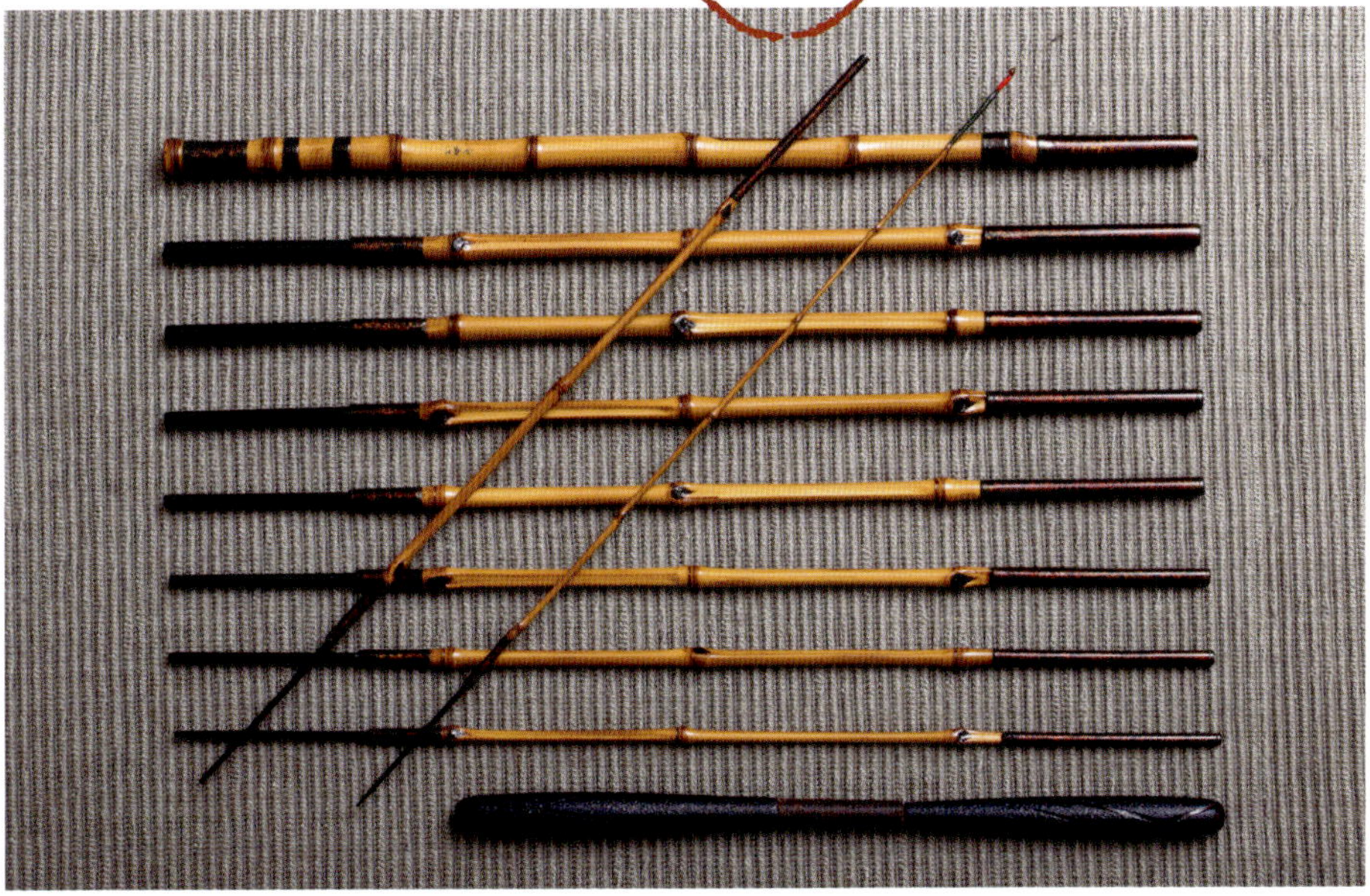

◉俊秀作　8寸元10本継ぎの小ブナ竿／印籠継ぎの総布袋竹竿・替え手元2本付き

組竿

竿治

ショルダー式の革製竿ケースに長短一式収納！

竿治には珍しい濃緑色を配した虫食い塗り

◉ 4 代目竿治

尺 5 寸元 5・6・7・8・9 本継ぎ 5 本組のマブナ竿／削り穂・淡竹手元の並継ぎ矢竹竿

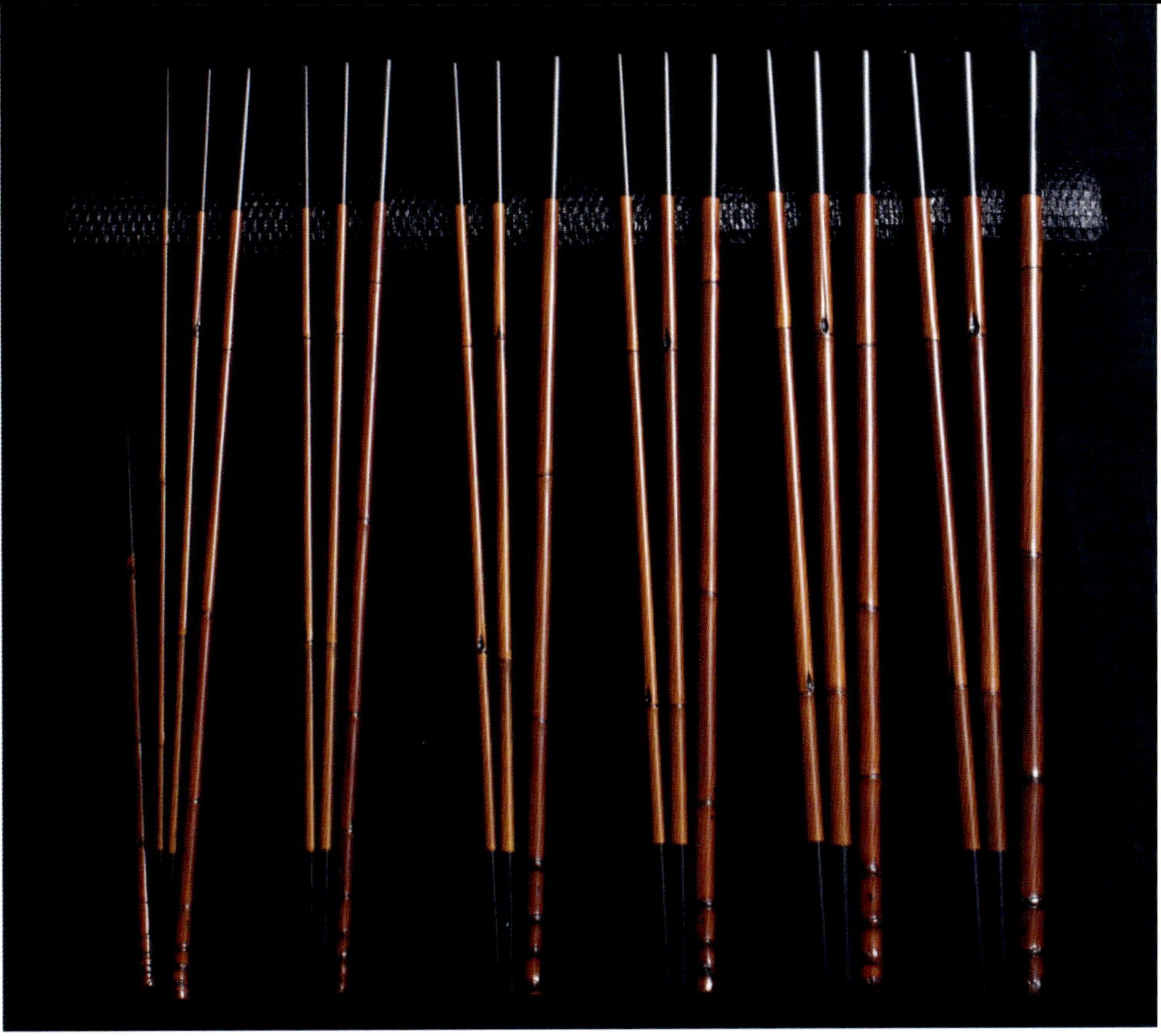

◉ 3代目竿辰
尺8寸元4本(替え手元付き)・5・6・7・8・9本継ぎ6本組のマブナ竿／削り穂の並継ぎ矢竹竿

竿辰

手元竿の竿尻は矢竹の根掘りをスパッと切った通称「切りっぱなし」。意外と味があるでしょ！

紙縒りにした和紙を漆で固めた漆筒の竿ケースに収納

竿中

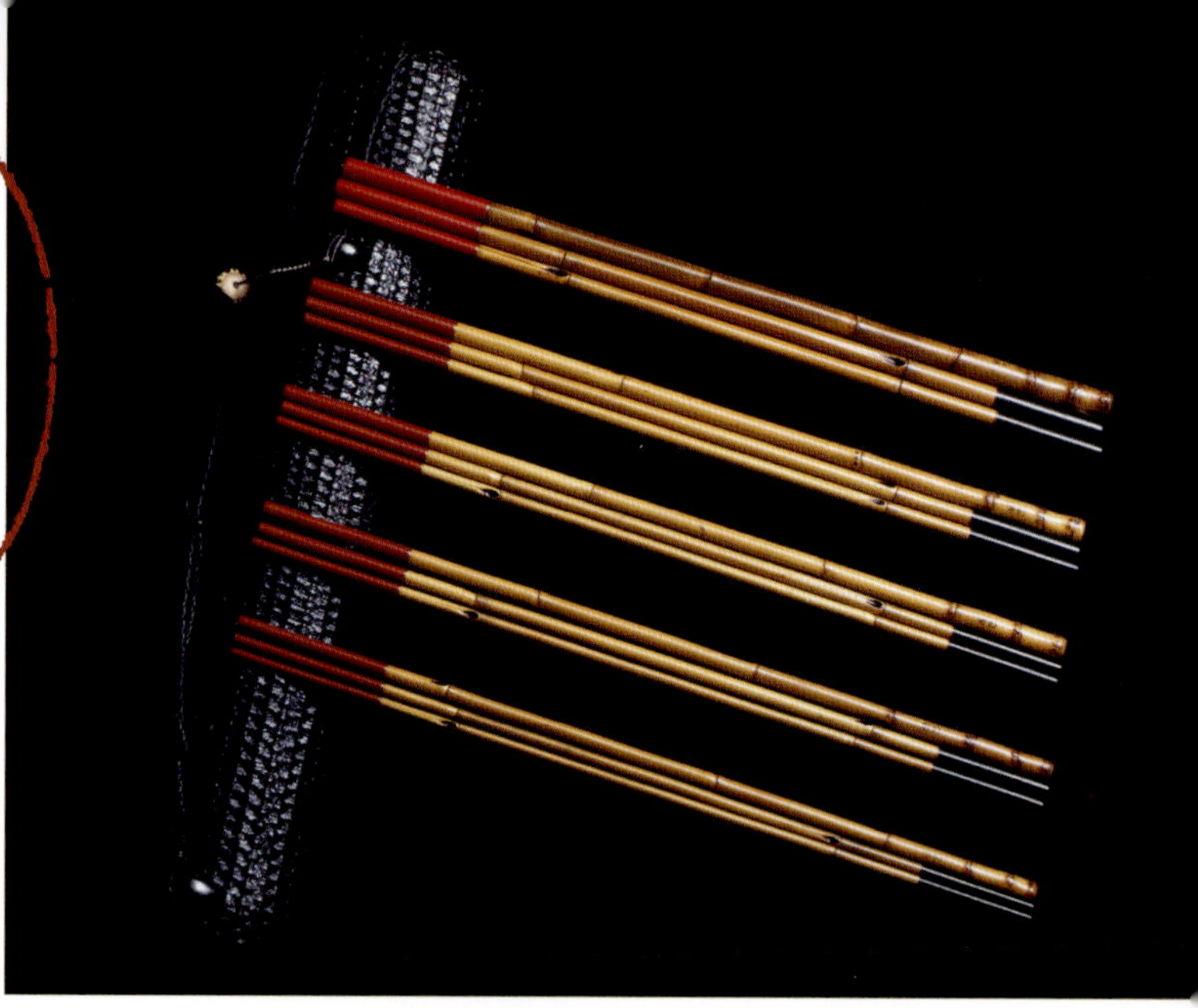

◉竿中
尺2寸元5・6・7・8・9本継ぎ5本組の小ブナ竿／削り穂の並継ぎ矢竹竿

東作本店

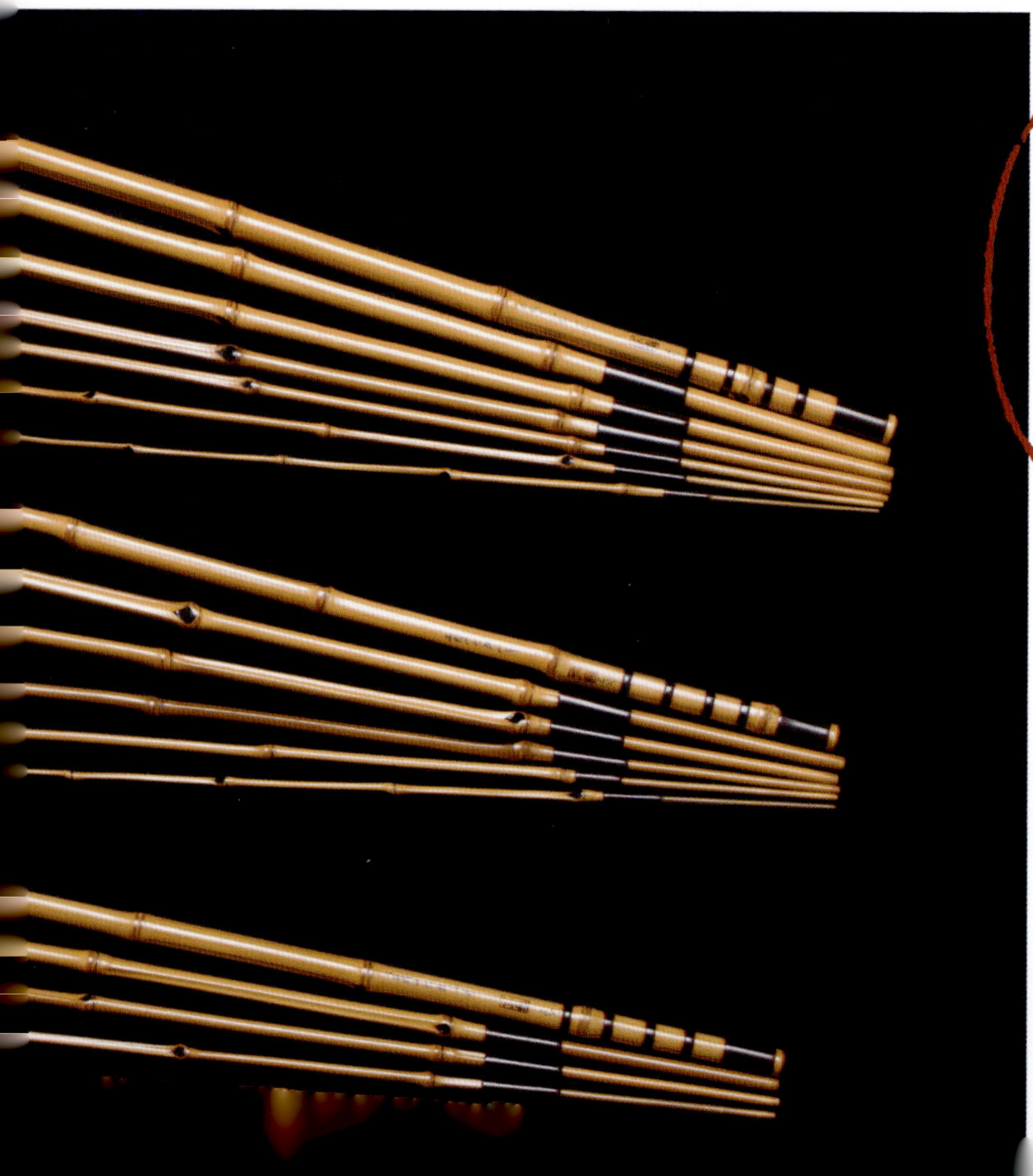

◉6代目東作
尺2寸元5・6・7本継ぎ3本組の小ブナ竿／印籠継ぎの総布袋竹竿

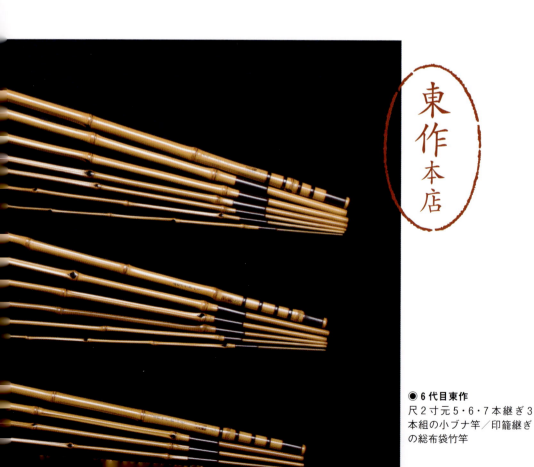

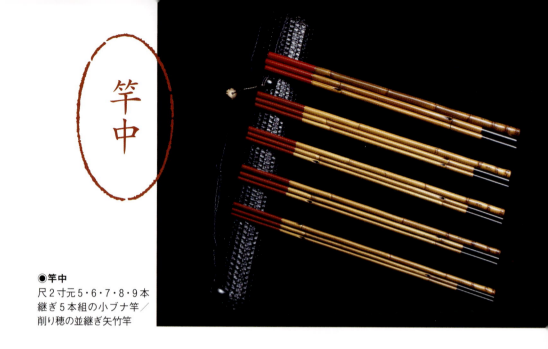

◉**東亮**
尺5寸元6・7・8本継ぎ3本組のマブナ竿／削り穂・淡竹手元の印籠継ぎ矢竹竿

口塗りは緑覆輪の金虫喰い同返し塗りという複合技

あえて透き塗り。東作オリジナルのよさを強調した6代目

ヅキ竿

マブナ竿の中には特殊な長竿もある。代表的なのは、春ブナ釣りシーズン、枯れアシが広がる水深の浅いヤッカラ地帯に押し寄せてきた乗っ込みブナをねらう目的で作られた全長20尺（約6ｍ）近いヅキ竿である。ヅキ（＝突き）の名のとおり、離れた立ち位置から枯れアシの中に仕掛けを突っ込み、掛かったマブナは竿を縮めつつ引き戻すようにして取り込む釣り方だ。

ヅキ竿の竹材はマブナ竿の定法どおり真竹の削り穂以下、穂持ちから手元2番までは矢竹とし、手元には淡竹を用いる。しかし、マブナ竿随一の長竿だけに、携帯性を考慮しつつも持ち重りが少ない軽量化は、和竿師の腕の見せどころといえよう。

持ち主は当代きっての江戸和竿師2人に別々に注文し、特製の革製竿ケースに収納したと思われる

口塗りは初代竿忠が赤茶色の微塵塗り、一方の初代竿辰は蝋色仕上げ。ヅキ釣りは過酷な釣り方をするため、すげ口や竿尻には口金の補強が取り付けられている

究極の下仕事が垣間見られるすげ込みと手元竿の竿尻。使い込まれた初代竿辰の穂持ちには補強修理後がある

●初代竿忠と初代竿辰
マブナのヅキ竿／削り穂・淡竹手元の矢竹竿

竿忠

●初代竿忠
尺8寸元13本継ぎ（全長19尺伸び）

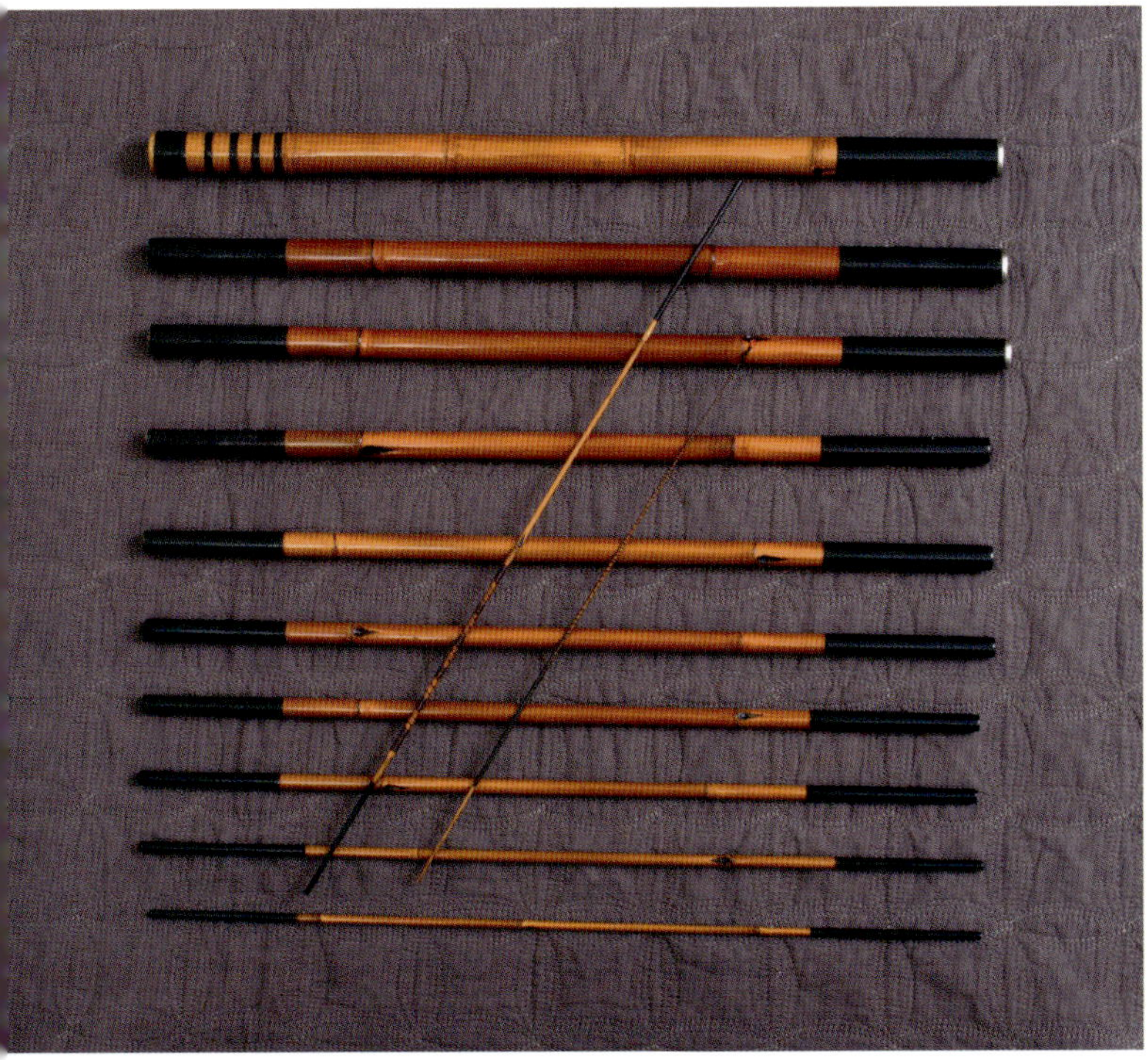

竿辰

●初代竿辰
尺8寸元12本継ぎ（全長18尺）

鱮《たなご》竿

世界最小の小もの釣りターゲットとして知られ、数釣りの面白さを教えてくれるタナゴ釣り。美しいオスの婚姻色に呼応するかのように、これまた世界最短の小継ぎ竿には、豪華絢爛な変わり塗りがよく似合う。

切り寸法8寸の3本仕舞いが定石

タナゴ釣りの歴史は桟《さん》取り竿（タナゴ竿の原型）に始まった江戸時代から200年余り。小さく華奢できらびやかな魚体に魅せられて、現代でも淡水小もの釣りジャンルの人気ナンバーワンである。

近年、第2次ともいえるタナゴ釣りブームを反映して、全国各地の小もの釣りファンがこぞって楽しむようになったことは喜ばしい。その本家本元は関東エリア。そしてタナゴ釣りに使う短竿は、マブナ竿とともに江戸和竿の真骨頂といえる小継ぎ竿である。

小継ぎのタナゴ竿は、いや江戸前の和竿全体にいえることだが、竹材から切り寸法、継ぎ数などの定法、塗師仕事に至るまで、製作の全貌はほとんど口伝のみで受け継がれてきたと思われる。それらをはじめて詳細にまとめて世に著したのが『和竿事典』の著者、5代目東作・松本栄一さんである。その功績はたいへん大きい。

そこには昭和の第1次タナゴブームを牽引するかのように、小継ぎタナゴ竿の基盤とでもいうべきものが示されている。まず、「小継ぎタナゴ竿の切り寸法は8寸（約24㎝）」と記し、小継ぎ竿の定石として3本仕舞いを前提とした。

その当時は8〜10本継ぎの全長1・6〜1・8mと少し長い竿が大半を占めた。オカメタナゴ（タイリクバラタナゴ）が移入されて人気が出る以前のタナゴ釣りは、流れっ川などに多く生息するマタナゴ（ヤリタナゴ、アカヒレタビラ、タナゴの総称）釣りが本命。ねらうポイントはやや遠く、ある程度の流速が伴う河川もあったので、現在に比べて長めの竿が必要だった。穂先は真竹の削り穂のほかに、ミャク釣りに好適なセ

◉ 4 代目竿忠

8 寸元 4 本継ぎ(全長 3 尺)のタナゴ竿/印籠継ぎの総布袋竹竿・替え手元付き(上下とも。下は上の竿の 5 年後に製作。漆の色の透け具合の違いに注目)

竿忠

4 代目竿忠は現在も焼きゴテ式の焼き印を愛用している

金虫食いと節影塗りは 5 年前の旧作(上)と新作(下)を比べてみると漆の透け具合の違いが明らか！

◉ **4代目竿忠**
8寸元9本継ぎのタナゴ竿／セミクジラ穂先の矢竹竿・替え手元2本付き

ミクジラ穂先が好まれた。このため、削り穂とセミクジラ穂先2本セットのウキ釣り、ミャク釣り兼用のタナゴ竿も人気を得た。ミャク釣り用穂先は、食い込みがよいセミクジラを生かす目的から矢竹、布袋竹の竹材を継ぎ合わせたタイプが多い。

　兼用竿の場合、軟らかめの先調子を保ちたいウキ釣り用の削り穂は従来どおり穂持ちに継ぐが、セミクジラ＋竹材のミャク釣り用穂先は穂持ちを1本抜いて穂持ち下に継ぎ、よりテーパーのかかった強い調子に切り替える工夫が施されている。

製作後10年以上経った金虫食いの口塗り。金箔の結晶が息づいているようにも見える

　小継ぎタナゴ竿の竹材は削り穂、セミクジラ穂先、グラス穂先以下、穂持ちから手元2番までは矢竹とし、手元には淡竹を組み合わせた並継ぎが基本形。このほか、すべて布袋竹で組む印籠継ぎの総布袋竹竿などもあり、手元の竹材には1本1本個性的な形状の根掘りもよく使われる。

　また、マタナゴ釣り時代は流し釣りの予備として、小ブナ竿と似通った1尺(約30cm)元や尺2寸(約36cm)元の全長7〜8尺(約2・1〜2・4m)クラスの長竿を持ち歩く釣り人が多かったことも付け加えておこう。

釣り場の変化と竿の変遷

さらに、特異的なタナゴ竿としては昭和40～50年代の一時期、中通し竿が流行ったことがあった。もちろん、ハゼの中通し竿が手本になっているが、イト巻き内蔵タイプを筆頭に、小継ぎタナゴ竿らしいオリジナリティーあふれる作品も目立った。

主に下オモリ捨てイト式のゴツンコ釣りを前提として作られ、流れの速い釣り場を短仕掛けでねらうチョウチン釣りや、反対に足場が高い釣り座から仕掛けのバカを出す（仕掛けを竿尻以上に伸ばす）釣り方に重宝した。

その後、オカメタナゴ釣りが盛んになるとタナゴ竿の選択にも変化が起きてくる。流れっ川のマタナゴ釣りに対して、オカメタナゴ釣り場は湖岸ドックやホソなどの止水エリアが中心になったことが大きな要因だ。

主に止水域の足下ポイントをねらうことから、継ぎ数が

芽なしの珍品には乾漆仕立ての地味な石地塗りを選び、その覆輪にも同系色をあしらった

◉4代目竿忠
尺2寸元6本継ぎのタナゴ竿／削り穂の芽なし矢竹竿

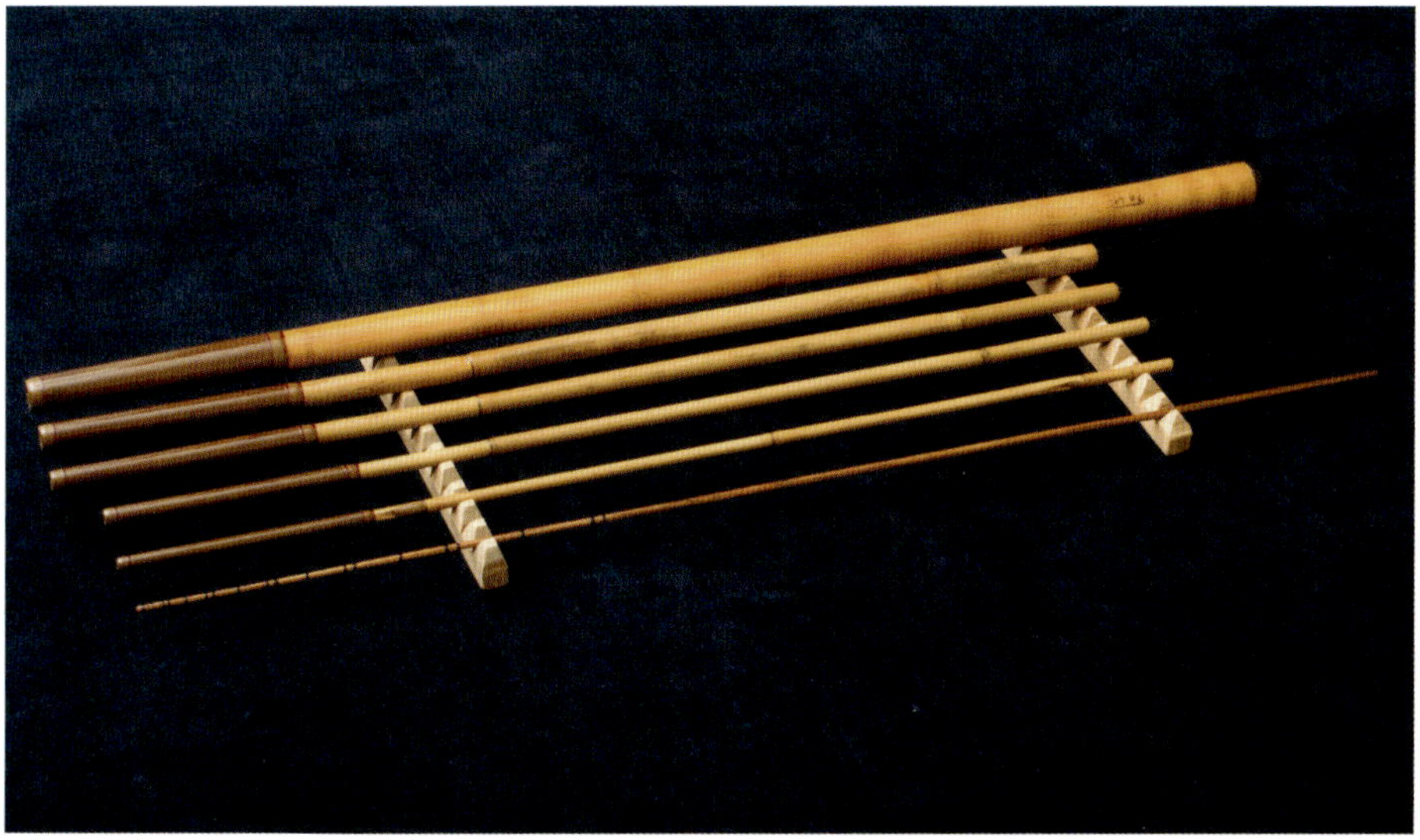

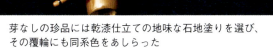

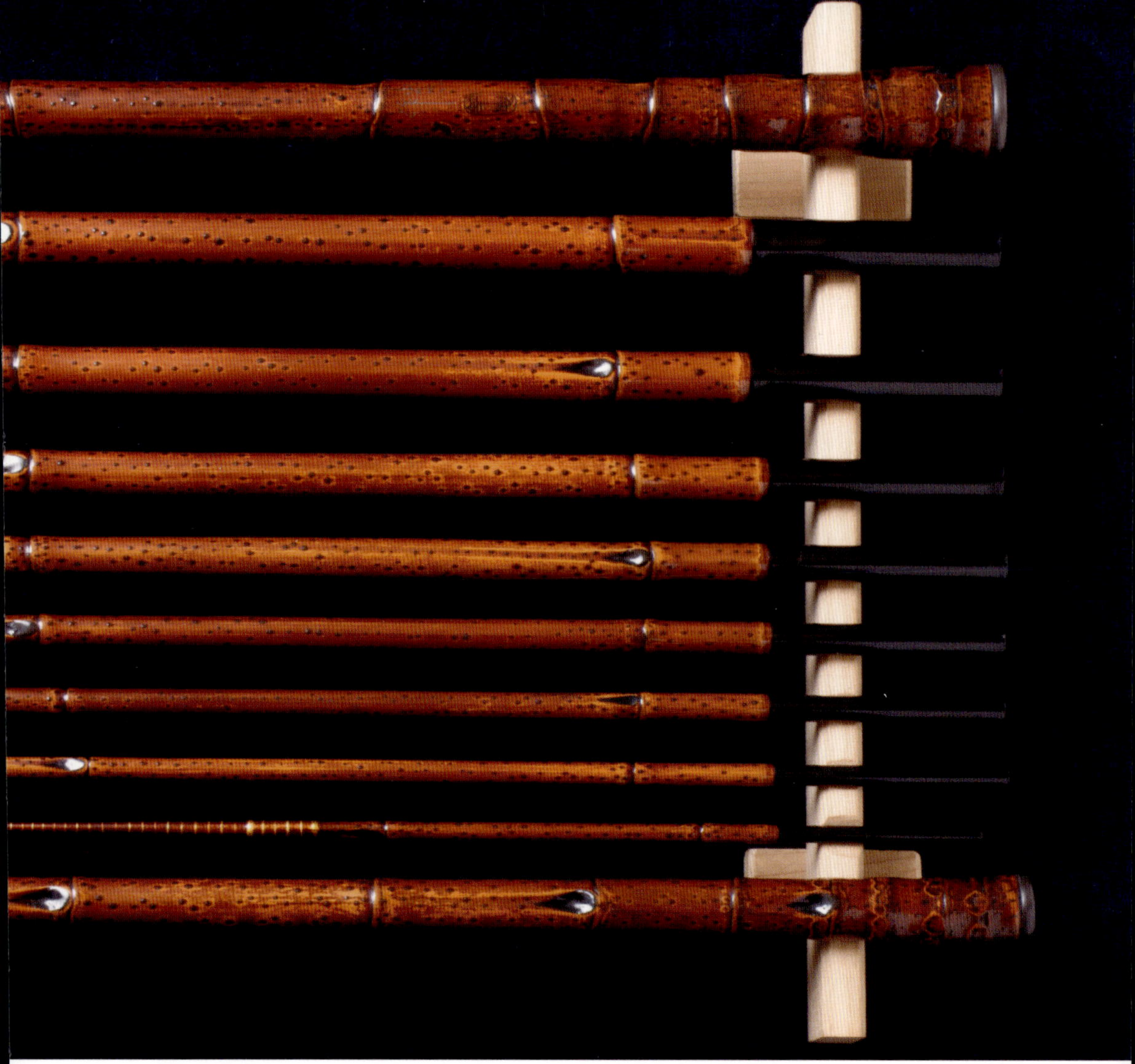

◉ **3代目竿忠**
8寸元9本継ぎ（全長6尺）のタナゴ竿／セミクジラの2節ぞろい矢竹竿・替え手元付き

多い従来型の竿から短竿にスイッチできる替え手元が加わり、ウキ釣りが主力となったオカメタナゴ釣りでは削り穂が好まれた。

こうして小継ぎタナゴ竿の定寸は長らく8寸元5〜6本継ぎの全長1〜1・2m竿で安定し、昭和期後半から平成にかけてオカメタナゴ釣り全盛期を迎える。

だが平成20年ごろから、第2次タナゴ釣りブームの到来とともに、今度はポケットサイズの超小継ぎ竿が登場してきた。ドックよりも小規模で、水面が近い場所での釣りが人気になったことも影響しているとみられる。その切り寸法はというと、5〜6寸（約15〜18㎝）元は当たり前で、全部継いでも全長は40〜60㎝しかない。

江戸の殿様のお遊び釣りか

ら始まったとされるタナゴ釣り。粋な漆塗りを愛でながら、小継ぎタナゴ竿の世界にはいつの時代も揺るぎない悦楽が潜んでいる。

篆刻風の字が印象的な３代目竿忠の焼き印

虫食い塗りでも淡い朱を選び、品のよさがうかがえる

セミクジラとゴマ塗りの矢竹を継ぎ合わせた典型的なミャク釣り竿

◉**初代竿忠(2代目竿忠)**
8寸元16本継ぎ(全長10尺)のタナゴ竿／削り穂・ゴマ竹手元の矢竹竿

竹本来の質感を邪魔しない竹翁(ちくおう)塗り。渋いすげ口の覆輪がサオ全体を引き締めている

(上)真竹の削り穂には漆を小高く盛って、布袋竹みたいな節を表現。隠れ技ここにあり！
(中)竿尻の保護にもなる飾り金具。銀と銅の合金である四分一銀のほか、竿忠一門では鼈甲(べっこう)もよく使われた
(下)ゴマ竹の手元竿には初代竿忠の焼き印。4代目竿忠は「竹の組み立てと塗師仕事はどう見ても2代目竿忠ですが、暗黙の了解として親方格の焼き印を打ってあります」と断言

継ぎ数が16本と多く異例の5本仕舞い

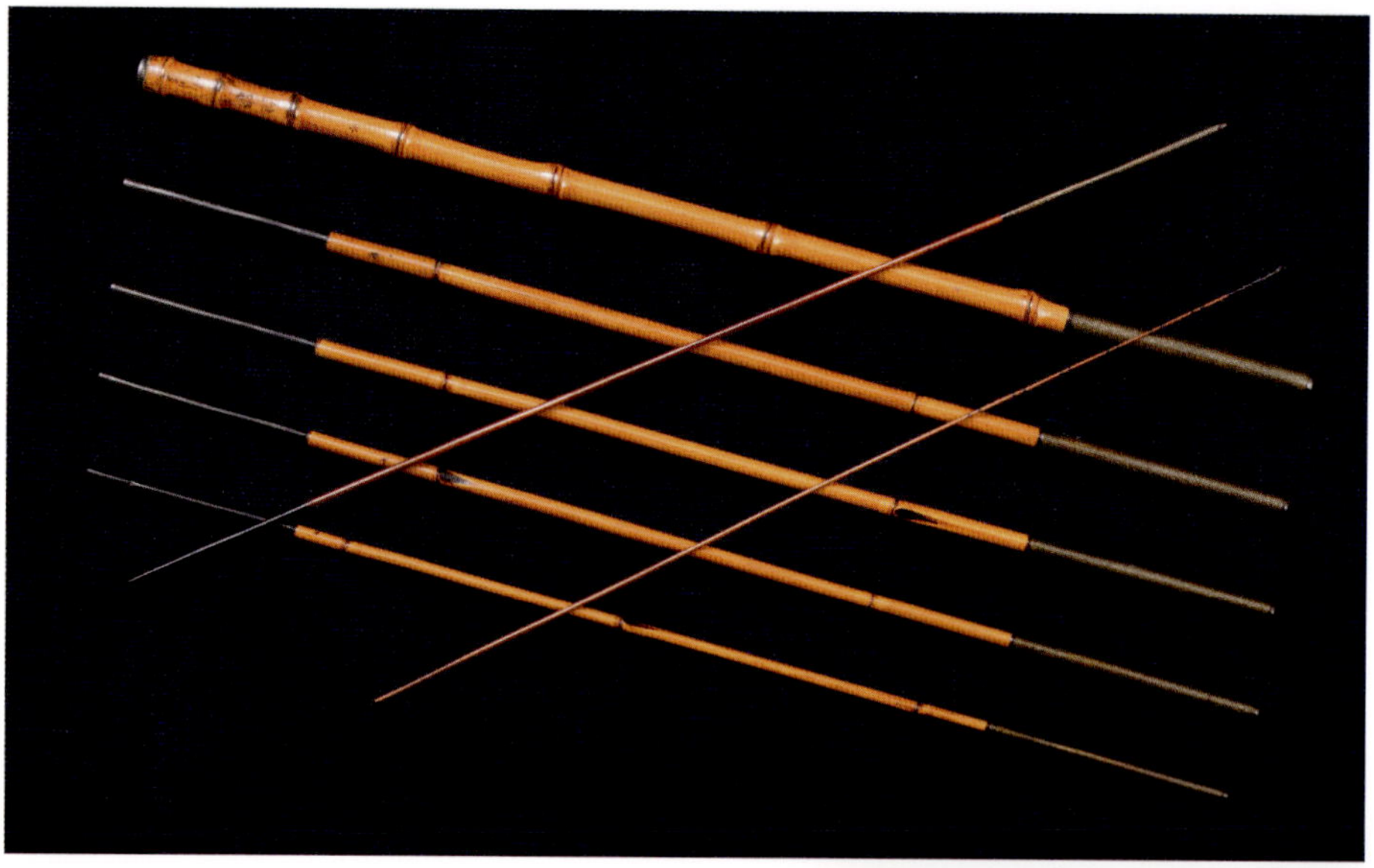

◉初代竿忠

8寸元7本継ぎのタナゴ竿／淡竹手元の矢竹竿

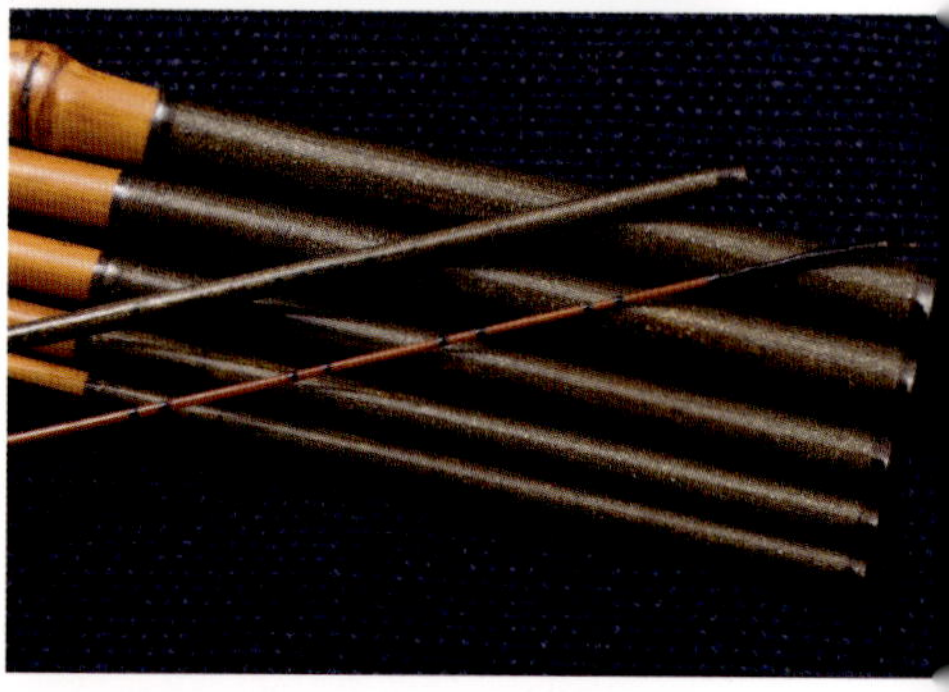

四分一塗りの口塗りに添えた穂先はシロナガスクジラのヒゲで、穂持ちには樹脂製パイプという実験竿（？）

四分一銀の口塗りと胴中のゴマ塗りに加え、すげ口に口金があしらわれ、穂先3ヵ所にも金属飾り

◉初代竿忠

7寸5分元10本継ぎのタナゴ竿／セミクジラ穂先の矢竹竿

◉初代竿忠
8 寸元の総布袋竹竿(上)と矢竹竿(下)の組み竿/総布袋竹竿と矢竹竿は口塗りで区別しており、総布袋竹竿が竹翁塗り、一方の矢竹ザオは筋引き竹翁塗り

全長の内訳は、総布袋竹竿が
3 尺 4 寸(約 102cm)5 本継ぎ、
4 尺 2 寸(約 126cm)6 本継ぎ、
4 尺 9 寸(約 147cm)7 本継ぎ、
6 尺 3 寸(約 189cm)9 本継ぎ、
7 尺(約 210cm)10 本継ぎ2本の
6本組
矢竹竿は、
4 尺 9 寸(約 147cm)7 本継ぎ、
6 尺 4 寸(約 192cm)9 本継ぎ 2 本、
7 尺 6 寸(約 228cm)11 本継ぎの
4 本組

◉初代竿忠

キセル入れ仕立ての桟取り竿一式。上から穂先鞘、イト巻き付きの手元２番と手元竿、シロナガスクジラを削ったと思われるクジラ穂、イト巻きなしの替え手元、下方の３本はもう１組の桟取り竿

初代竿忠が作った金属製のイト巻きや飾り金具。イトで巻かずに繊細な細工は不思議である

竿富

◉ **2代目竿富**
6寸元8本継ぎのタナゴ竿／セミクジラ穂の矢竹竿

竿富は初代・2代目とも、細い筋巻きを施した朱塗りの削り穂がお家芸

緑の山立て研ぎ出し塗りの口塗りが渋い味を出している

◉ **2代目竿富**
8寸元5本継ぎのタナゴ竿／削り穂の3節入り矢竹竿

◉上＝初代竿富＋2代目竿富
8寸元7本継ぎのタナゴ竿／削り穂・淡竹手元の矢竹竿
初代が切り組み、2代目は以降を担当した合作竿
下＝2代目竿富
8寸元5本継ぎのタナゴ竿／削り穂の矢竹竿
2本とも金虫食いの口塗りと胴中は節影塗り

〈竿富流の金虫食い塗り〉
昭和47～48年以前の根岸時代から約40年経った旧作（上）は艶めかしい色気がにじみ、2代目の近作（下）はまだ漆が新しい感じ

〈竿富流の節影塗り〉
旧作（上）と近作（下）を見比べてみると、同じ2代目の塗師仕事でもグラデーションの滑らかさが違うことが分かる

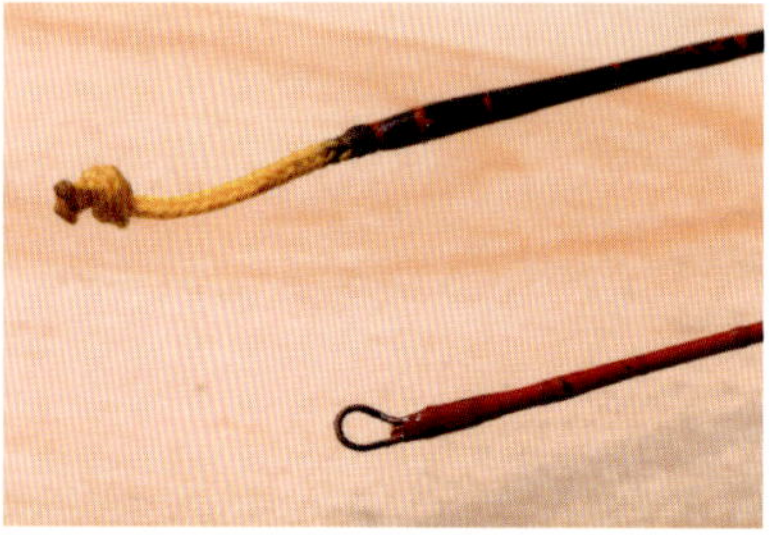

古くは乳（ち）とか竜頭（りゅうず）とも呼ばれていたへび口は、仕掛けを装着する穂先先端部。竿富は針金の龍頭タイプ、またはリリアン穂先のどちらか

◉初代竿富
8寸元10本継ぎのタナゴ竿／セミクジラ穂先・淡竹手元の矢竹竿・替え手元付き

赤の山立て研ぎ出し塗り。横に流れるような模様が美しい

口塗りは茶の虫食い塗り。昭和40年代に入るとオカメタナゴの台頭を意識してか、セミクジラ穂先のミャク釣り用短竿の注文が増えた

◉初代竿富
8寸元5本継ぎのタナゴ竿／セミクジラ穂先・黒竹手元の矢竹竿・替え手元付き

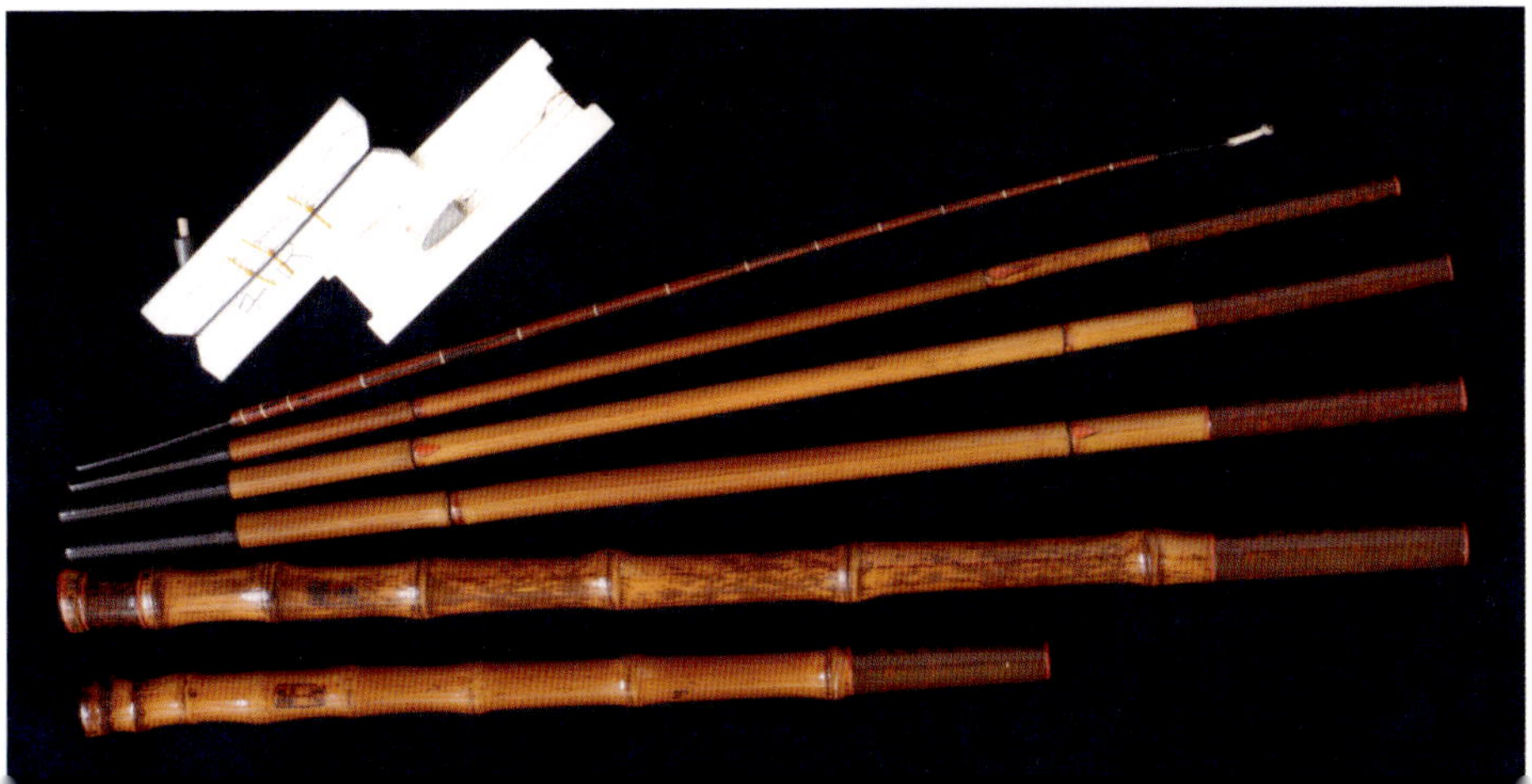

◉初代竿富
7 寸元 10 本継ぎのタナゴ竿／セミクジラ穂先の矢竹竿

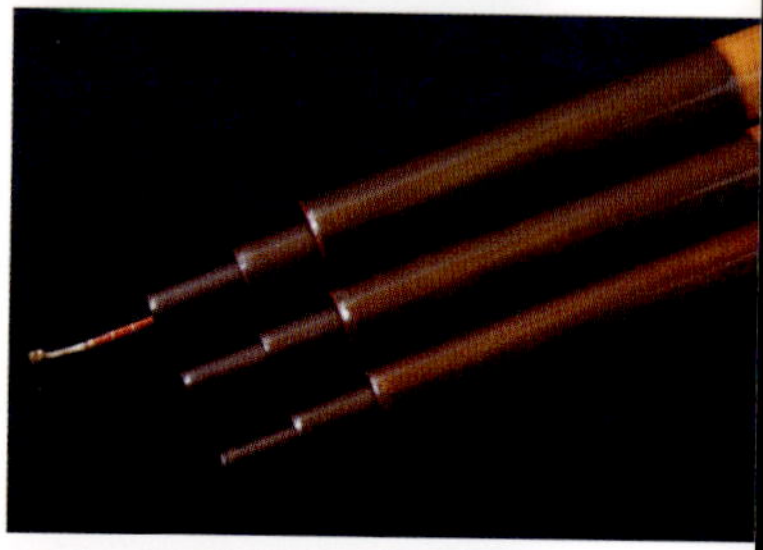

口塗りは梨子地を意識したもの。ひと節の矢竹を使ったマタナゴ用ミャク釣り竿のスタンダードモデルである

◉初代竿富
1 尺元 9 本継ぎのタナゴ竿／削り穂の矢竹竿
マタナゴ釣り全盛時代には 8 寸元 10 本継ぎのミャク竿とともに、削り穂やグラス穂先を使った軟らかい調子の 7 ～ 8 尺（約 2.1 ～ 2.4 m）ウキ竿を携帯する釣り人も多かった

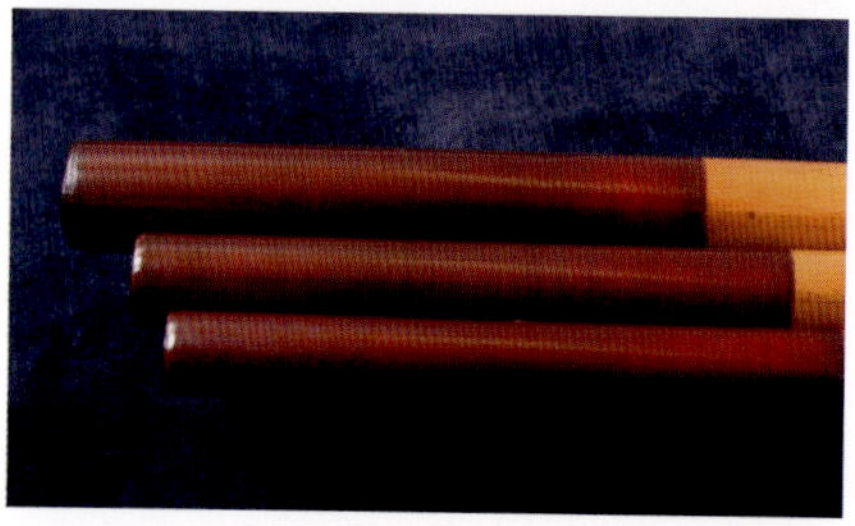

長年経つと、下地に巻いてある赤染め糸が透けて見える透き塗り。江戸和竿の原点ともいえる口巻きである

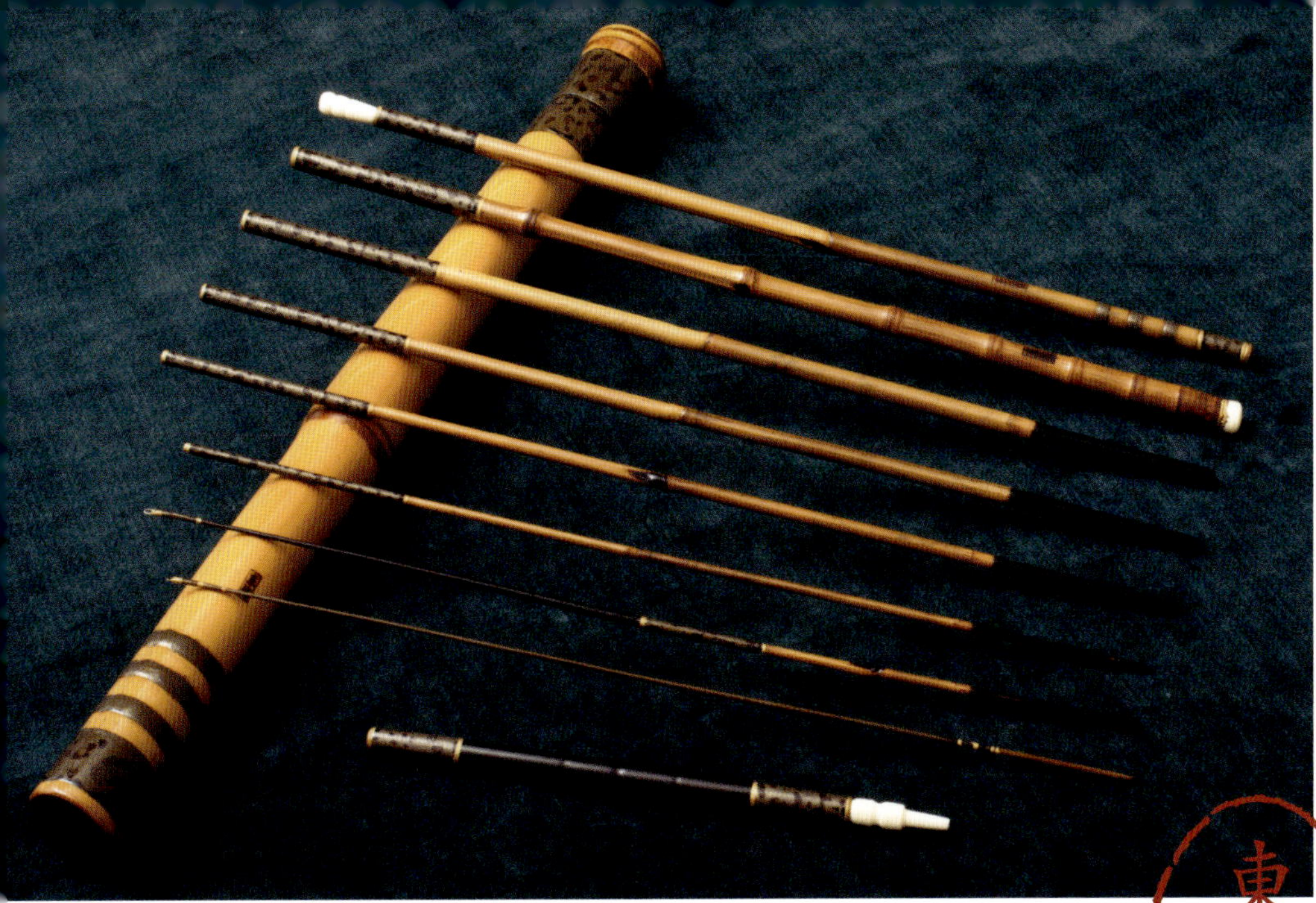

東作本店

◉ **6代目東作**
8寸元6本継ぎのタナゴ竿／削り穂とセミクジラ＋矢竹の継ぎ穂先・淡竹手元の矢竹竿・替え手元付き

◉ **6代目東作**
6寸7分元5本継ぎのタナゴ竿／セミクジラ穂先の印籠継ぎ矢竹竿

手書き模様の四分一塗り。6代目東作のセンスが光る

6代目東作が残した最晩年作。白檀の変わり塗りは金と赤が交錯する複雑な紋様。印籠芯と手元竿尻には象牙が使われている

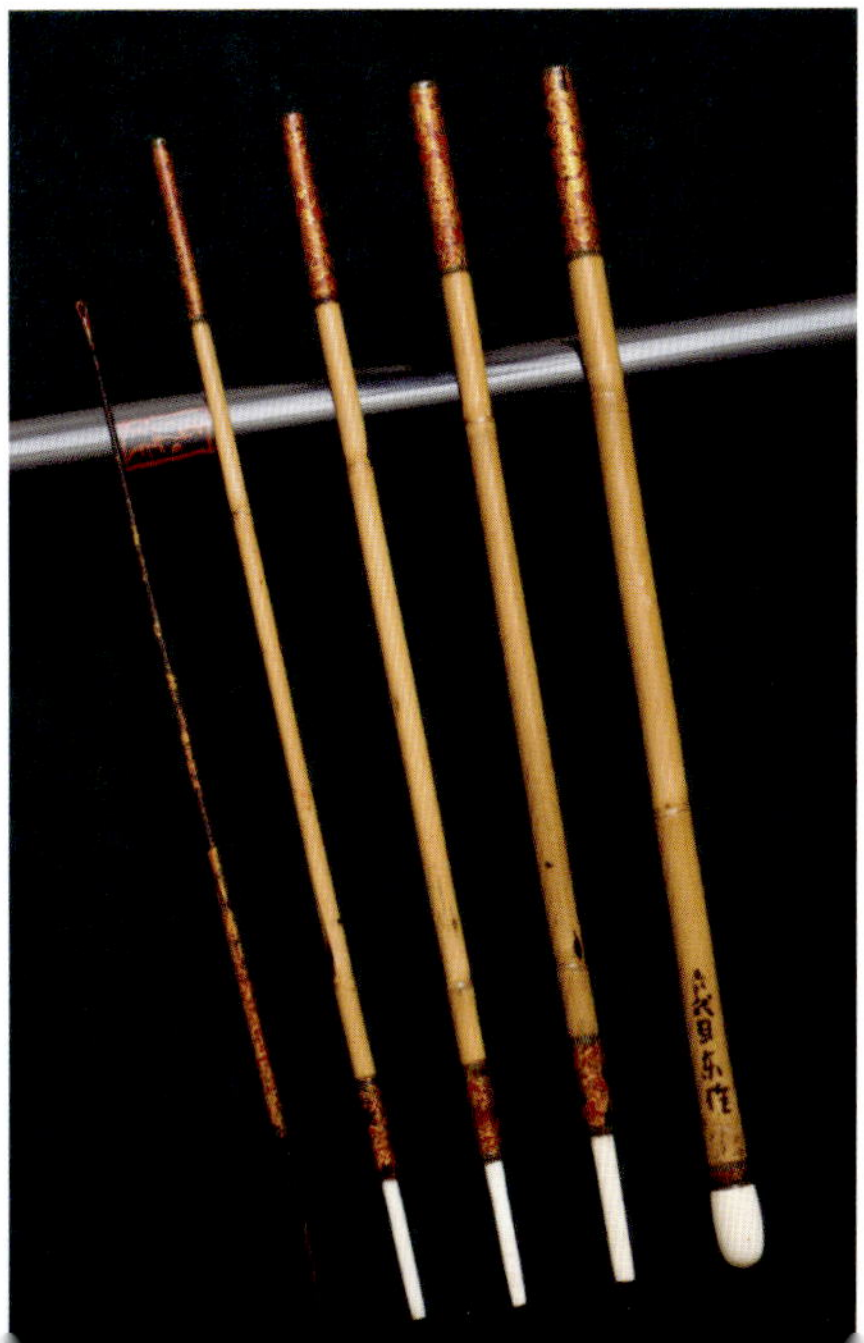

◉6代目東作
4寸7分元5本継ぎのタナゴ竿／
セミクジラ穂先の印籠継ぎ矢竹竿

金の地色の上から黒の覆輪を引いた黒の同返し塗り。6代目東作が最も好んだという

同返し塗りの競演！

◉東亮
6寸元8本継ぎのタナゴ竿／削り穂の印籠継ぎ矢竹竿・替え手元2本付き

東京タナゴ釣り研究会の若手、新井友貴君が注文した青の同返し塗り。斬新なデザインが頼もしい

金の同返し塗り。東亮を名乗って間もなく、焼き印がまだない時に挑戦した作品。すっきりとしたデザインは6代目東作譲り

◉東亮
8寸元6本継ぎのタナゴ竿／削り穂の並継ぎ矢竹竿・替え手元付き

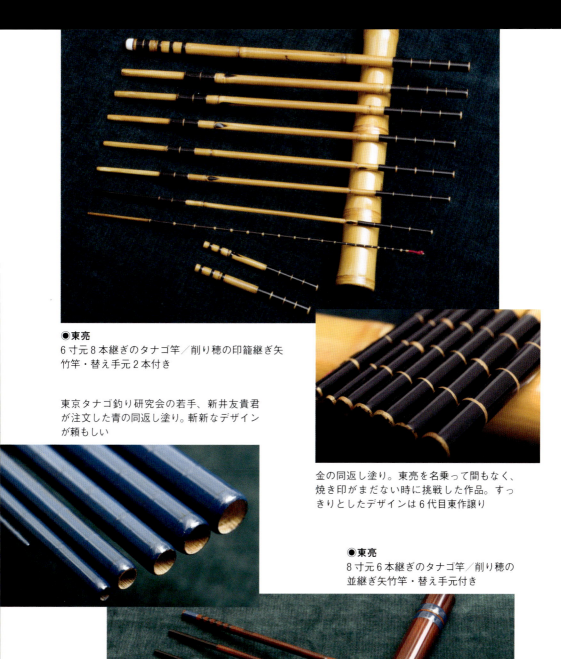

銀座東作

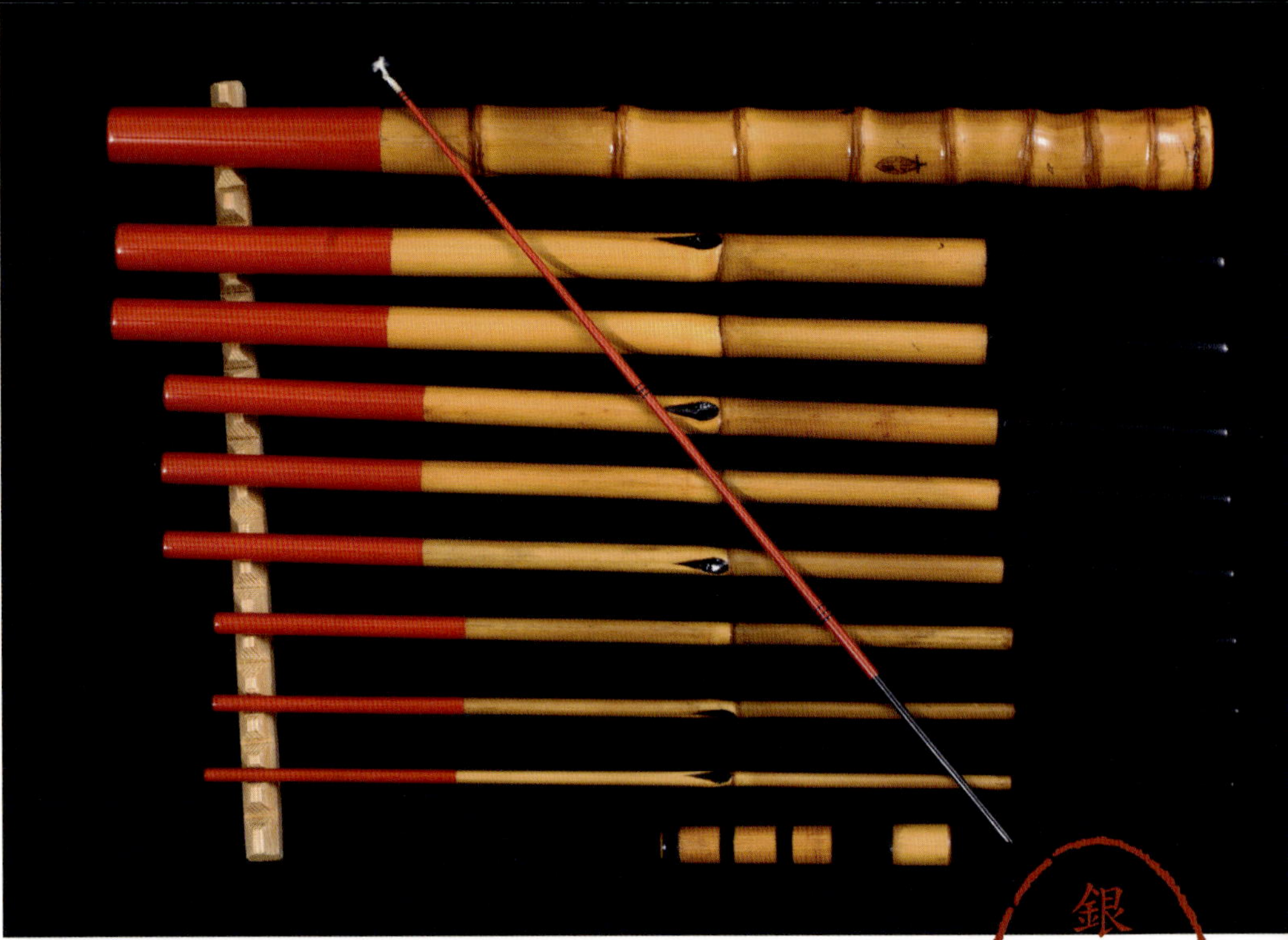

◉銀座東作

8寸元10本継ぎのタナゴ竿／淡竹手元の並継ぎ矢竹竿・替え手元付き

華麗な虫食い塗りが施され、替え手元は4番に継ぐことができる

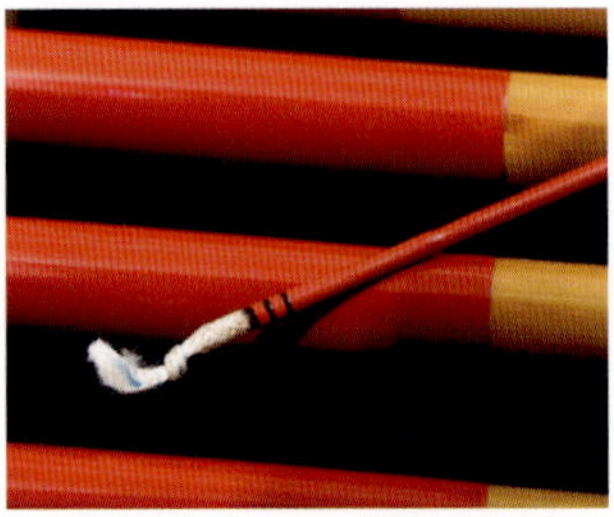

セミクジラと矢竹を継ぎ合わせた穂先は典型的なミャク釣り仕様

銀座東作は「サカナ東作」がトレードマーク！

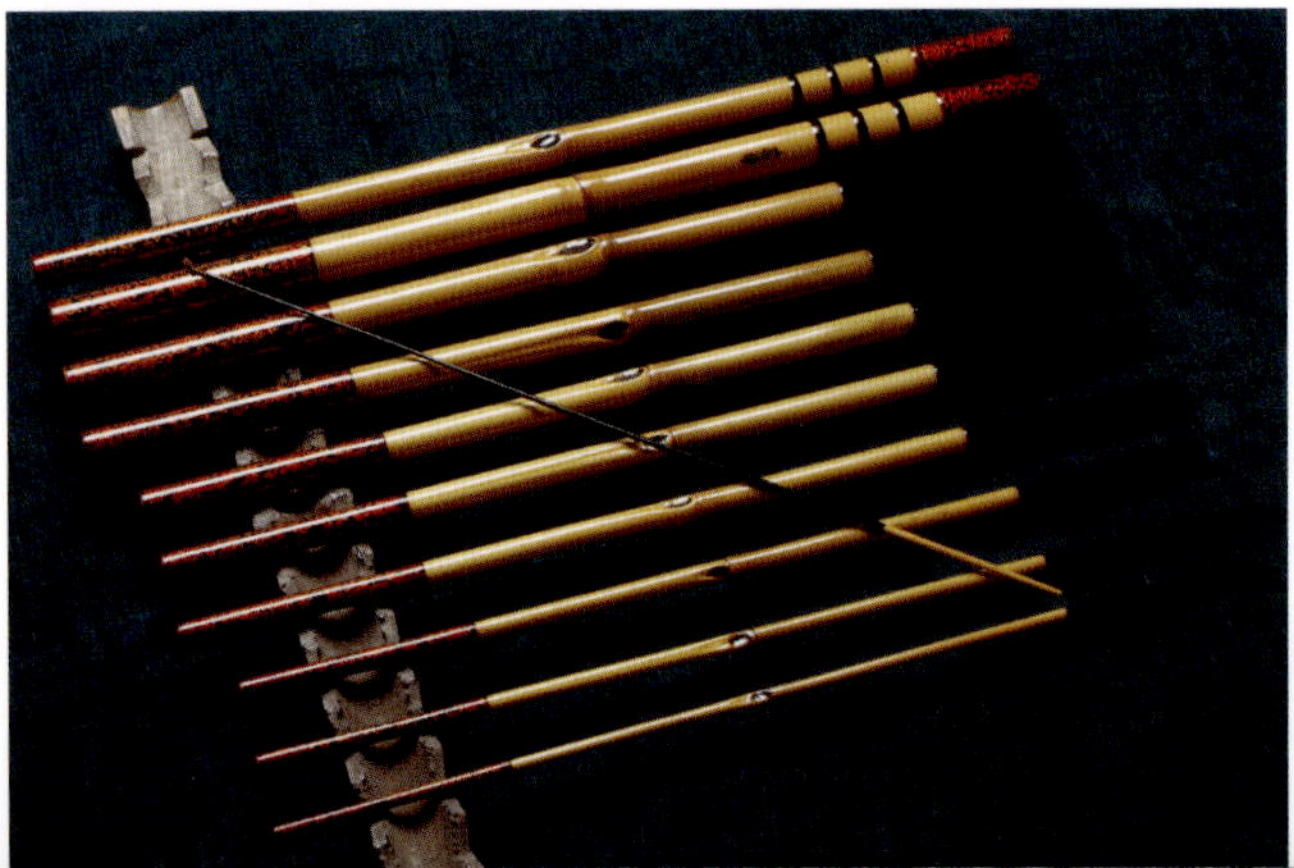

◉銀座東作

8寸元10本継ぎのタナゴ竿／削り穂の並継ぎ矢竹竿・替え手元付き

竿辰

◉ **3代目竿辰**
7寸元7本継ぎのタナゴ竿／セミクジラ穂先の印籠継ぎ矢竹竿

朱微塵の変わり塗り。50～60年も経つと、朱の粒に黒をまぶしたような色合いに変化するという

白微塵の口塗り。3代目竿辰は微塵塗りの無限大な色合いを工夫中

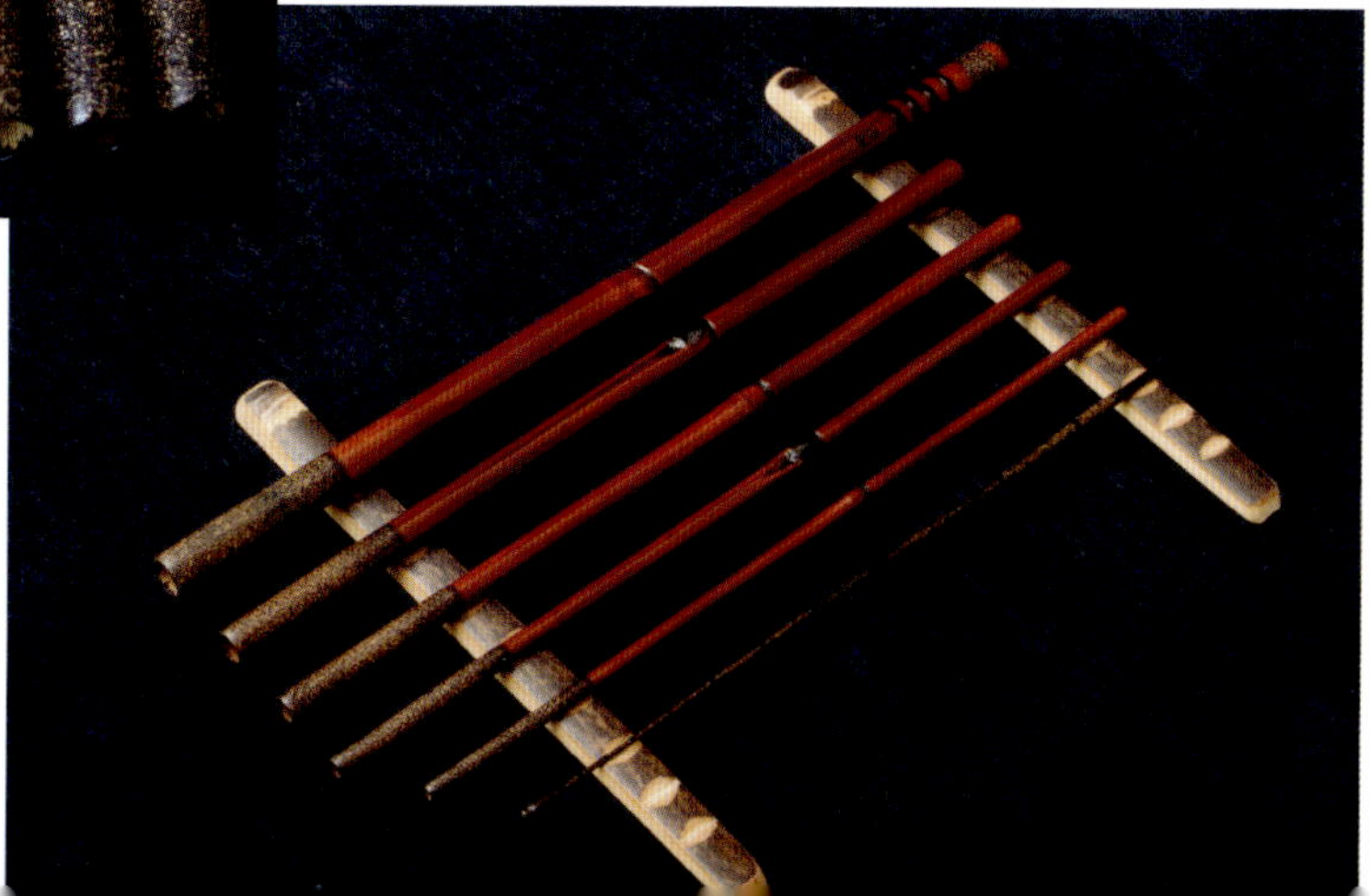

◉ **3代目竿辰**
6寸元6本継ぎのタナゴ竿／セミクジラ穂先の並継ぎ矢竹竿

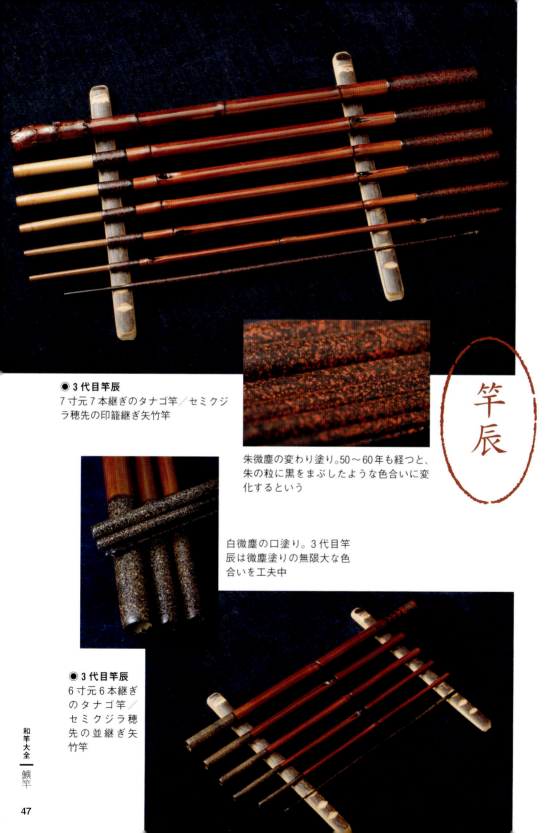

青蝶貝などの貝片をちりばめて研ぎ出した蝶貝塗り。古くからある手法（螺鈿＝らでん）だが、貝の量によって大きく印象が変わる

◉3代目竿辰
7寸3分元7本継ぎのタナゴ竿／セミクジラ穂先の印籠継ぎ矢竹竿

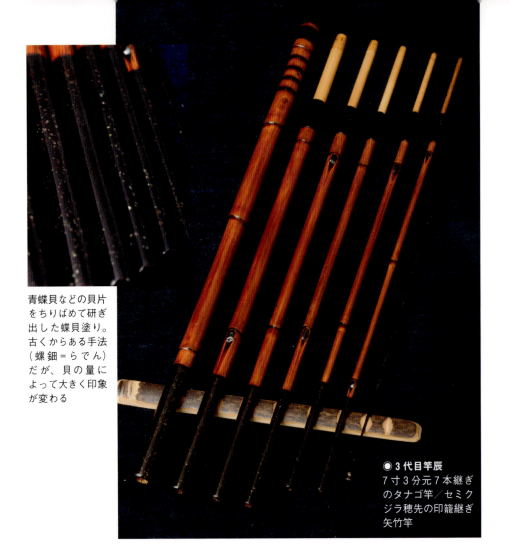

竿辰のセミクジラ穂先の大半は、団子節と呼ぶオリジナルのへび口が作られている。素材から丹念にひょうたん型に削り上げたセミクジラの1本物

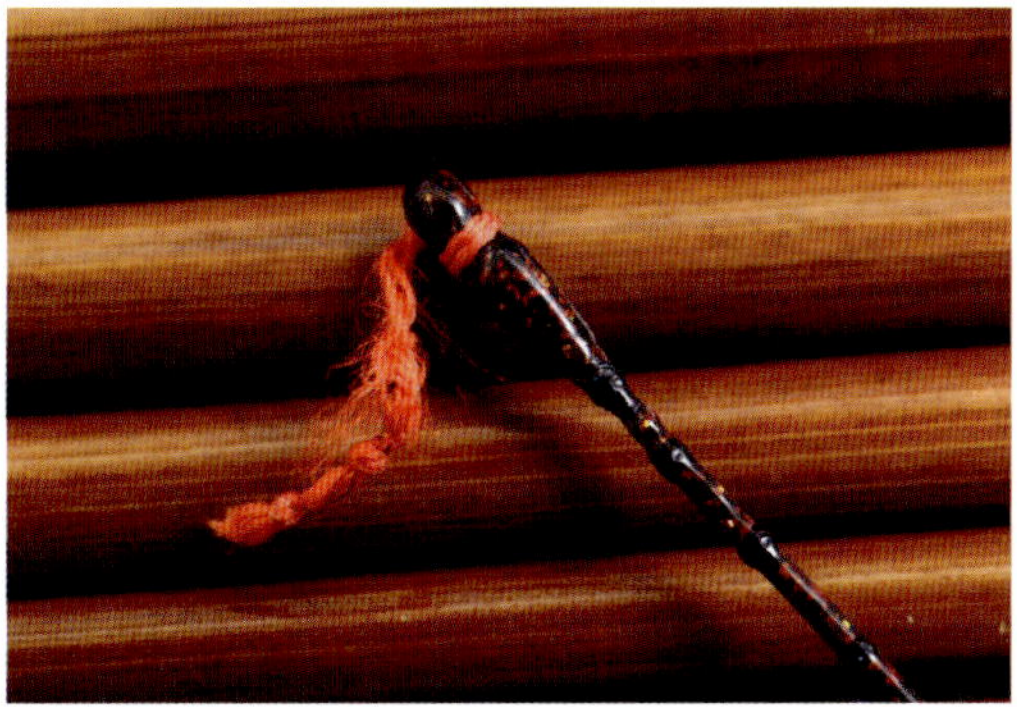

丸みを帯びた替え手元も竿辰独特のデザインだ

金色入りの微塵塗り

◉3代目竿辰
5寸元7本継ぎのタナゴ竿／セミクジラ穂先の並継ぎ矢竹竿／替え手元2本付き

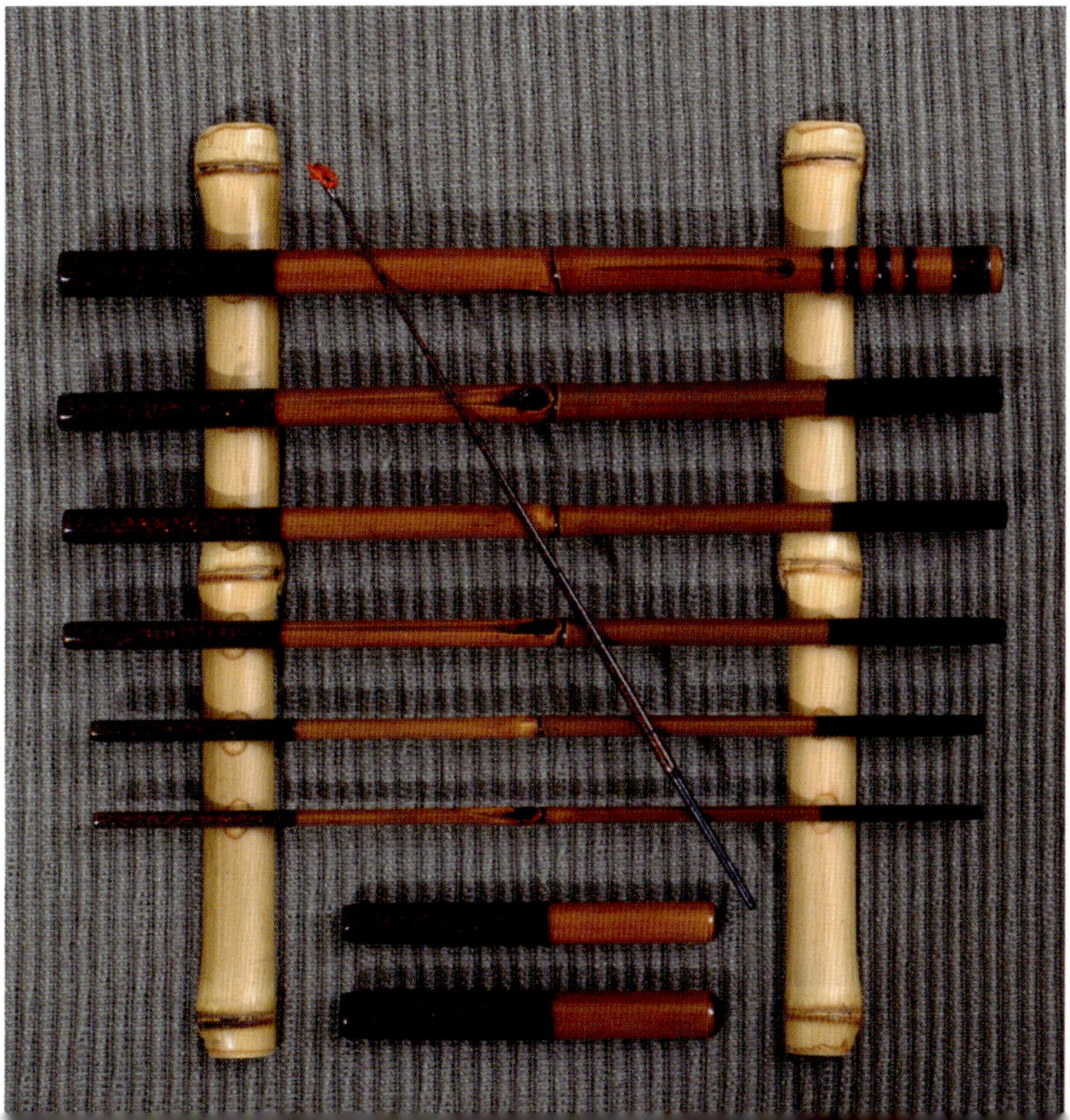

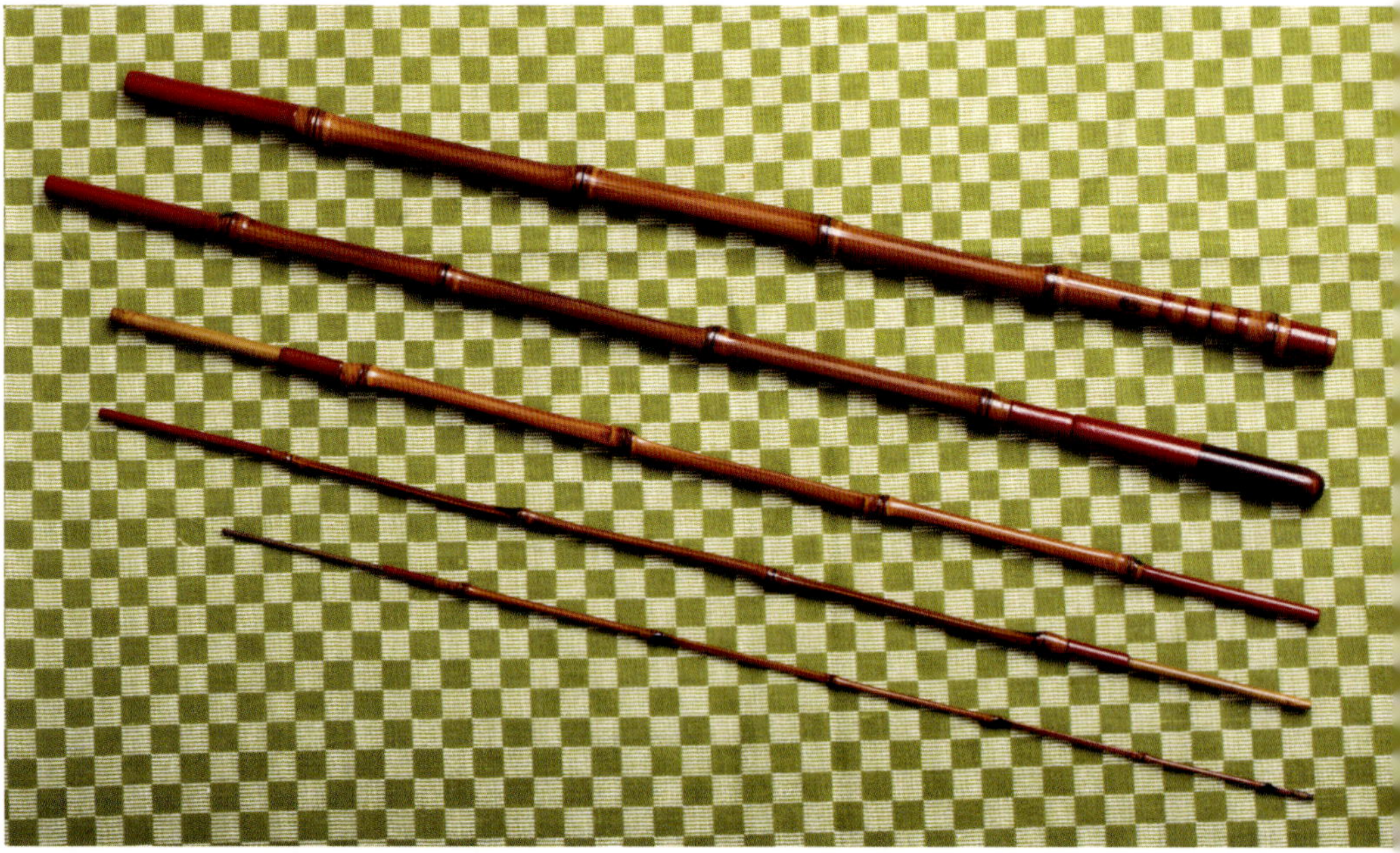

◉ 3 代目竿辰

1 尺元 4 本継ぎの中通しタナゴ竿／印籠継ぎの総布袋竹竿・追い手元付き

印籠継ぎの本体と追い手元は複雑に見えるが……

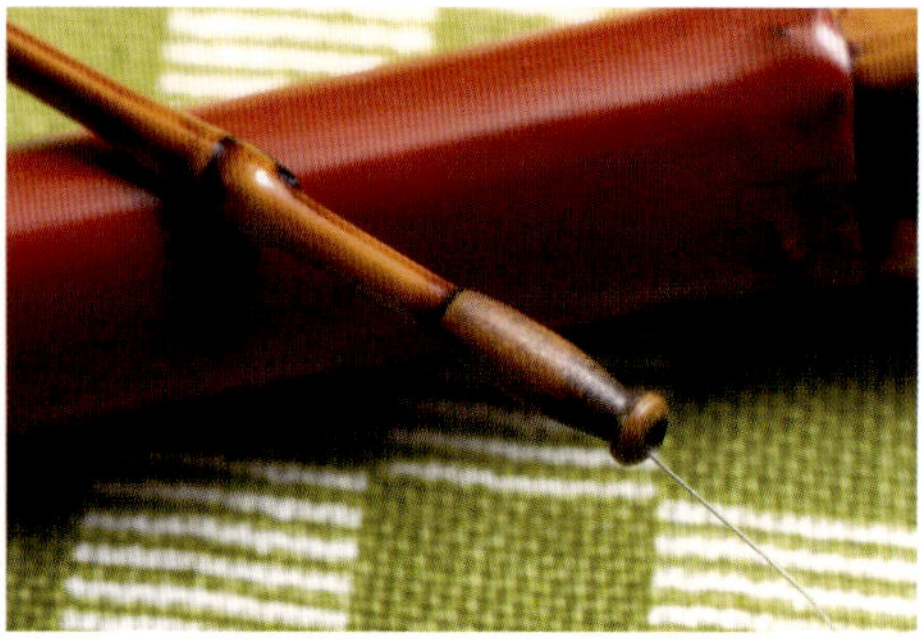

ハゼの中通し竿と同じく、穂先先端部には先金が取り付けられている

黒檀製のイト巻きは手元竿の尻栓を抜くと内蔵されており、ここに追い手元を継ぐと一段長くなる

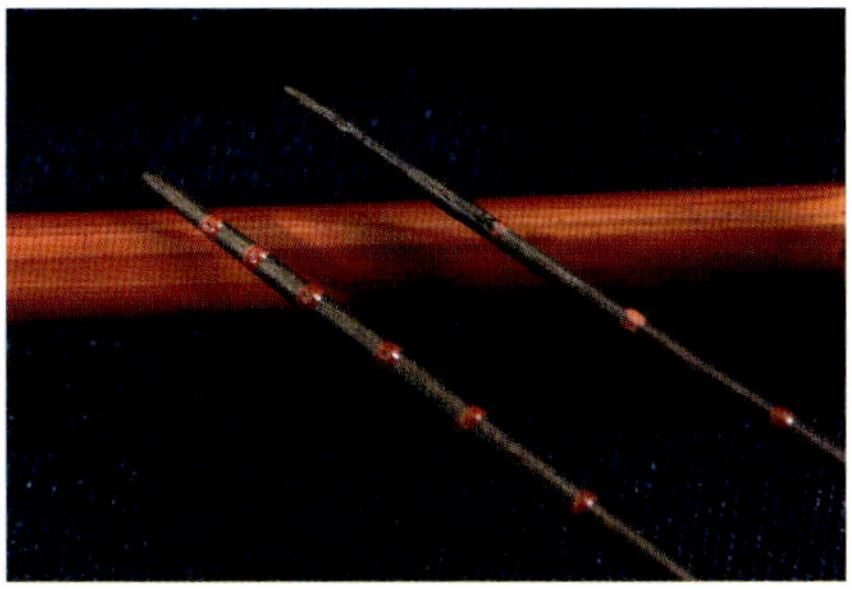

削り穂は太細タイプ２本付き。へび口はなく、仕掛けの長短が調節できる競釣用パイプ止め式

４代目竿治の焼き印

四分一塗りの団十郎仕上げは竿治の十八番！

竿治

◉ ４代目竿治
８寸元 10 本継ぎのタナゴ竿／削り穂の並継ぎ矢竹竿

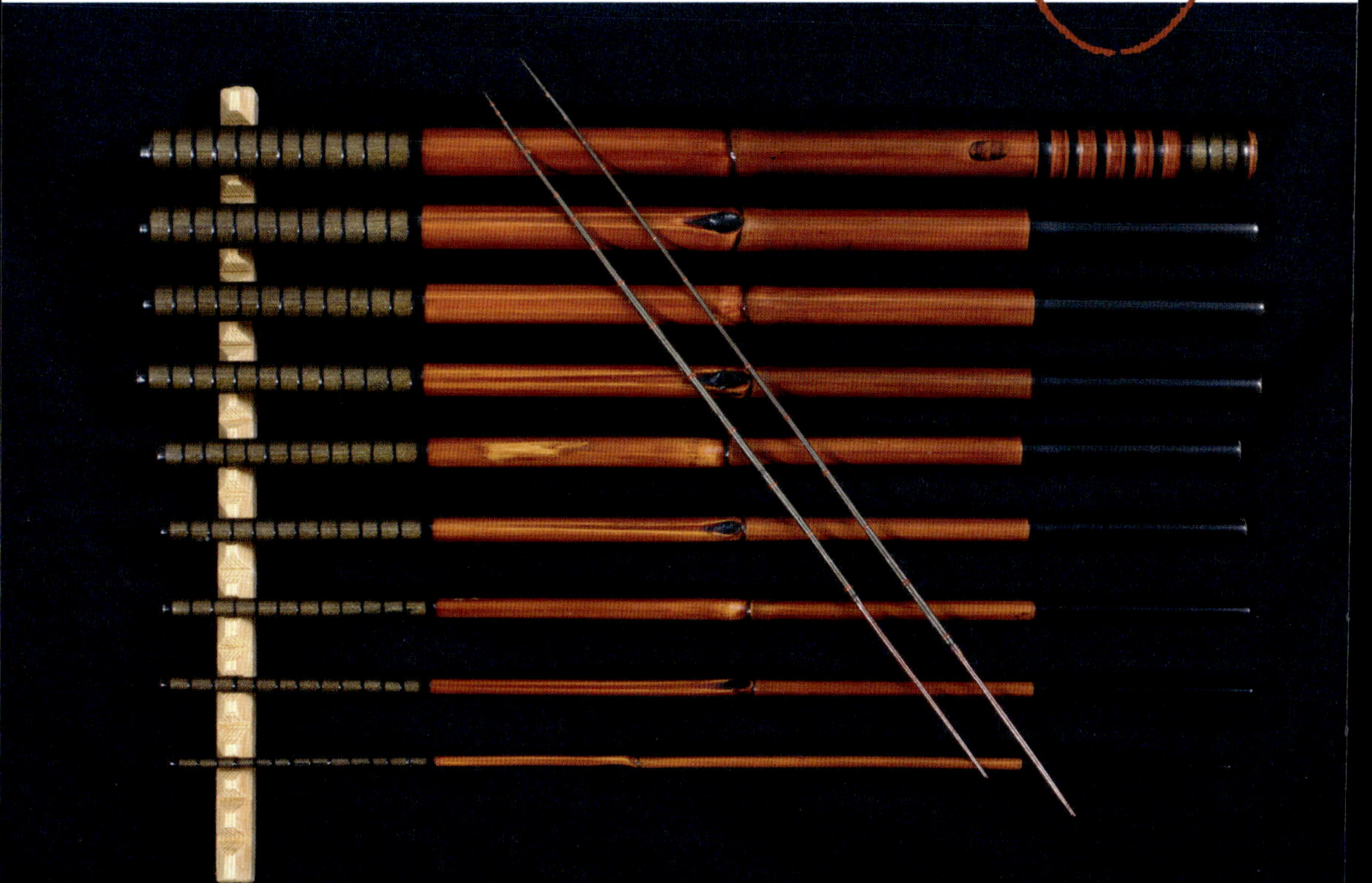

◉ 3代目竿治
8寸元10本継ぎのタナゴ竿／グラス穂先・淡竹手元の並継ぎ矢竹竿

パイプ止め式と同じく、仕掛けの長短が調節できる競釣用ハリス止め式。この当時、グラス穂先の指定は珍しく、しかも手製のハリス止めは後から付け替えたかも？

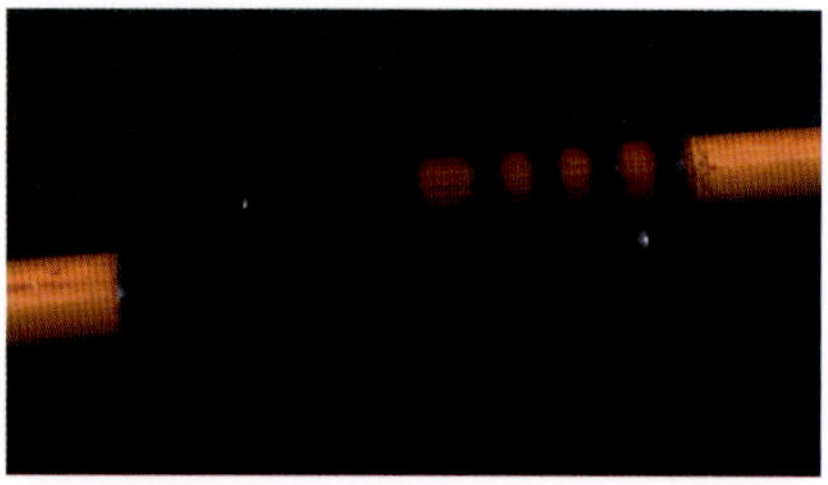

持ち主は競技の釣りに徹していたようで、筋巻きがある竿尻はすべて替え手元仕様。手元竿、穂先、穂持ち、穂持ち下の4本をのぞく、手元2番から7番まで4・5・6・7・8・9本継ぎの長短竿として使うことが可能

蝋色の口塗りと節影塗りの珍しい2本仕舞い

胴中は節影塗り

竿しば

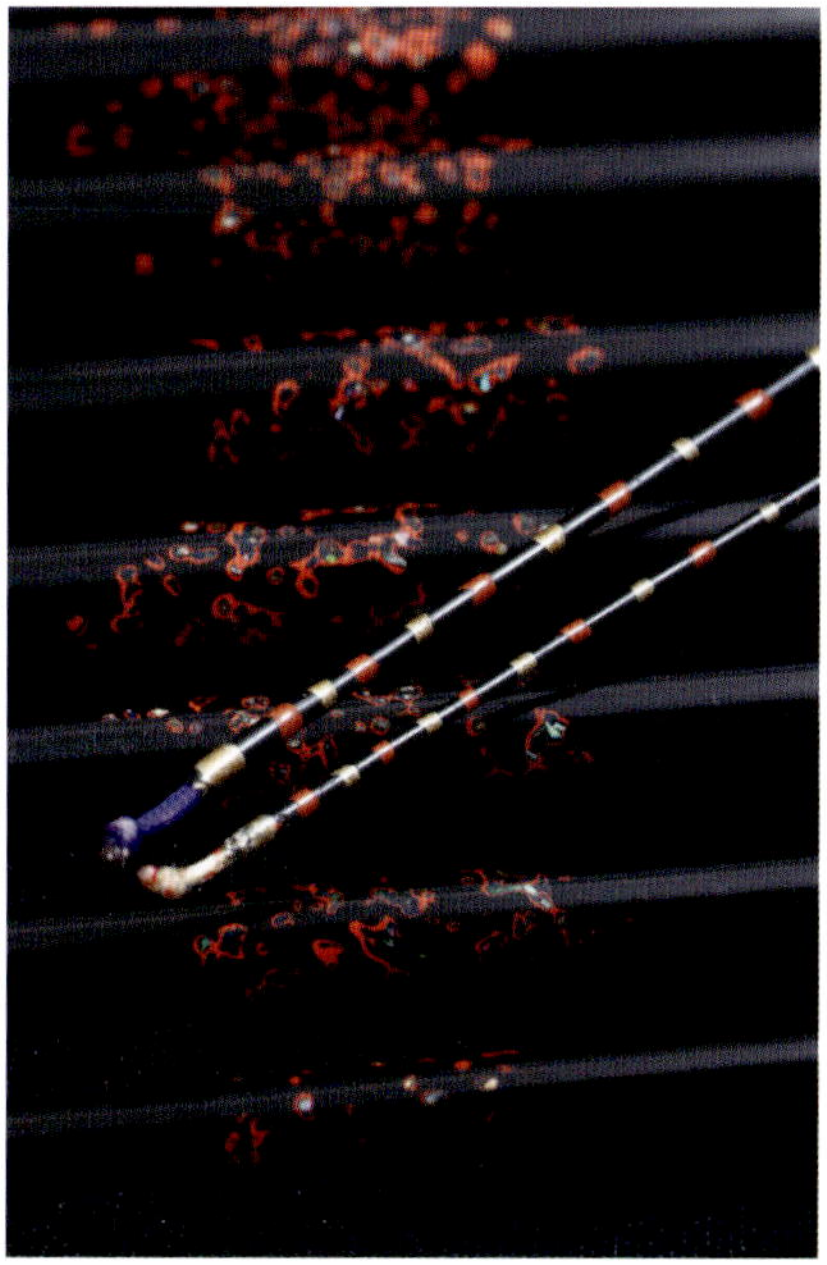

竿しば塗りの口塗りが映える。セミクジラ穂先（上）がミャク釣り用、削り穂はウキ釣り用

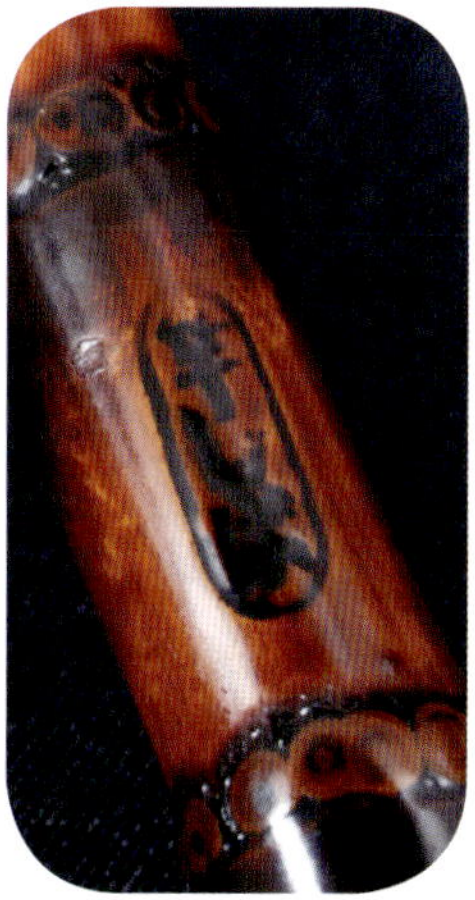

焼き印の文字は、かな交じりで柔らかい印象

◉竿しば

8寸元10本継ぎのタナゴ竿／削り穂とセミクジラ穂先の並継ぎ矢竹竿・替え手元付き

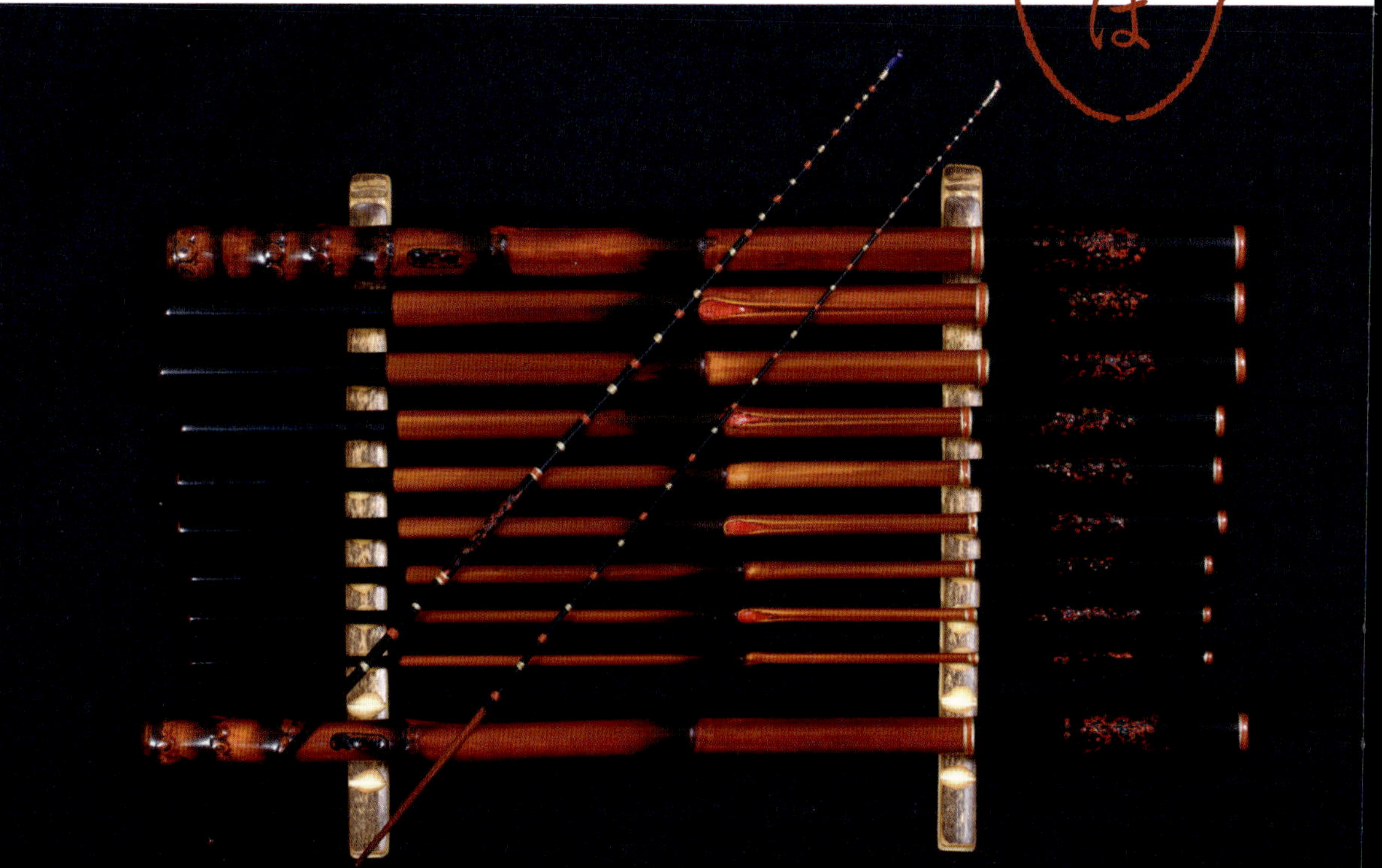

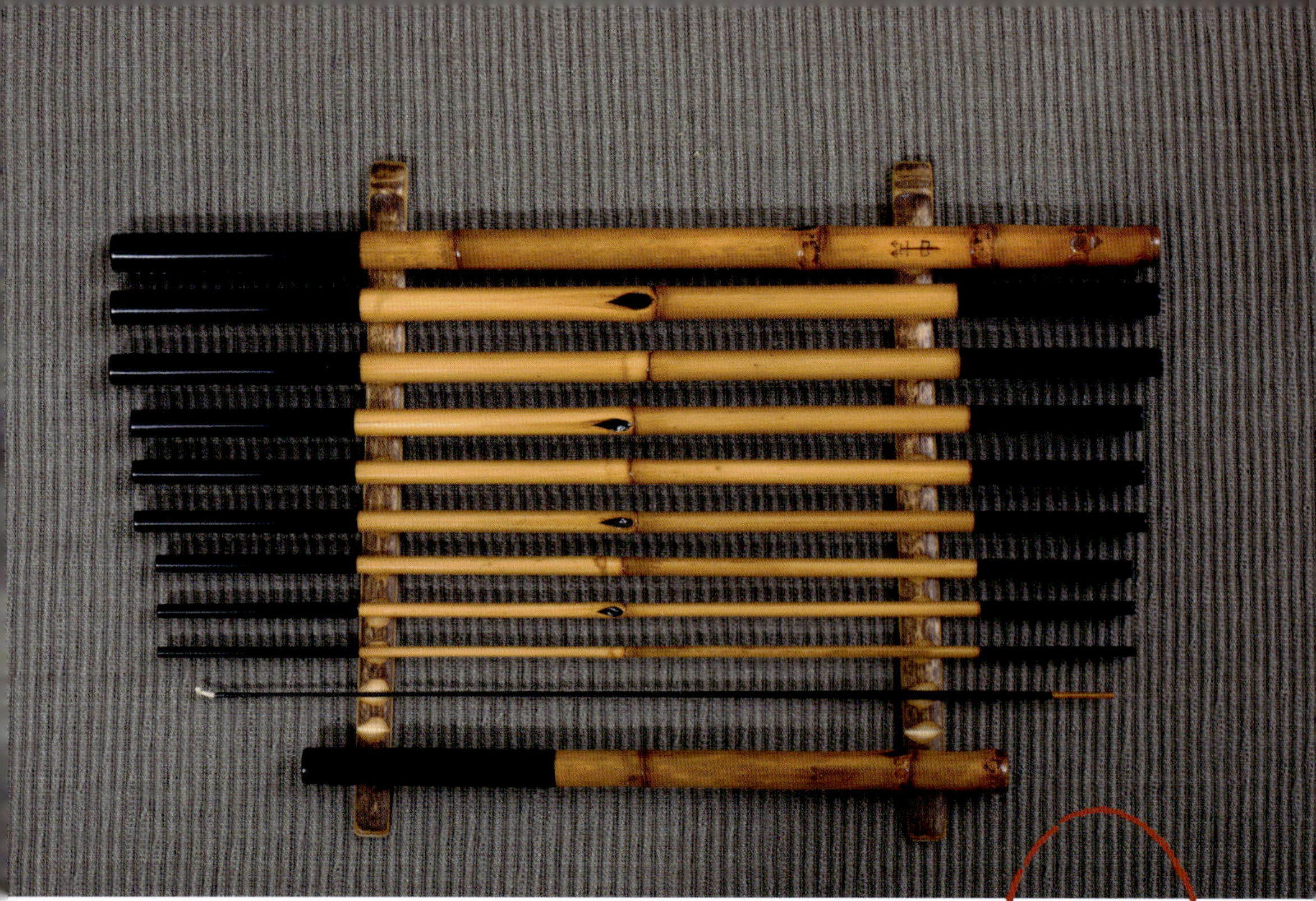

◉**竿中**
8寸元10本継ぎのタナゴ竿／削り穂の矢竹竿・替え手元付き

竿中

矢竹根掘りの手元、どの節元で切るかは和竿師のセンス次第！

ごくシンプルな蝋色の口塗りだが、すげ口の仕上げの美しさは定評が高い

邦一

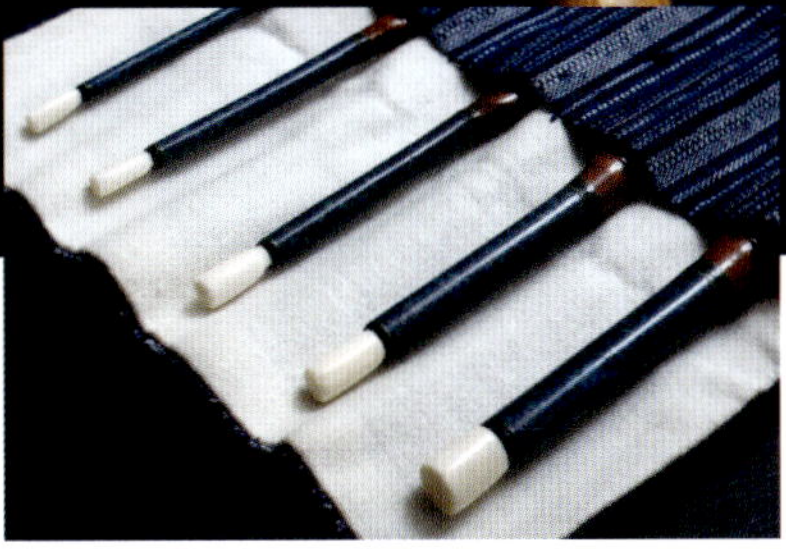

◉邦一
5寸7分元6本継ぎのタナゴ竿／セミクジラ＋布袋竹穂先の印籠継ぎ布袋竹竿

青の山立て研ぎ出し口塗りと胴中は節影塗り。口栓と手元竿尻栓は象牙製

◉江戸藤
8寸元10本継ぎのタナゴ竿／削り穂の並継ぎ矢竹竿・替え手元付き

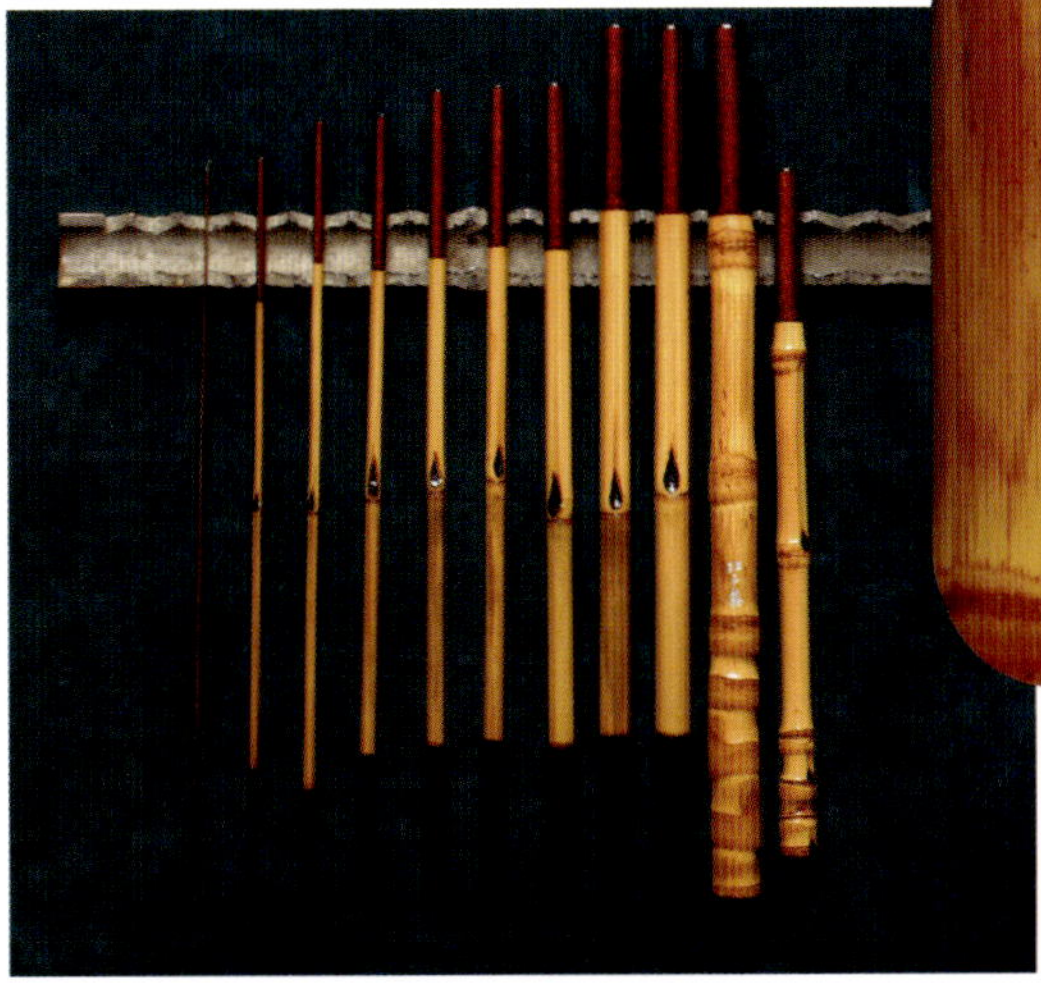

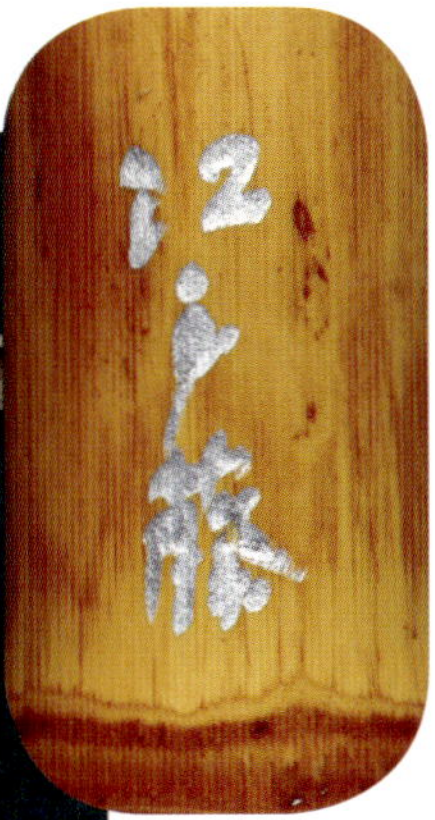

江戸川

シルバーの塗料を埋め込んだ刻印は江戸川の高級竿の証

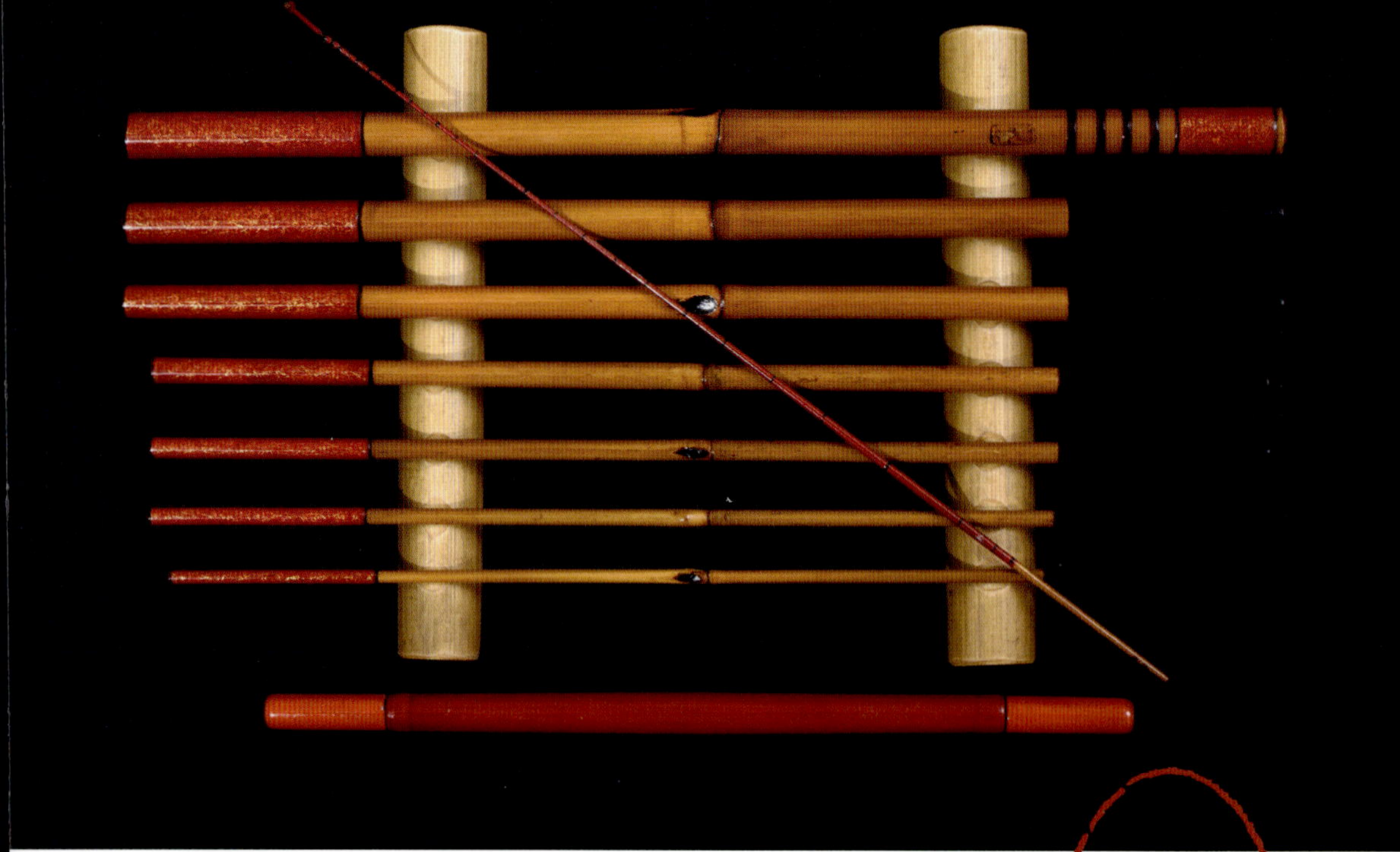

東盛

◉東盛
8寸元8本継ぎのタナゴ竿／削り穂の並継ぎ矢竹竿・替え手元付き

朱と金の虫食い塗りは東盛得意の色っぽい変わり塗り。替え手元は上下を差し替えることで4・5・6本継ぎに使える

長年の使用で焼き印の「東」の文字が削れている

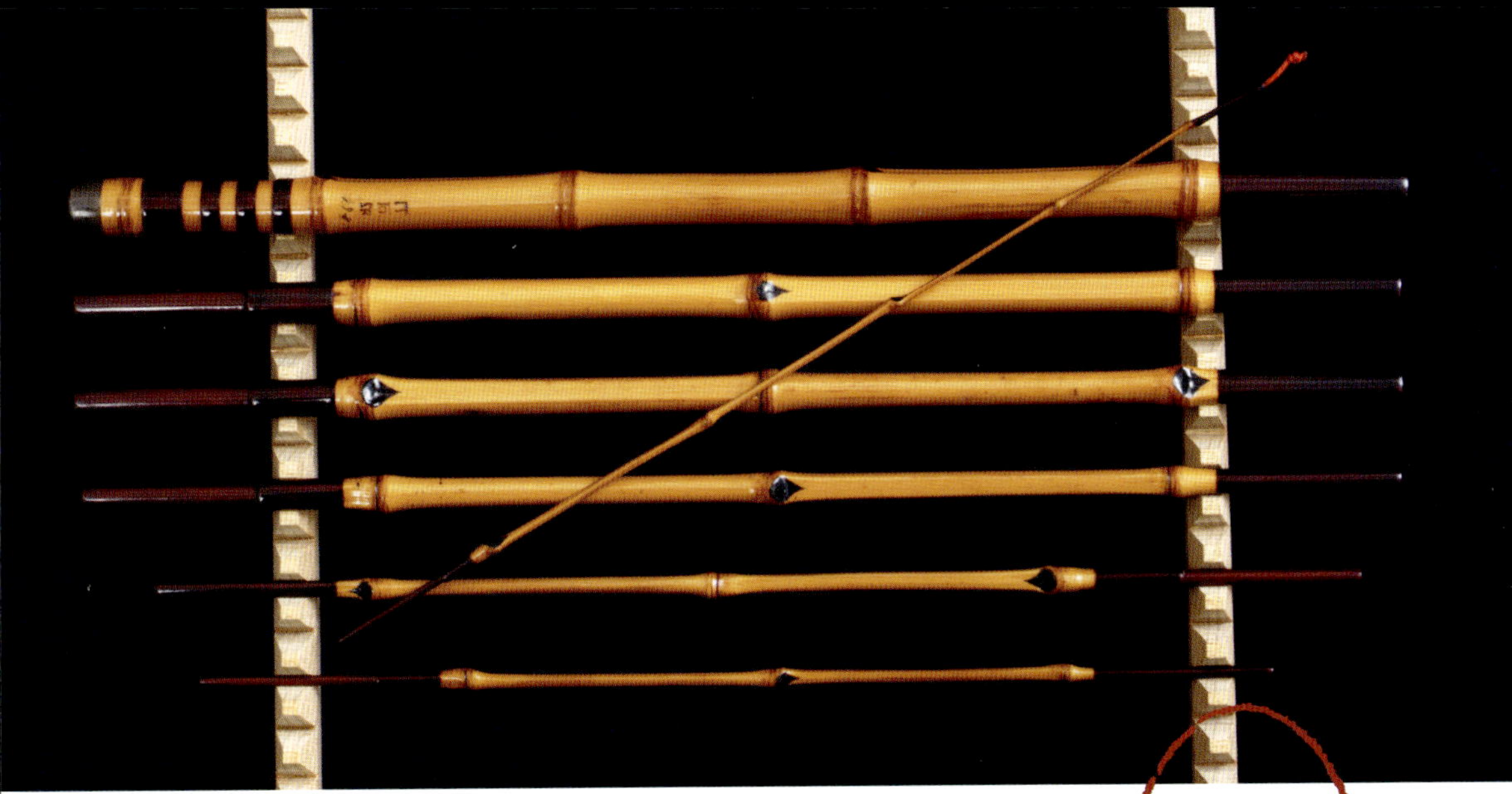

◉**汀石**
7寸1分元7本継ぎのタナゴ竿／印籠継ぎの総布袋竹竿

汀石

タナゴ用としては長竿で、沖めをねらうマタナゴの流し釣りや小ブナ釣りにも使われた

簡素な美学を追求した汀石。仕上げにも無駄がない

汀石の焼き印。西暦で製作年が刻まれることが多い

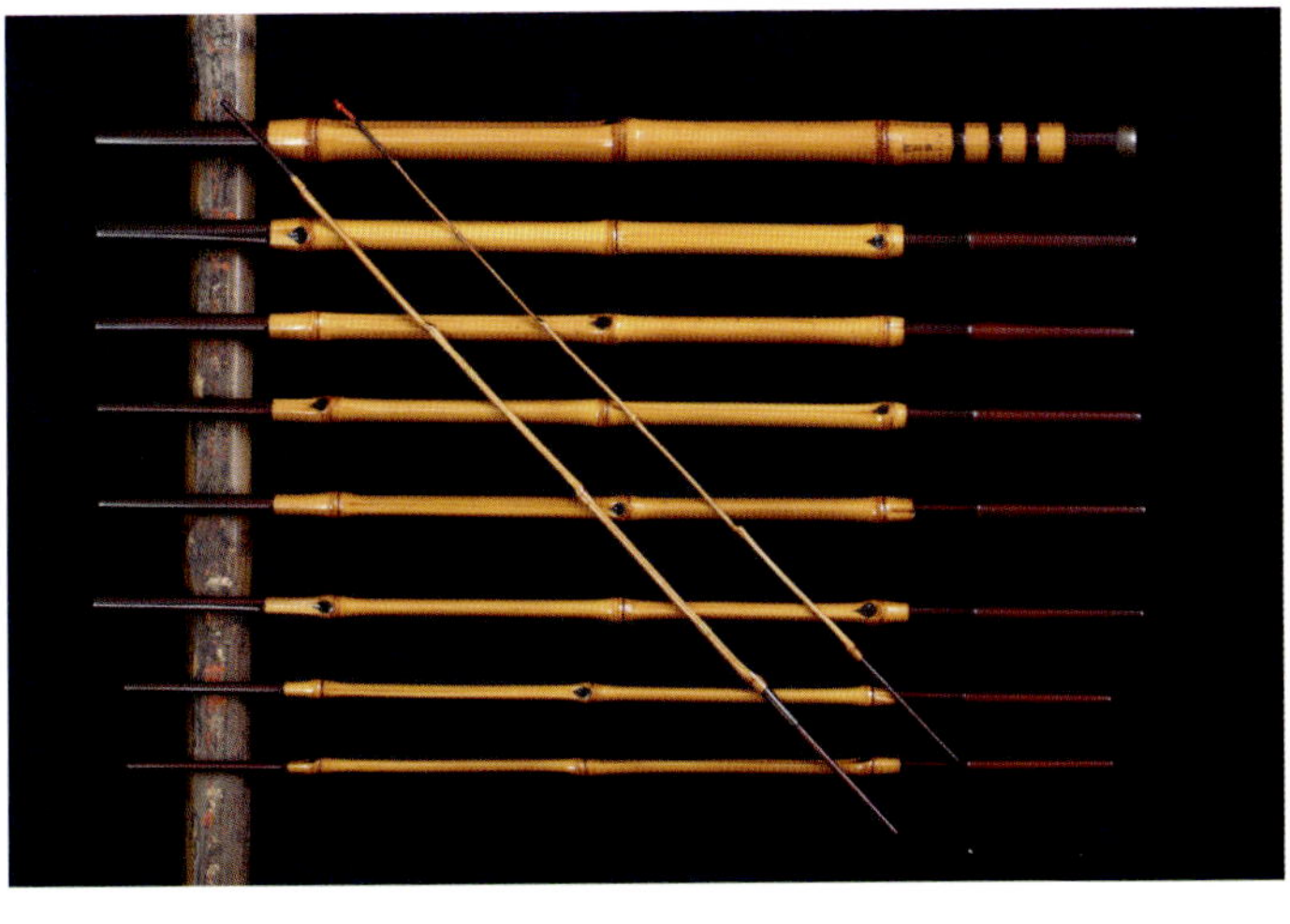

1尺元10本継ぎのタナゴ竿／3節ぞろい印籠継ぎの総布袋竹竿

◉2代目なが尾
尺2寸5分元3本継ぎの中通しタナゴ竿／印籠継ぎの布袋竹竿・追い手元付き

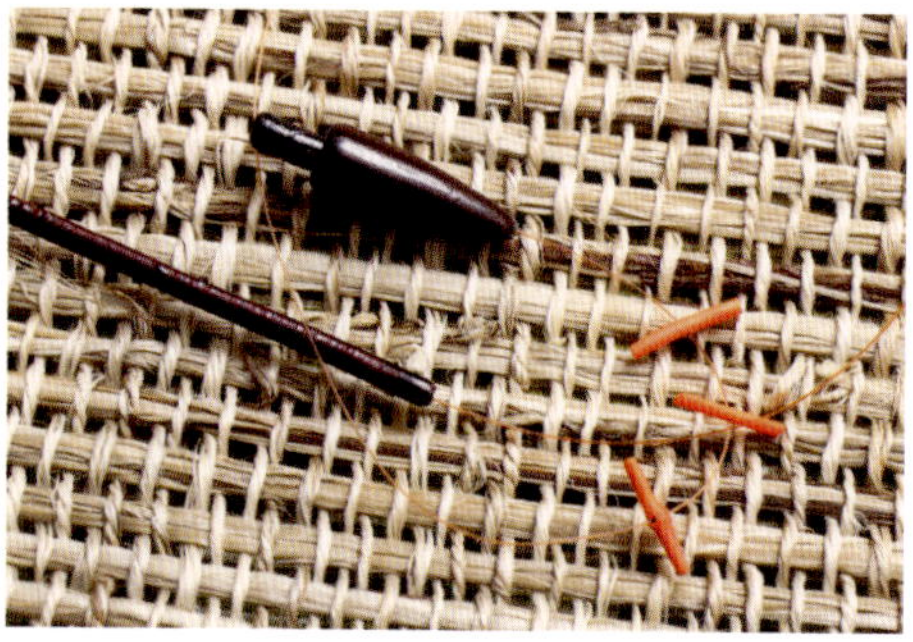

ミチイトが出てくる穂先先端部は先金を使わず、イトを巻いた上に漆で厚く固めてある。隣にあるのはミャク釣り用として愛用された、ニワトリの羽根芯で作った目印とアヅマ式オモリ

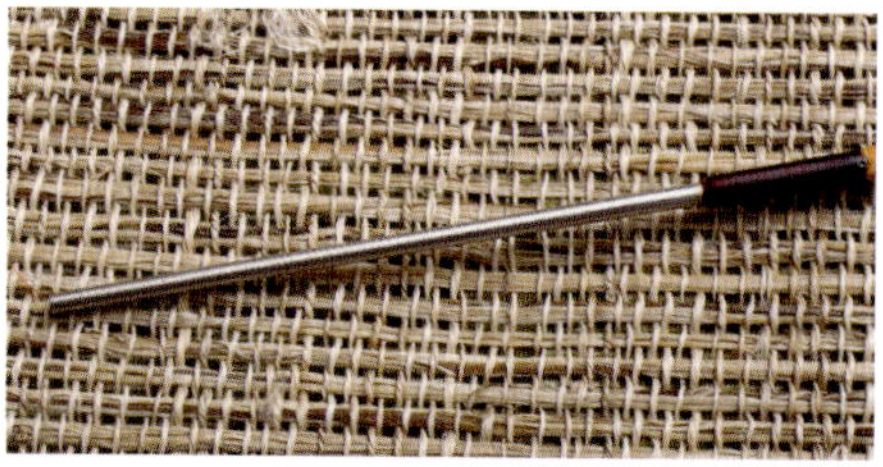

穂先と穂持ちの接続は細過ぎるため、印籠芯としてアルミパイプを使っている

2代目なが尾の焼き印。なが尾の和竿は、長年にわたり大型釣具店サンスイをはじめ、銀座東作、東作本店で扱われた

イト巻きはハゼの中通し竿と同じ象牙製

追い手元も印籠継ぎ。どこをとっても粋な仕事ぶりに頭が下がる

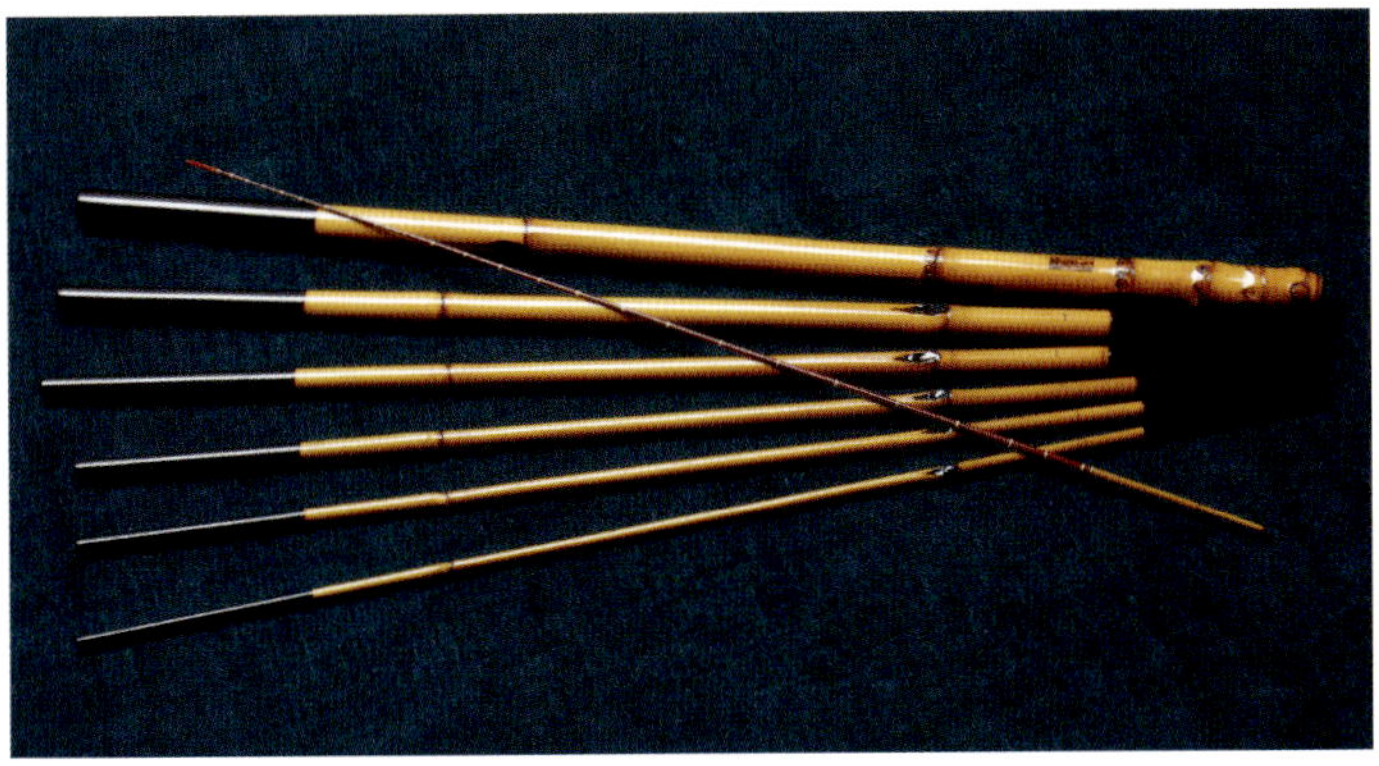

◉正勇作

1尺元7本継ぎのタナゴ竿／削り穂並み継ぎ矢竹竿
蝋色の口塗りに拭き取りの胴塗り、そして削り穂に描いた筋巻きの飾りも美しい。ヤリタナゴなど在来種ねらいに最適な長竿だ

正勇作

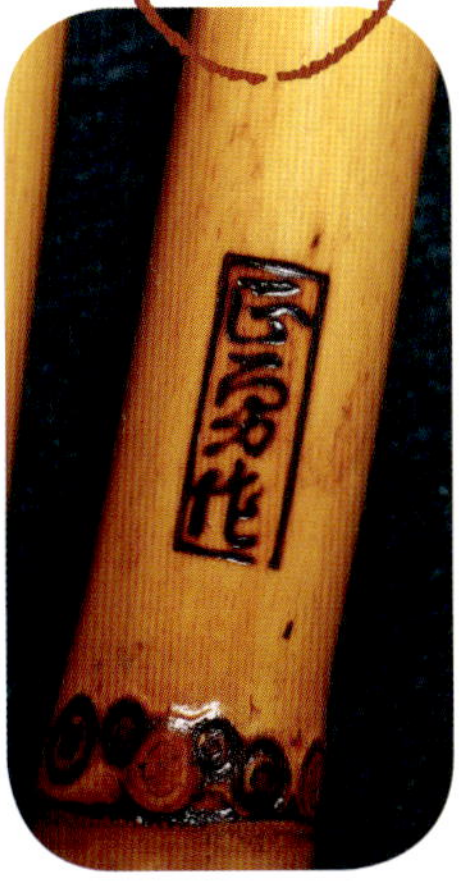

東作4代目の高弟・東正の一番弟子の誇りとともに印された焼き印

コラム

和竿の素材「竹」の話

つり人社会長　鈴木康友

竹は古くから武器、楽器、茶道具、建築資材、日用品まであらゆる用途に使われてきた。絵や物語、古事にも頻繁に登場し、私たち日本人とは切っても切り離せない存在だ。ところが近年は春に竹の子を食べることと、七夕飾りなどを除けば、日常で竹を意識する機会はかなり失われている気がする。

釣りも然りで竹竿（和竿）が少数派になって久しいがよい機会なので、タナゴ、フナ、ハゼなどの江戸和竿という設定で、素材としての竹について簡単に触れてみよう。

竹の種類は非常に多いが、大別すると「女竹《め》」「男竹《お》」の2つになる。矢竹や高野竹のように、真っすぐで節が目立たない竹を総称して女竹と呼ぶ。男竹は節が高いのが特徴で、布袋竹が代表的だ。

その使い分けは、仕舞いに関係してくる。たとえば10本継ぎ3本仕舞いのフナ竿の場合、竹の節をくり抜いて収納できるようにしてある。節高の男竹ではそれができない。女竹で、なおかつ節周りの断面が真円に近い素材が必要になる。ただし収めるだけの手元は男竹でも問題なく、布袋竹や淡竹がよく使われる。節が詰まっていたり根堀りなど、見た目のバリエーションも増えて楽しい。

一方、布袋竹などの男竹を中心に組んだ竿は印籠継ぎにする。この場合は入れ子で収納することができない。もちろん女竹でも好みで印籠継ぎにすることは可能だ。印籠継ぎは竿のテーパーが緩やかになるので、胴に乗る調子を出しやすいという特徴もある。

また年数も大きく影響する。1年ものの竹は軽くて曲がりが少なくきれいだが、強さに欠ける。2年ものになると肉厚で強度が増すと同時に重くなってくる。古竹と呼ばれる3年もの以上の竹は長く風雨にさらされ、竹同士でぶつかり肌が荒れ、硬くてクセがついていることが多い。さらに伐った竹が平地か斜面か、斜面の場合は方角、また竹林にどの程度人の手が入っているかなどでも竹の素性は違ってくる。

和竿師はこれらの諸要素を勘案して切り組みを行ない、和竿を作る。注文竿の場合は「2節揃い」「総矢竹」「手元は淡竹の根掘りで」などのリクエストにも応じなければならない。塗りも含めて凝れば凝るほど手間隙は相当なものになり、それは時間とお金に跳ね返ってくる。

目に見えない火入れの妙

竹素材が和竿になったときの善し悪しを決める一番の要素は、火入れにあるといってもよい。どんな良材でも火入れが甘いとよい竿にはならない。問題は、見た目ではそれが分からないということだ。火入れの理想は表面を焦がさず、内側が炭になる寸前まで火が入った状態といわれる。一見矛盾した話のようだが、昔のトップクラスの和竿師の中には神業的な腕の持ち主もいたと聞く。

江戸和竿の創始者、初代東作・松本三郎兵衛は、火入れの技術を矢師から教わったとされる。矢は本来人や動物を殺傷するための武器で、真っすぐ飛ばないと戦場では命取りだ。したがって極めて高い精度が求められた。その矢師直伝の技術を代々伝えてきたからこそ、今の江戸和竿があるといってもいい。

実は、火入れの善し悪しが分かる方法が1つある。それは大ものを掛けるか、一度に数をたくさん釣ること。それで釣りの後に曲がりが出たとき、本当によい和竿なら1日置けば真っすぐに戻っている。ちなみに私は和竿師さんに曲がりの火入れ直しを出したことはあまりない。

火入れの奥深さは、竹が植物という生き物であることとも深く関係している。要するに最初の火入れからしばらくたつと竹は元に戻ろうとするのだ。そこで中矯《だ》め、仕上げ矯めといって完成までに3回火入れをすることになる。これがきちんとできていなかったり、回数を端折ると、段々曲がりが出てきたり、魚の引きで曲がっても元に戻らなくなる。

竹の話をしたので、ついでに漆の話も少し。

ある日、横浜竿の汐よしさんにガイドの直しをお願いしていたカワハギ竿のようすを見に行ったときのこと。これで何回目ですかと聞くと親方は「3回目です」と答えた。ガイドを留めてある糸に漆を薄く3回塗り、そこで初めて１０００番のやすりをごく薄くかける。さらに4回漆を塗ってやすりをかける作業を繰り返し、ようやく直しが終わるのだという。カワハギ竿にはガイドが何個付いているのか。そう思うと手の中の和竿が宝石のように一層輝いて見えた。

素材捜しに東奔西走

昭和の頃までは竹を商う「竹屋さん」が全国にいた。埼玉県川口市の芝川流域ではかつて良質な布袋竹が豊富に自生し、また田んぼや畑をつぶして盛んに竹が植えられ、「現金で家を建てられるのは竿師さんだけ」という「竿屋好景気」の時代もあった。その面影は、今はどこにも見当たらない。

竹屋さんがほとんど姿を消した今、若い和竿師さんたちは自ら山に入って竹を伐る必要に迫られている。素材捜しから和竿作りを始めなければいけないので本当に大変だ。地権者への挨拶も欠かせず、気も遣う。

昨秋（２０１６）、江戸和竿師・竿中さんの自宅を訪ねると、いたる所に伐ってきた竹が干してあった。昔から竹は水分を吸わなくなる時期に伐るのが決まりで、虫も入りにくいとされている。差しかけた傘の骨組みのように竹を束ねて干してある光景は、初冬の風物詩のようでもあり、「ああ、今年もそろそろ年末だな」と実感したが、和竿師さんの庭にそれがあるという現状に、少しさみしい気もした。

渓流竿

ヤマメ（アマゴ）、イワナで異なる調子の好み

2本仕舞いの愛竿を携え、山々の風景の移り変わりを楽しみながらヤマメ（アマゴ）、イワナとの出会いを求める渓流釣り。ミャク釣りのほか、川虫の成虫が飛び交う時期には毛バリ釣りのテンカラ竿も活躍する。

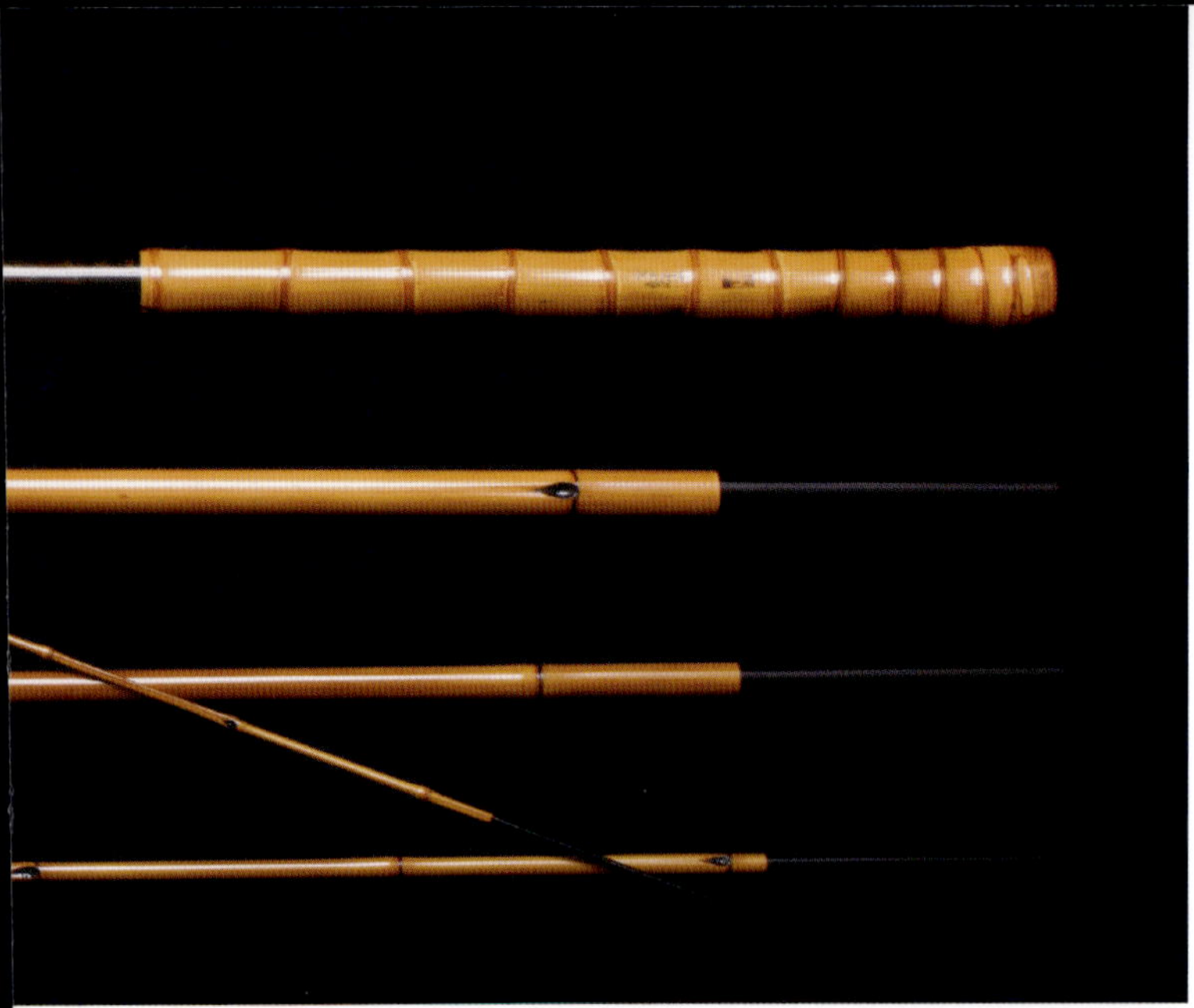

◉俊貞作　3尺4寸元5本継ぎの渓流竿／布袋竹穂先の矢竹竿・握り手元は淡竹

北国や雪深い地域は別にして、本州での渓流釣りが本格的に始まるのは春3月から。モノトーンの風景が物寂しい山里の流れには早くもヤマメやアマゴが躍動し、日を追って残雪に覆われた上流の支流筋でも活性が高まってくる。新緑を過ぎれば本流での大ものねらいや、源流域のイワナ釣りもシーズン到来となる。

渓流釣りでは、カゲロウ（ヒラタ）、トビケラ（クロカワ）、カワゲラ（オニチョロ）などの川虫のほか、ブドウ虫やイクラエサで釣るミャク釣りと、擬似餌の毛バリでねらうテンカラ釣りがある。両者で竿の性質やデザインは大きく異なる。

エサのミャク釣りに使われる渓流竿の切り寸法は、2尺5寸（約75㎝）元から3尺5寸（約105㎝）元とし、携帯性を考慮して清流竿と同じく2本仕舞いが定番。穂先には反発力が強く頑丈な布袋竹が使われる。

全長は2間半（約4・5m）を中心にして、長竿だと3間（約5・4m）まで。渓流魚の力強い引きに耐える丈夫さと、持ち重りしない軽さを兼ね備えた竿作りが要求されるため、布袋竹の穂先を除き、穂持ち以下手元2番までは矢竹の若竹（「うきす」と呼ぶ場合もある）を継ぎ、手元には淡竹の若竹（半身と呼ぶ場合もある）を組み合わせるの

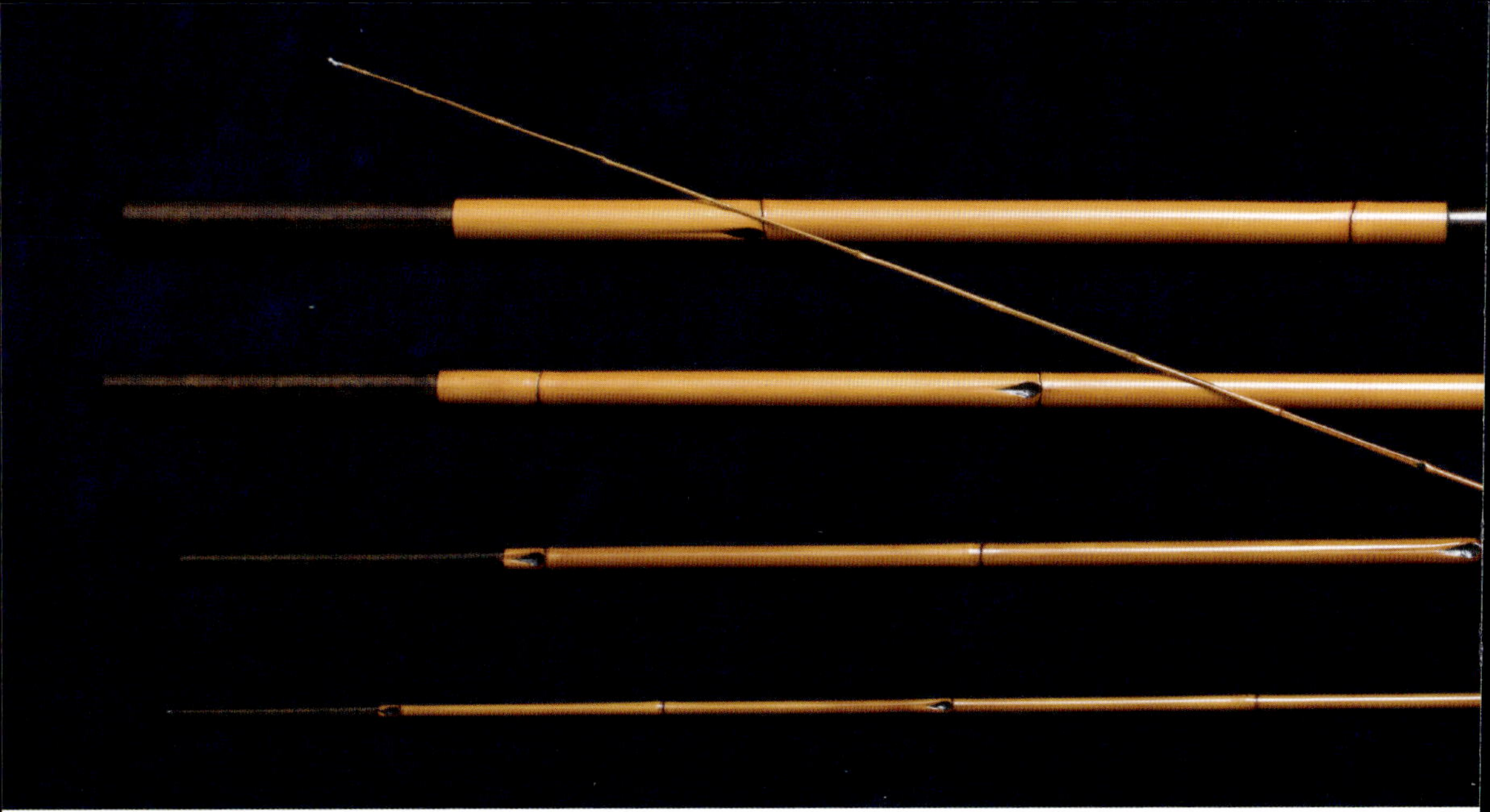

この渓流竿の手元は握り部分のみ淡竹を継いでいる

矢竹独特の穏やかな切れ長の芽打ちの形

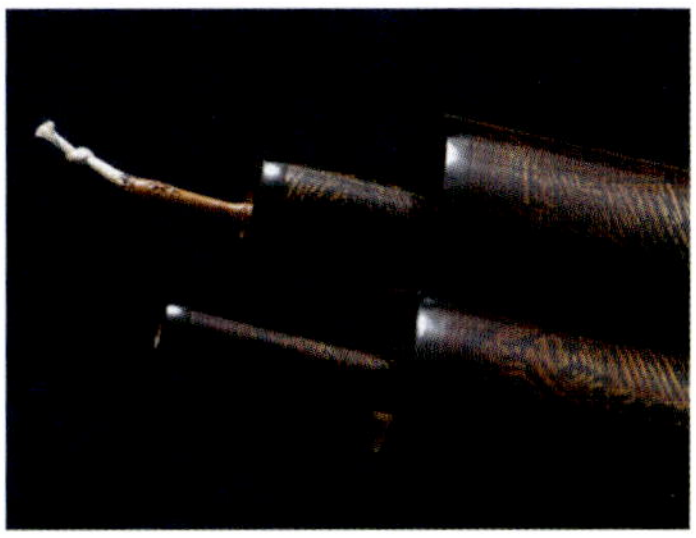

穂先の布袋竹、穂持ち以下の矢竹には若竹が使われる

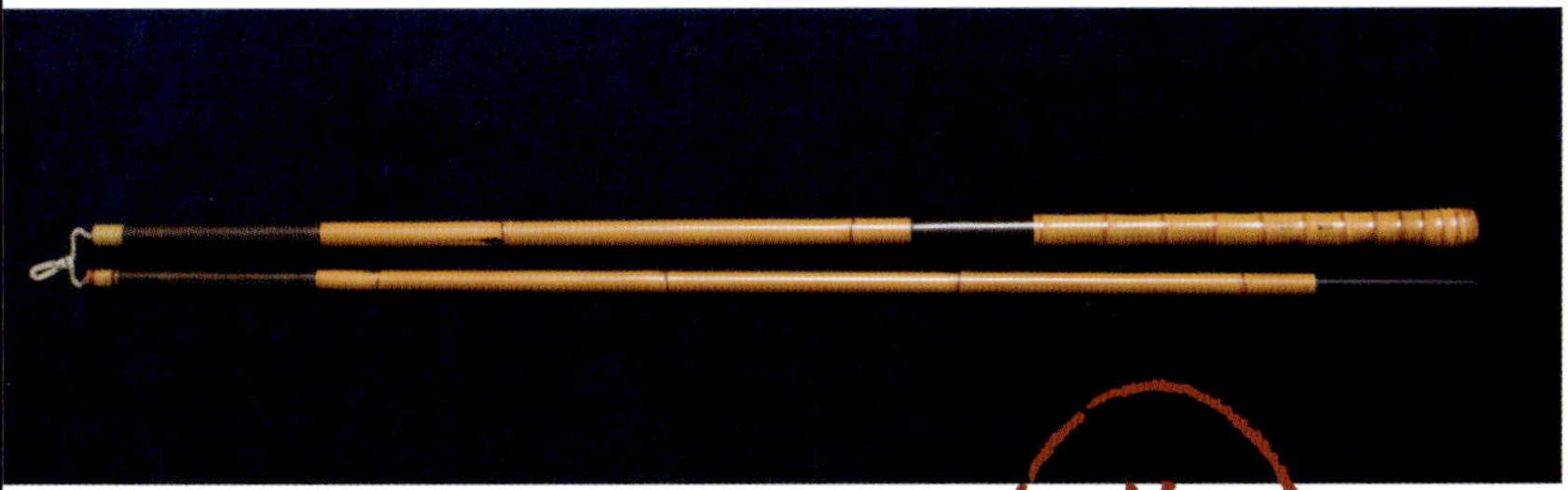

渓流竿は携帯性がよい2本仕舞いが基本

俊貞作

焼き印に刻印を加えた特選竿

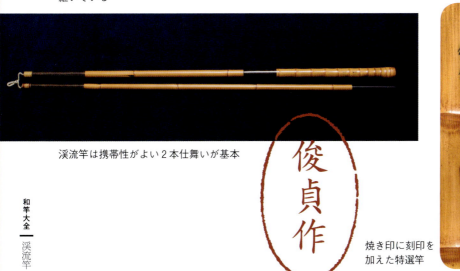

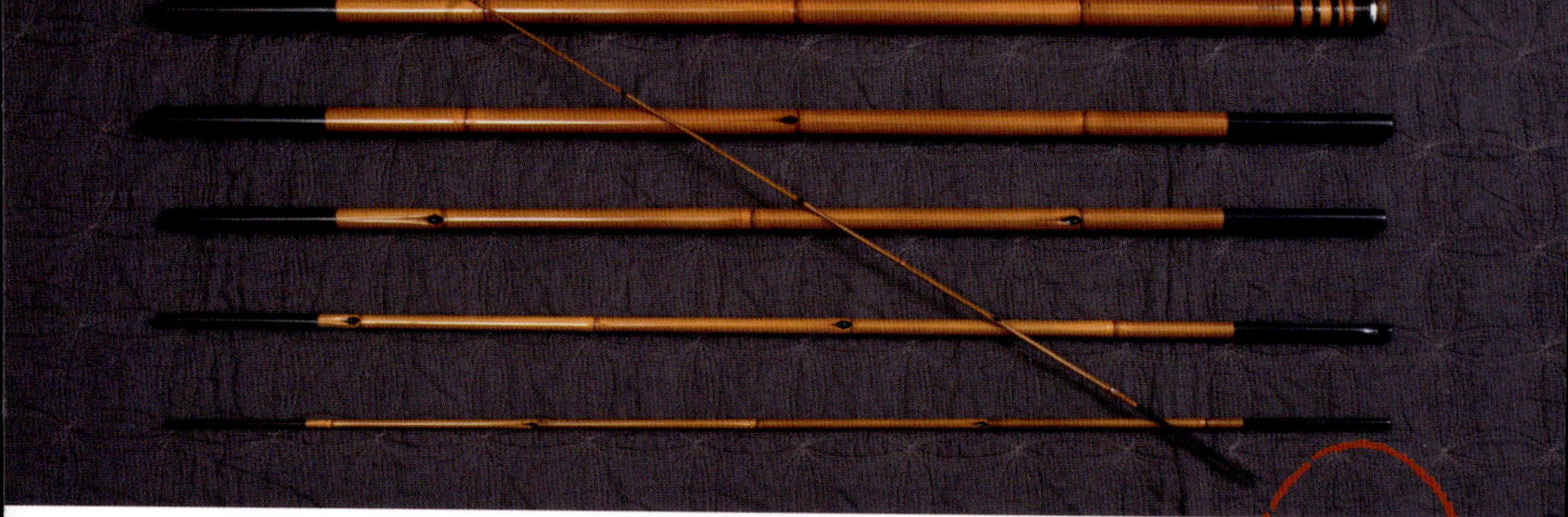

◉汀石
2尺8寸元6本継ぎの渓流竿／布袋竹穂先の矢竹竿

汀石

汀石の作品は蝋色の口塗りが大半

東作本店

口塗りは黒の同返し塗り。唐桟の竿袋には鞘入りの替え穂先が付いている

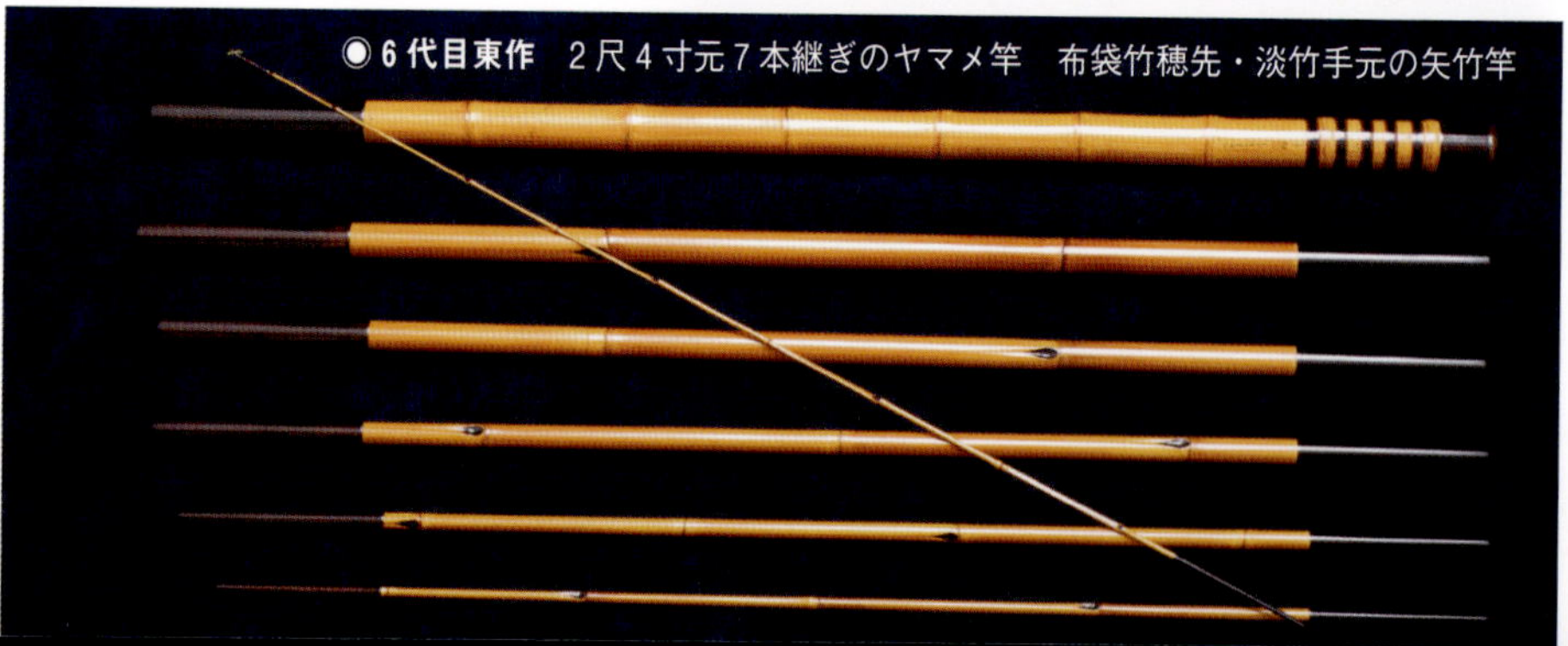

◉6代目東作　2尺4寸元7本継ぎのヤマメ竿　布袋竹穂先・淡竹手元の矢竹竿

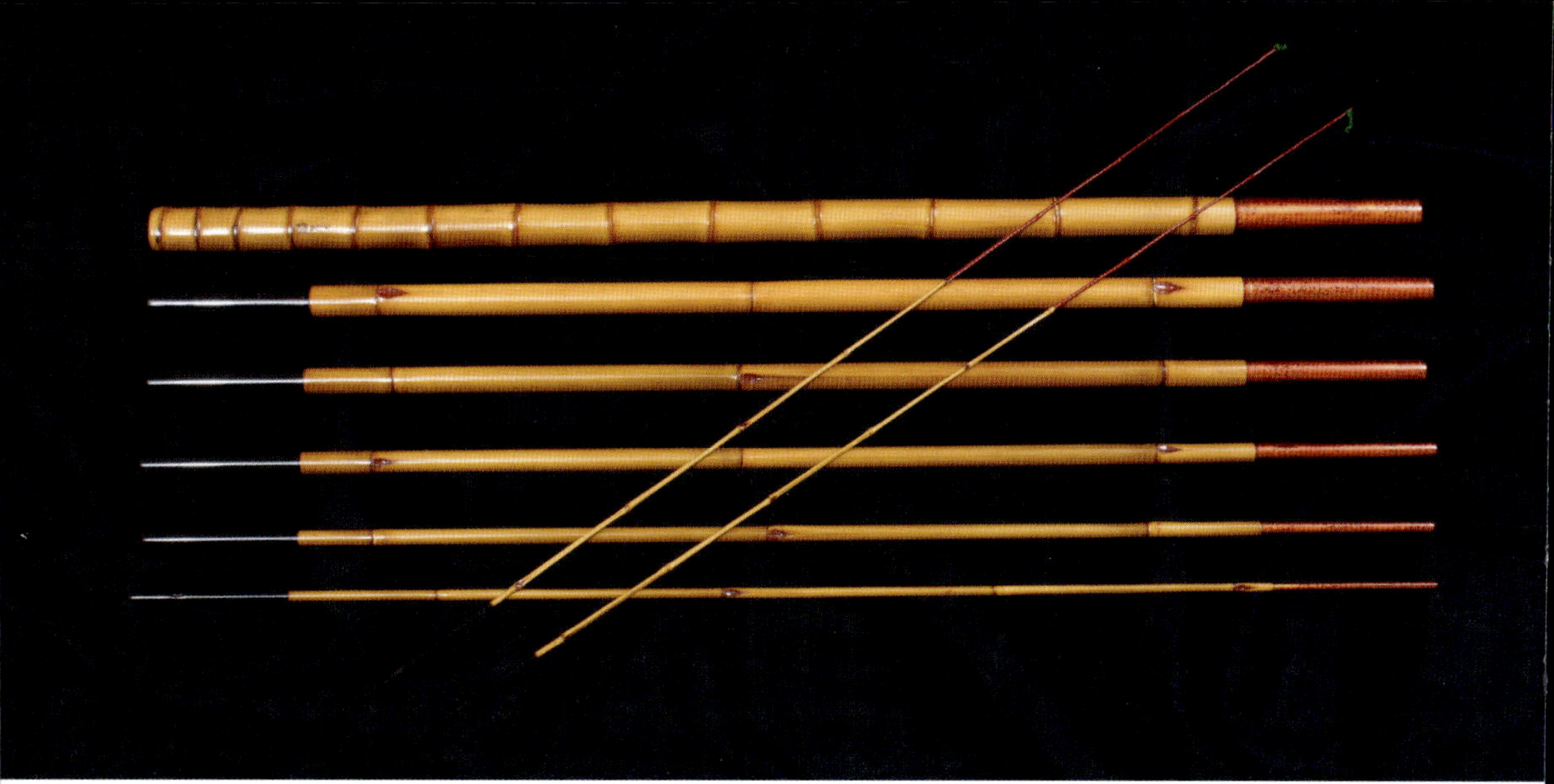

◉**東正**

2尺5寸元7本継ぎの渓流竿／布袋竹穂先・淡竹手元の矢竹竿・穂先はスペア付き

金赤の豪華な山立て研ぎ出し塗り

脇銘のカク印も押された焼き印

が定法といわれている。

ヤマメやアマゴねらいのミャク釣り用渓流竿は、7：3の先調子を主体に、胴に少し乗ってくる6：4調子タイプを好むファンもいる。

一方、源流域のイワナ竿には振り込みやすさと取り回しのよさから8：2の極先調子も多く、木立の隙間から短い仕掛けでねらうチョウチン釣りに好適だ。

ミャク釣り用の渓流竿は、同じ2本仕舞いの清流竿と見間違えそうだが、基本的に真竹の削り穂と布袋竹という穂先竹材の違いで判断するとよい。また、渓流竿や清流竿はマブナ竿とも似通っているが、2本仕舞いと3本仕舞いの相違点を比べてみると分かりやすい。

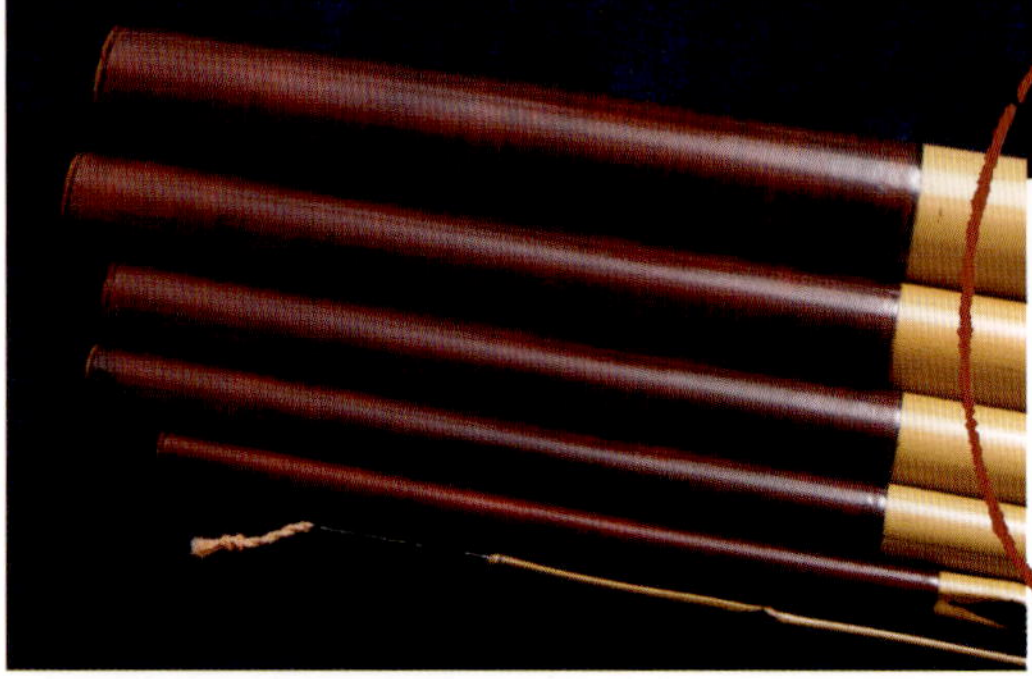

竿宗

◉竿宗
3尺3寸元6本継ぎの渓流竿／布袋竹穂先・淡竹手元の矢竹竿

長い年月が経ち、赤染めの下糸が透けて見える透き塗り

竿利作

赤金をベースにした研ぎ出し塗り。金の覆輪で引き締まる

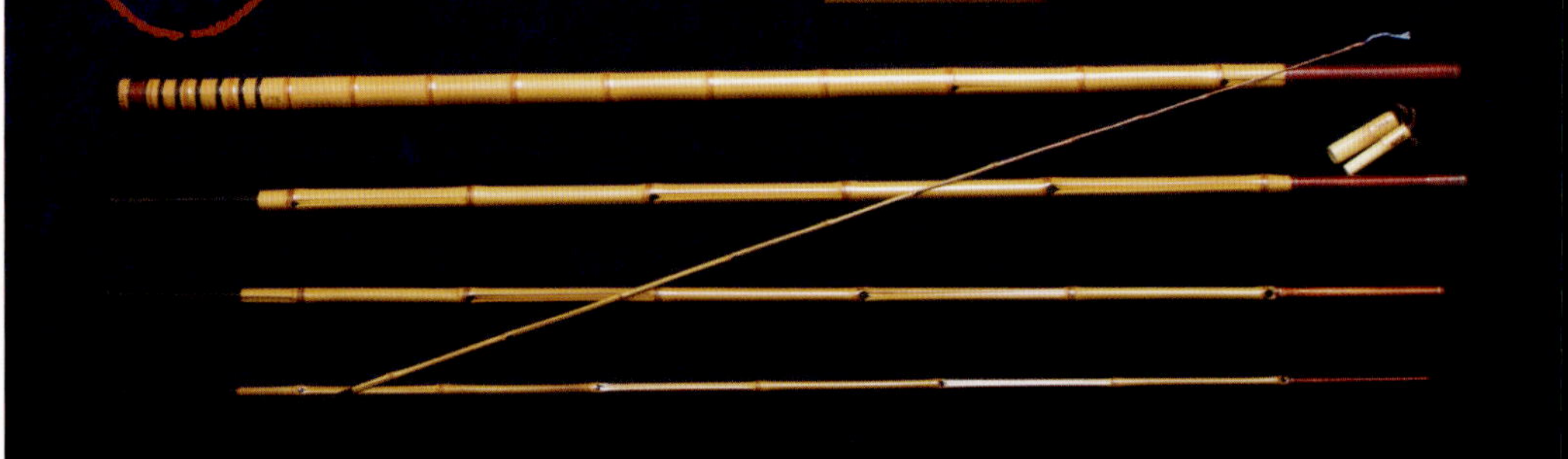

◉竿利作
3尺2寸元5本継ぎの渓流竿／布袋竹穂先・淡竹手元の布袋竹竿

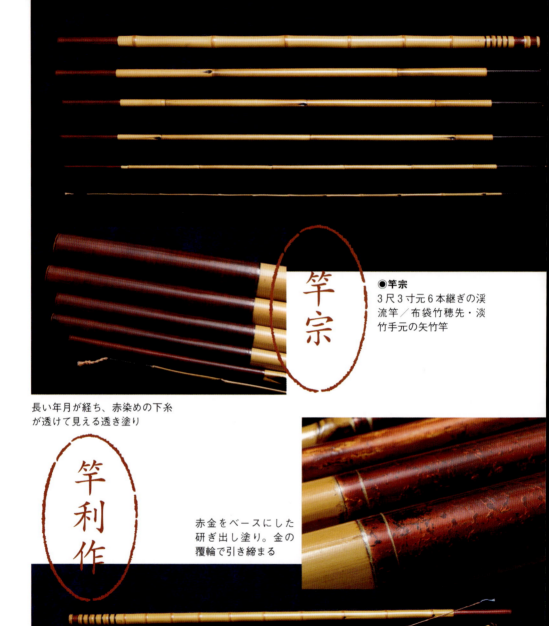

テンカラ竿はグリップに特徴あり

キジの剣羽根など鳥の羽根を巻いた毛バリ釣りに用いる

汀石

◉汀石
4尺1寸元3本継ぎのテンカラ竿／布袋穂先の矢竹竿

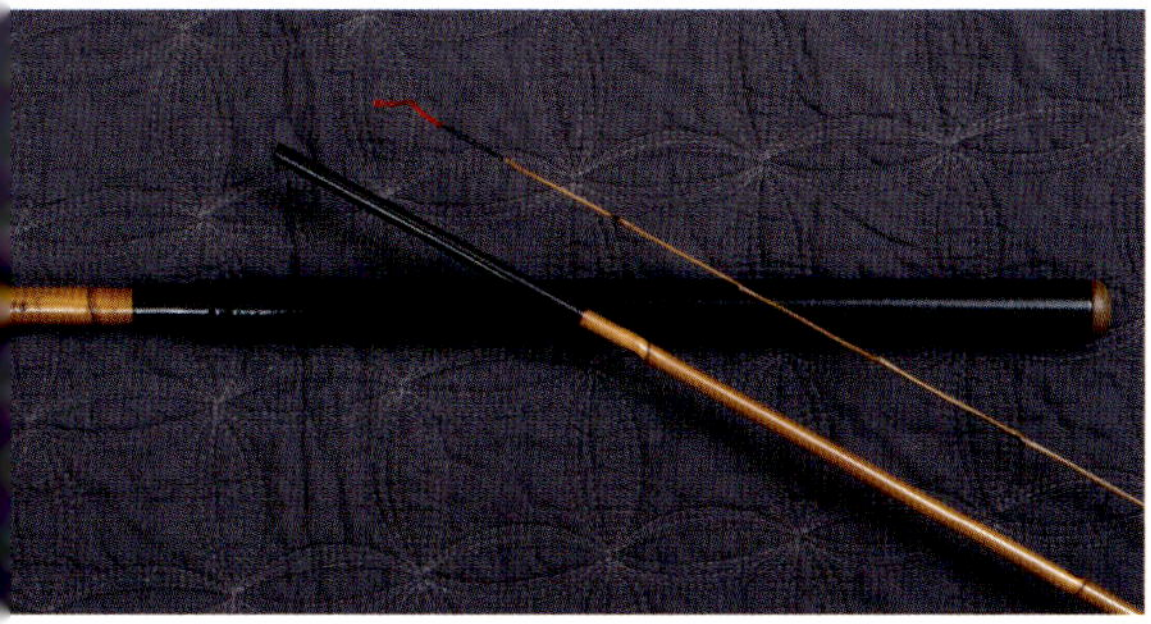

握り手元のグリップはタコ糸巻きの漆固めを採用している

テンカラ竿は、ミャク釣りとは一線を画して全長10尺（約3m）から11尺（約3・3m）と短く、3本継ぎに切り組むことが定法だ。加えて、竿尻上には握り手元として木製やコルク、タコ糸巻きなどの太くて長いグリップが付いていることが大きな特徴になっている。

テンカラ竿の竹材は、渓流竿と同じく布袋竹穂先と矢竹が組み合わされるが、どちらも張りが強い身入りの古竹が選ばれる。一日中毛バリを振り続けるため竿への負担が大きく、竹材選びが重要となる。

調子については、テーパーラインを通してねらったピンポイントへ軽い毛バリを正確にキャストできるように、滑らかな伝達力がある6・4調子に仕上げてある。

清流竿

矢竹のヤマベ竿が基本

銀座東作

子供の水遊びに格好のチャラチャラした浅瀬が続く清流は、釣り人にとってヤマベの好釣り場。川虫エサを採取しながら竿を振るフカシ釣りのほか、蚊バリ仕掛けの流し釣りで水面に躍り出るライズにうつつを抜かすのも楽しい。

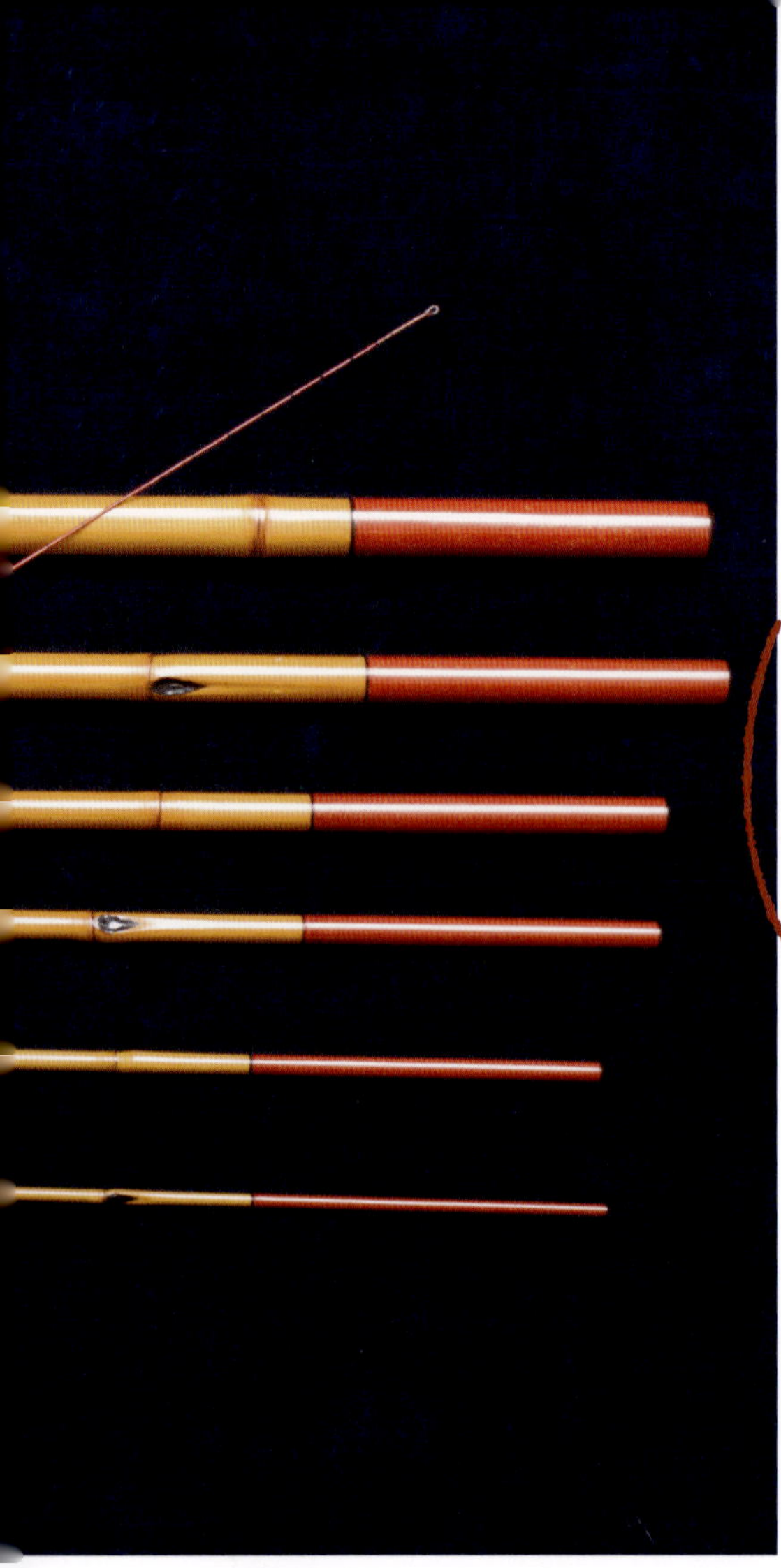

◉銀座東作
2尺5寸元7本継ぎのヤマベ竿／削り穂・淡竹手元の矢竹竿・替え手元付き

清流のイメージといえば、水の透明度が増してさらさらと流れる比較的水深が浅い流域。大都会・東京都を代表する大河川の多摩川を例に挙げると、京王線鉄橋が架かる聖蹟桜ヶ丘付近から上流に向かって、羽村市の羽村取水堰下あたりまで。ちょうど多摩川の中流域に当たるエリアだろうか。

清流釣りの主な対象魚といえば、筆頭は「清流の女王アユ」。しかし清流竿となればヤマベ（和名オイカワ）とハヤ（和名ウグイ）で、水深30～40㎝以内の浅瀬を流すことがほとんどだ。

清流竿の定寸は2尺

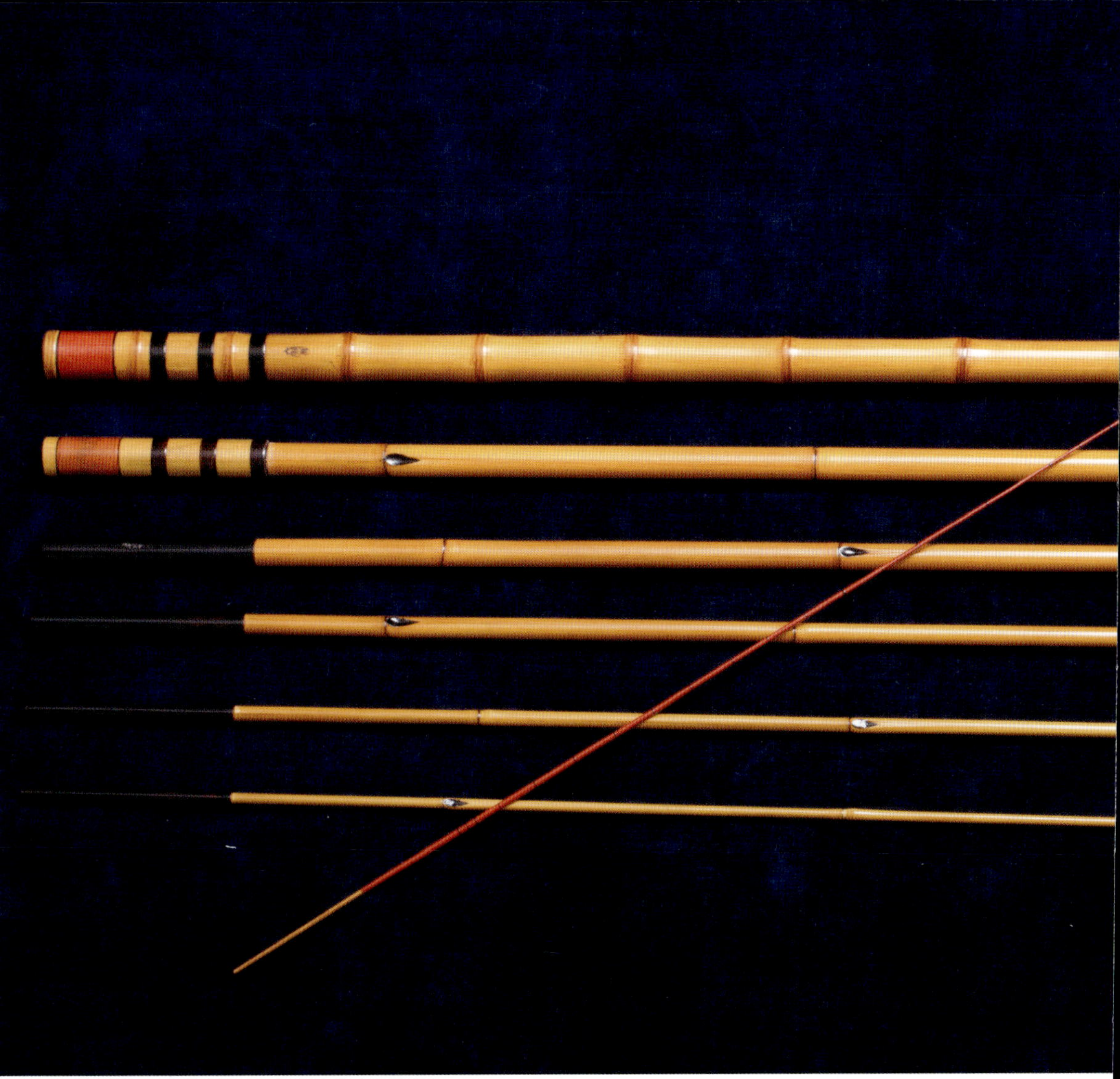

手元竿と同じデザインの替え手元。
手元2番に接続して短竿にスイッチできる

(約60cm)元または2尺5寸(約75cm)元とし、渓流竿と同じく2本仕舞いが決まり事。全長は2間1尺(約3・9m)竿を中心に、短竿で2間(約3・6m)竿、長竿だと2間半(約4・5m)竿まで。

ヤマベやハヤを相手にする清流釣りの釣り方は、玉ウキ1個のシンプルな仕掛けと川虫&サシエサのフカシ釣りをはじめ、同じエサでのミャク

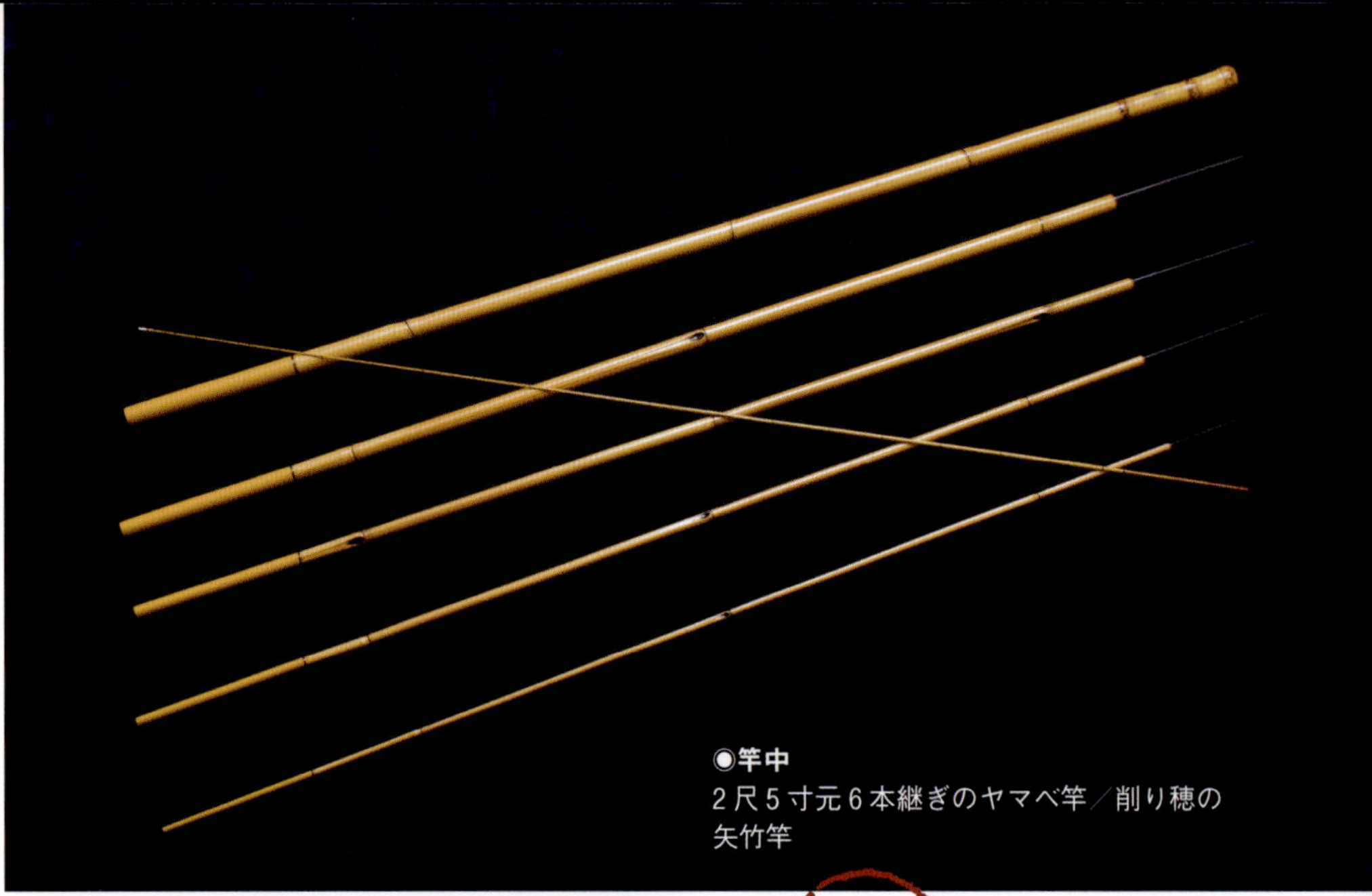

◉竿中
2尺5寸元6本継ぎのヤマベ竿／削り穂の矢竹竿

竿中

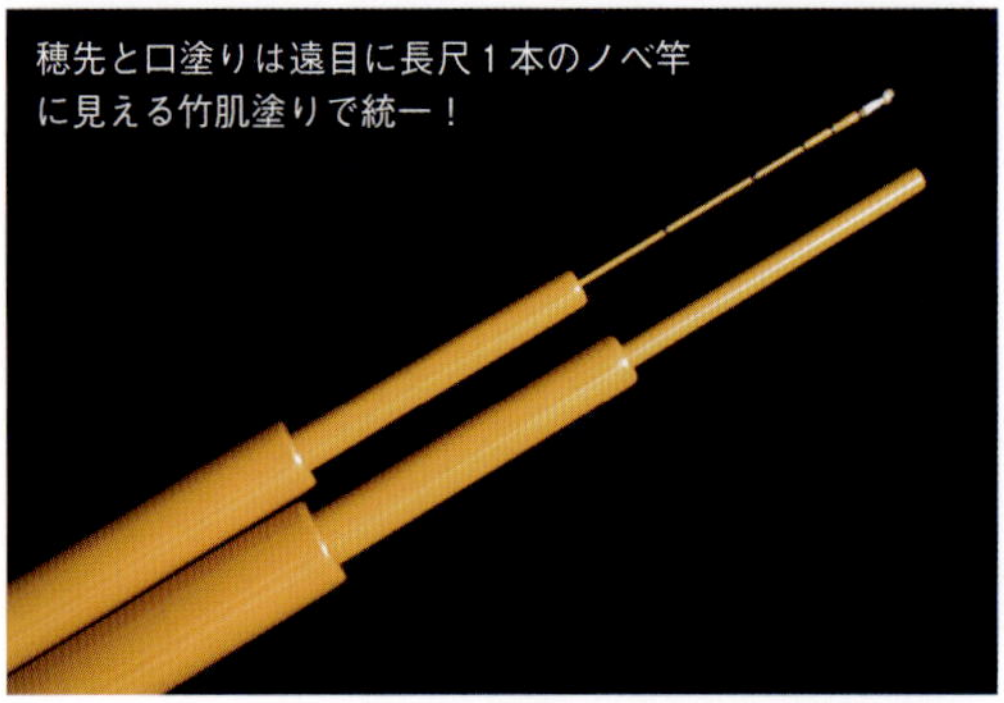

穂先と口塗りは遠目に長尺1本のノベ竿に見える竹肌塗りで統一！

東盛

◉東盛
2尺5寸元6本継ぎの矢竹ヤマベ竿
穂先は真竹の削り穂の代わりに布袋竹を使っており、蚊バリ釣りやミャク釣りに最適

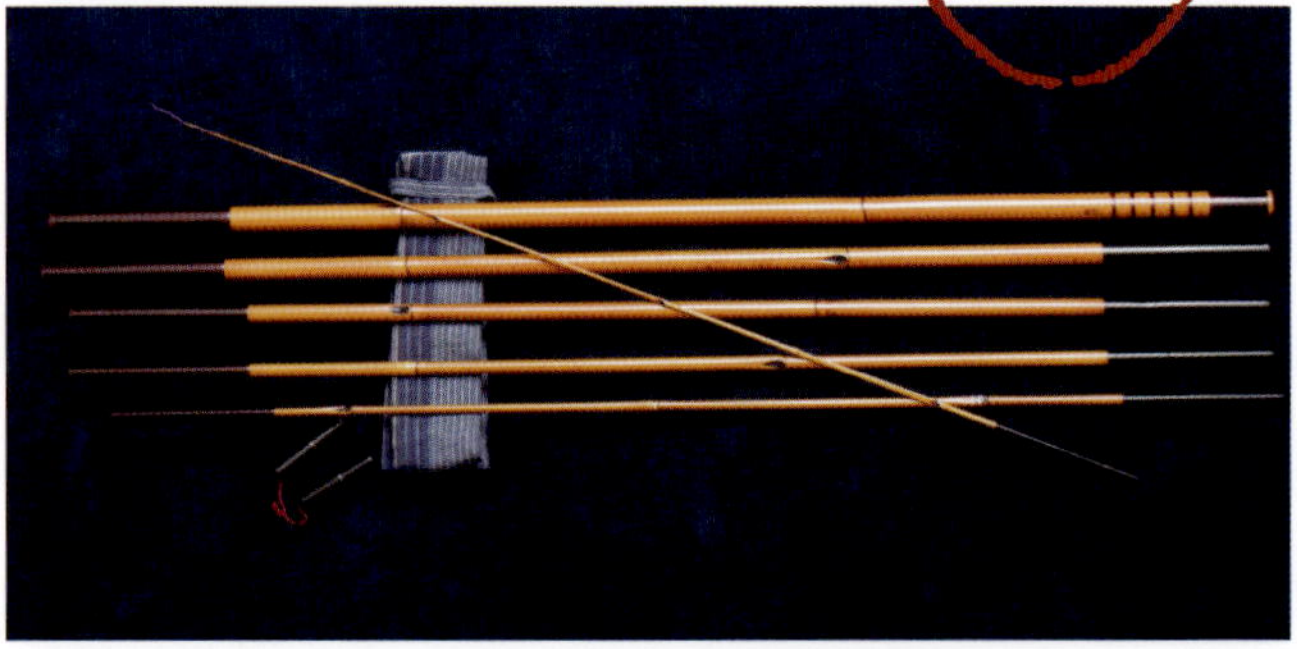

釣り、そして小さな蚊バリ（擬似餌）仕掛けの流し釣りが主体だ。

　一日中仕掛けを振り続けながら、流れの中を移動していく釣り方なので、竿はできる

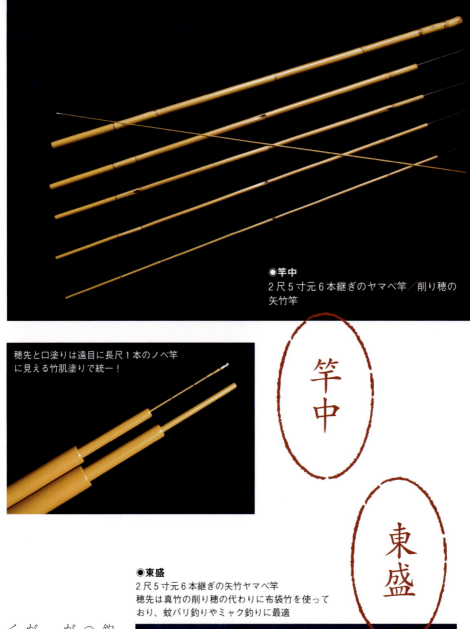

だけ自重が軽い先調子がベスト。このため穂持ち以下手元までは矢竹の若竹が多用され、穂先には真竹の削り穂が組み合わされる。

　しかし、空気抵抗と水抵抗が大きな瀬ウキ付きの蚊バリ仕掛けやミャク釣りの場合、削り穂の穂先だと負担が掛かりすぎて釣りづらいことが欠点。そこで、ミャク釣りや蚊バリ釣りの清流竿には渓流竿と同じく、反発が強くて丈夫な布袋竹の穂先が付属しているタイプも多い。

　ただし、ヤマベ釣りに混じって釣れるハヤは小型ばかり。ハヤ釣り専門はウインターシーズン、寒バヤのミャク釣り人気が高い。尺バヤを含む良型をねらうことから、寒バヤ釣りには清流竿ではなく、全体の張りがしっかりとした渓流竿のほうが適している。

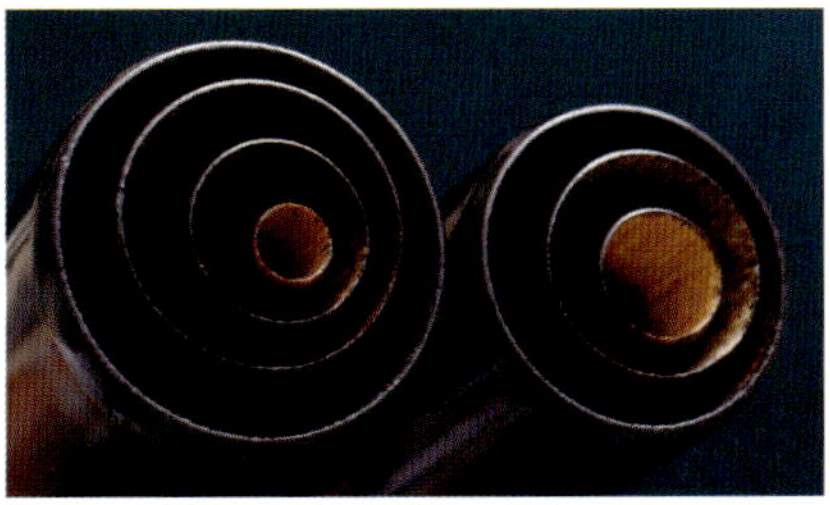
すっきりと整ったすげ口周り。オーソドックスな蝋色の口塗りはベテランが好む

軽量の小継ぎ竿を得意にした竿勝

竿勝

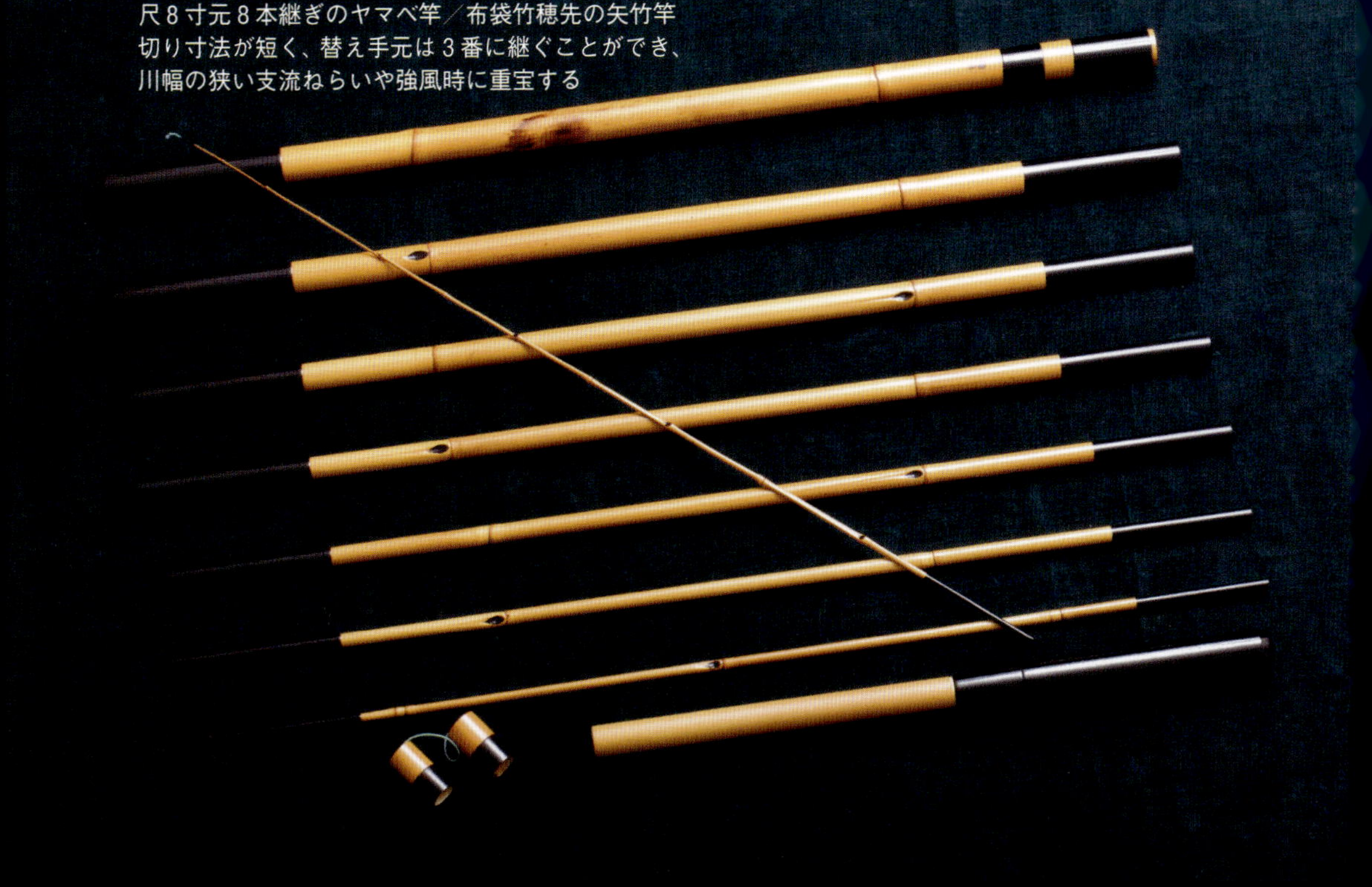
◉竿勝
尺8寸元8本継ぎのヤマベ竿／布袋竹穂先の矢竹竿
切り寸法が短く、替え手元は3番に継ぐことができ、川幅の狭い支流ねらいや強風時に重宝する

鮎竿

長竿ならではの軽量化の工夫

清流の女王といえばアユ。その釣りはカーボン全盛で和竿の出る幕はほとんどない。しかし江戸和竿きっての長竿、竹材を切り組み軽量化を図った和竿師の技術には頭が下がる。往年の優美な姿をとくとご覧あれ。

汀石

汀石の竿銘代わりに本名・島田の刻印

初夏から夏に向かって最盛期を迎え、河川によっては秋が深まるまで楽しめる清流のアユ釣り。代表的な2大釣法といえば、アユ特有のナワバリ争いを巧みに利用してオトリを仕掛ける友釣りと、豪華絢爛《けんらん》な毛バリを操って誘うドブ釣りである。

このほか、コロガシ釣りやエサ釣り、毛バリの流し釣りなどを含めるとアユにはいくつもの釣り方があるのだが、本書では割愛させていただく。

アユの友釣り竿は友竿とも呼ばれ、江戸和竿の中では一番の長尺だ。その全長は短くて3間半（約6・3m）、長いと4間半（約8・1m）もあり、

◉汀石
(上)4尺4寸元6本継ぎの友釣り竿／布袋竹穂先以下真竹の総男竹竿
(中)3尺8寸元7本継ぎの友釣り竿／布袋竹穂先以下矢竹、3番がお化けと呼ばれる若竹、手元2番と手元は淡竹
(下)4尺元6本継ぎの友釣り竿／布袋竹穂先以下矢竹、手元2番に手元は淡竹

標準的な友釣り竿は4間1尺(約7・5m)竿といわれた。
友釣り竿の仕舞い寸法はおよそ4尺(約1・2m)から4尺5寸(約1・35m)元とし、3間半竿の5本継ぎに始まって4間半竿だと7~8本継ぎになった。もちろん、渓流竿や清流竿と同じく2本仕舞い

（前頁写真中の竿）3番のお化けをはじめ、汀石の粋を集め軽量化を図った3尺8寸元7本継ぎの友釣り竿の全貌

竿尻には銘木の保護補強用尻栓

色褪せない漆黒の蝋色口塗り

の収納であることはいうまでもない。

長尺で持ち重りが懸念される友釣り竿だけに、竿の良否を問うには自重が1つの目安とされた。4間1尺竿で170匁《もんめ》（約637・5g）なら合格点が与えられた。

このように、できる限り自重を軽くする目的で、切り組む竹材にも工夫がなされている。まず穂先には丈夫な布袋竹の古竹が選ばれ、穂持ちから3番までは半身や中半身と呼ばれた矢竹の若竹を継ぎ、さらに手元2番と手元には淡竹の半身または中半身で軽量化を図った。

また、4間半の長竿の場合には3番が最も太くなりやすいため、「お化け」の愛称がある若竹も使われた。

真円に近いすげ口には竹材選びの確かさと技術の高さが偲ばれる

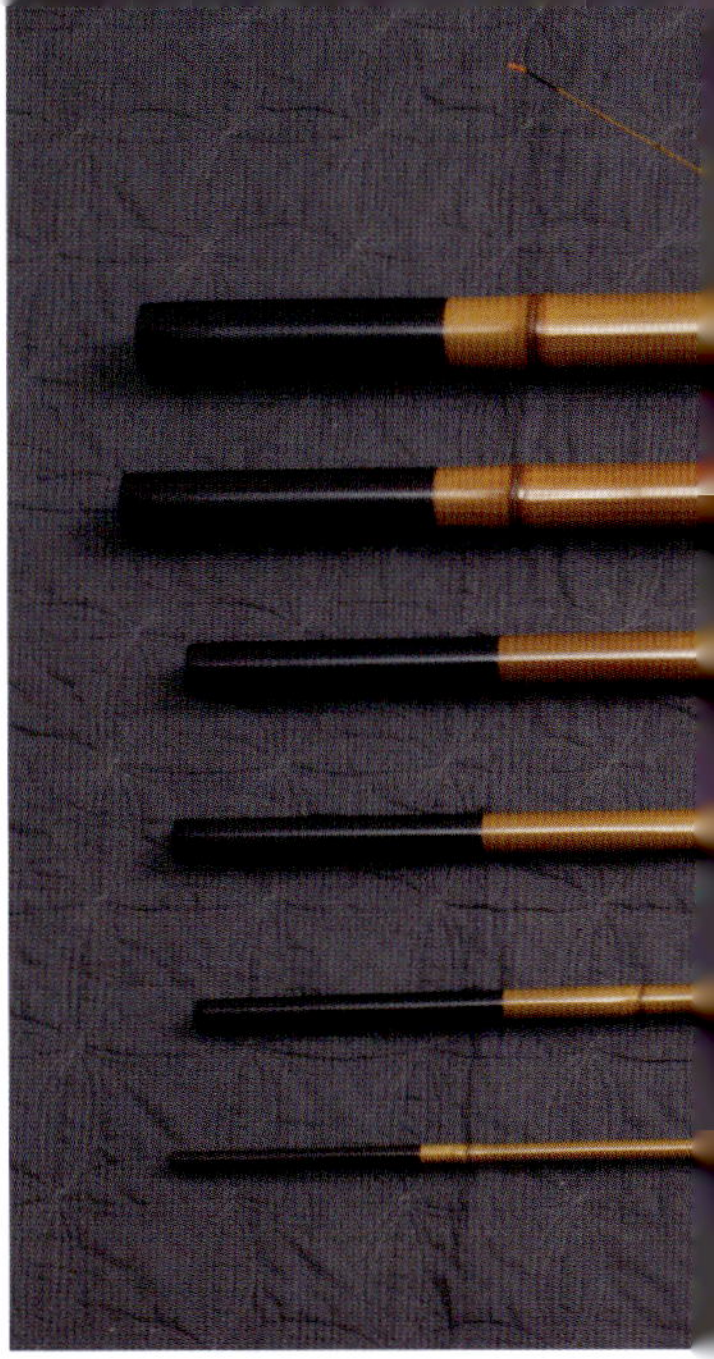

芽のない若い淡竹など手元にはすげ口とすげ込みの２ヵ所に小さな点の合印が打たれ、正確な継ぎができる

◉東吉
4尺4寸元6本継ぎの友釣り竿／布袋竹穂先以下真竹の総男竹竿

アユ竿名人としてその名を刻む東吉

口金が抜け落ちてしまったのは残念。口金など和竿用接着剤には当時、麦漆（主に小麦粉と生漆を混ぜた物）が使われた

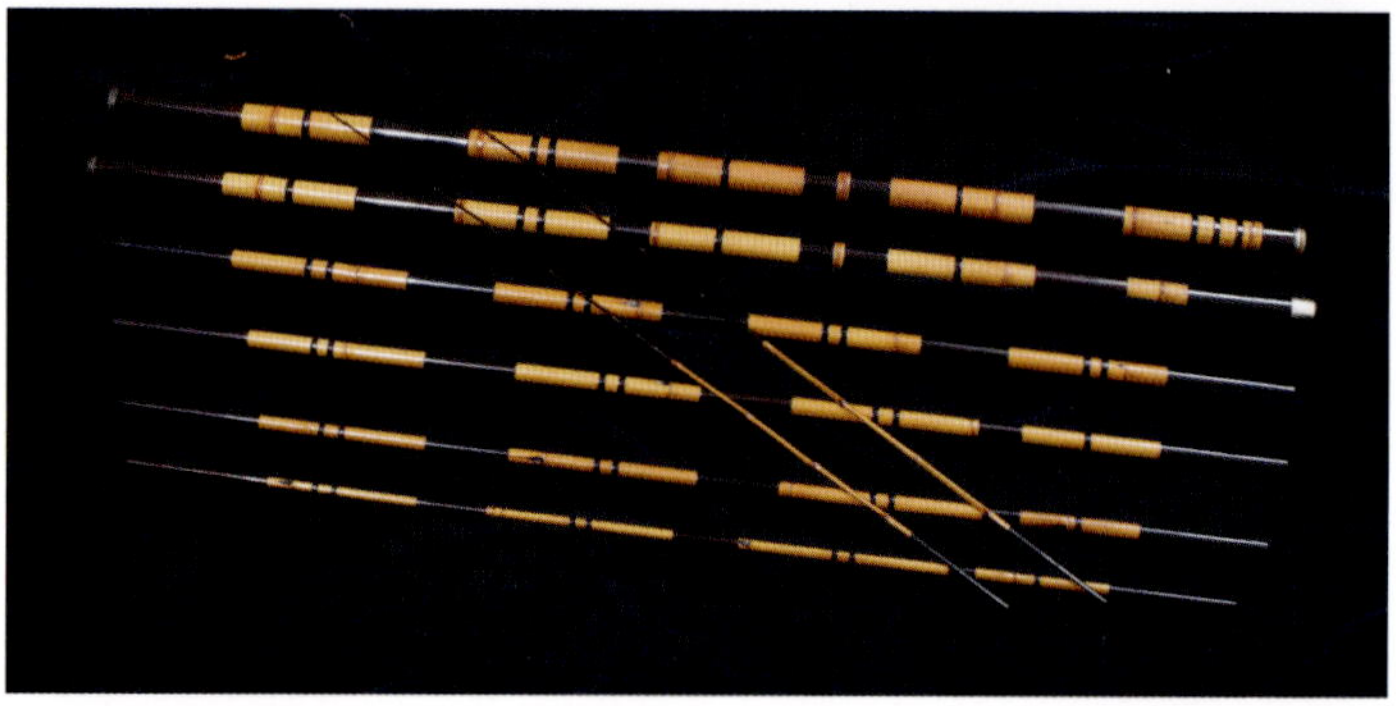

◉5代目東作
4尺4寸元7本継ぎの段巻き友釣り竿／布袋竹穂先以下矢竹段巻き・3番がお化け、手元2番と手元は淡竹・替え穂付き。5代目東作は現存作品が少なく珍品の1つ

全長4間半（約8.1m）の長竿だけに、手元1本を抜いた短竿使用を考慮したのか、手元2番には竿尻保護の金具が取り付けられている

東作本店

穂先が異なるドブ竿

一方、ドブ釣りとは江戸時代から盛んだった石川県のアユ毛バリ釣りの別称。釣り場は瀬釣り中心の友釣りに対して、ドブ釣りは淵やトロ場など水深があって流れの緩やかな場所をねらう。釣り方は4～8号のオモリをセットした毛バリ仕掛けを、上下にゆっくりとした竿の操作を繰り返すドブ釣り独特のミャク釣りスタイルである。

ドブ釣り竿はドブ竿、毛バリ竿とも呼ばれる。見た目は友釣り竿と変わりないが、竹材の組み立て方や細部にはドブ釣り竿独自のものがある。

瀬の中でオトリを引くような荒々しい操作を行なわないドブ釣りでは、友釣り竿以上に軽量級の竿が可能だ。まず友釣り竿と根本的に違うのは、穂先に矢竹を用いる点で、穂持ち以下手元までは矢竹や淡竹などが切り組まれるが、若竹系の軽い竹材が使われる。

仕舞い寸法は4尺（約1・2m）元を基準とし、2本仕舞いが定法。全長は4間（約7・2m）から4間半（約8・1m）が好まれた。

アユ竿には継ぎ口や竿尻の保護用として、口金や木製の尻栓が取り付けられていることが多い。ドブ釣りでは毛バリ交換やハリ掛かりした野アユを取り込む際、手元から1～2本ずつ竿を抜いて専用の竿掛けに立て掛け、先端部の短竿に縮める操作が必要だ。

竿忠

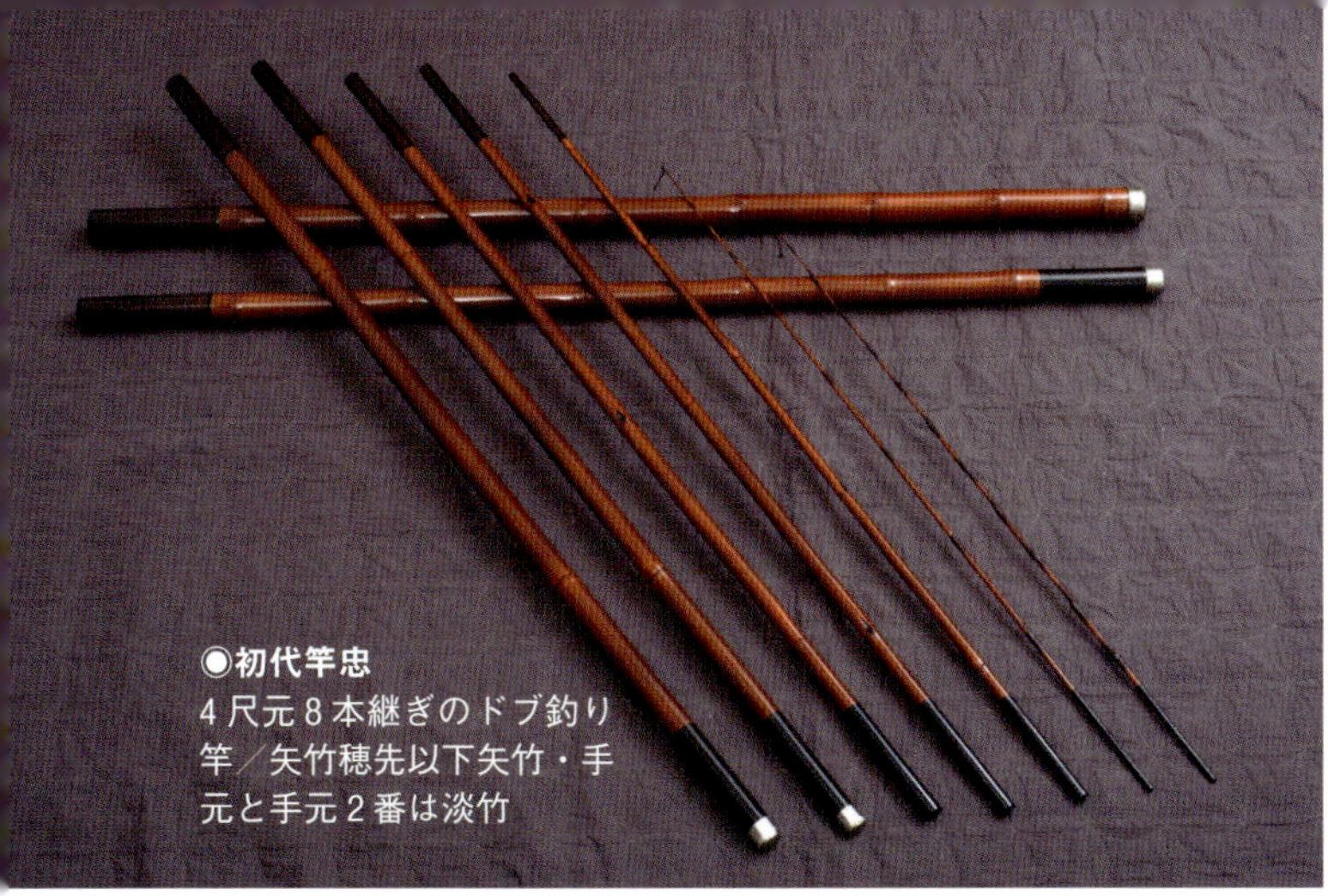

◉**初代竿忠**
4尺元8本継ぎのドブ釣り竿／矢竹穂先以下矢竹・手元と手元2番は淡竹

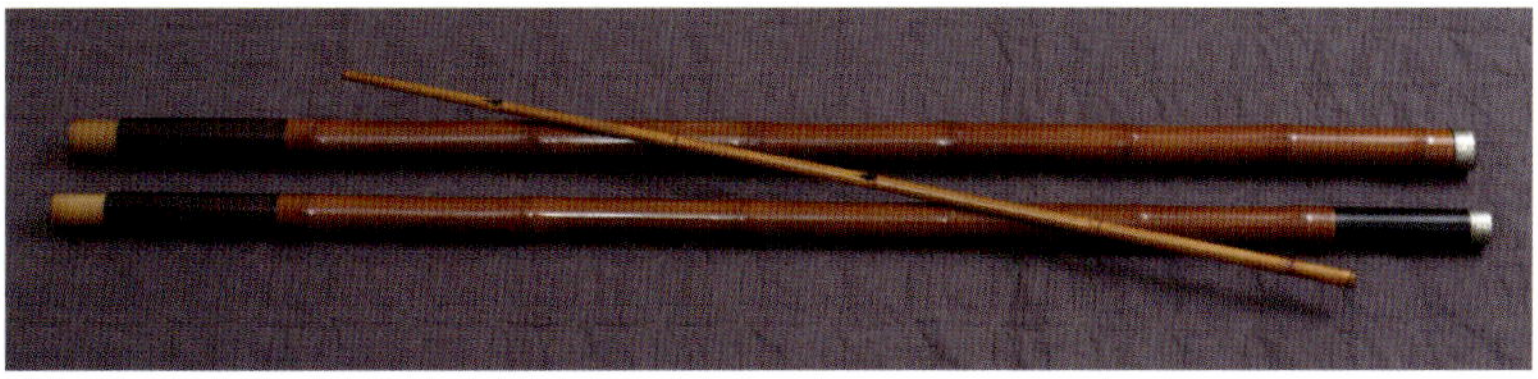

定石どおり2本仕舞いで収納し、鞘入りの替え穂先には謎めいた事柄が……

江戸和竿の立役者の一人である初代竿忠には創意工夫が多い。この当時、竿先の蛇口に金属を用いている点にも注目したい。口塗りは赤の微塵塗り

ドブ釣り竿の定法として、竿尻保護用の尻金が手元〜4番に取り付けられている。この手元近くの4本を抜き差しして縮め、野アユを取り込む時は穂先〜5番の4本を継いだまま操作することが前提だ

このため、川石がごろごろした地面に接する竿尻が傷付いたり破損しないように、手元近い数本には竿尻保護用の尻金が取り付けてある点がドブ釣り竿の顕著な特徴だ。

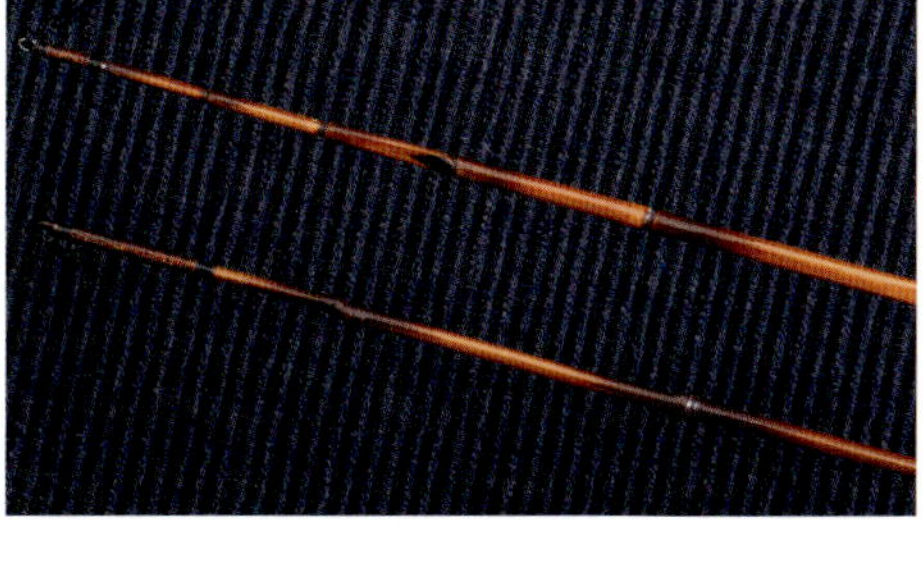

付属する鞘の中身はドブ釣り用の矢竹ではなく、布袋竹の替え穂先。推測の域ではあるが、オモリ号数による使い分けではなく、ドブ釣りと友釣りの兼用竿ではなかろうか

竿富

手長海老竿・公魚《わかさぎ》竿

金赤の山立て研ぎ出し塗りが光る

下町のご隠居が孫を連れ、近所の池や川で竿を並べる姿が目に浮かぶ梅雨時のテナガエビ釣り。一方、山上湖で極短の手ばね竿1本に集中し、氷下の妖精ワカサギとの出会いを待つ。暑くても寒くても、旬の釣魚が竿を震わす。

テナガエビ釣りの注文竿

今では想像ができないほど小もの釣りが盛んだった昭和のよき時代。釣り人は四季折々に決まって釣れ盛る旬の魚種を追い求めて楽しんだものだ。

中でも、じめじめと蒸し暑い梅雨時の憂さ晴らし的なターゲットといえばテナガエビ釣りだ。現在、テナガエビのメイン釣り場は潮の干満が影響する汽水域の大河川だが、ひと昔前までは田園や郊外にある大小の湖沼でもよく釣れた。

潮入りの大河川は消波ブロック帯など不安定な足場が多く、手持ちの1本竿でねらうケースが大半。しかし、当時の湖沼テナガエビ釣り場には水辺に陣取れる平坦な場所があり、数本の短竿をだした並べ竿のエンコ釣りが基本的な釣り方だった。

ところが、そもそもテナガエビと謳《うた》った既製竿はまずなかったのである。そこで庶民派は釣具店の店先に立て掛けてある安価なノベ竿でそろえた。だが長いノベ竿は持ち運びが不便なことから、小継ぎ竿の組み竿を注文する釣り人

◉ 2 代目竿富
2 尺元 3 本継ぎの 3 本組／印籠継ぎの総布袋竹竿

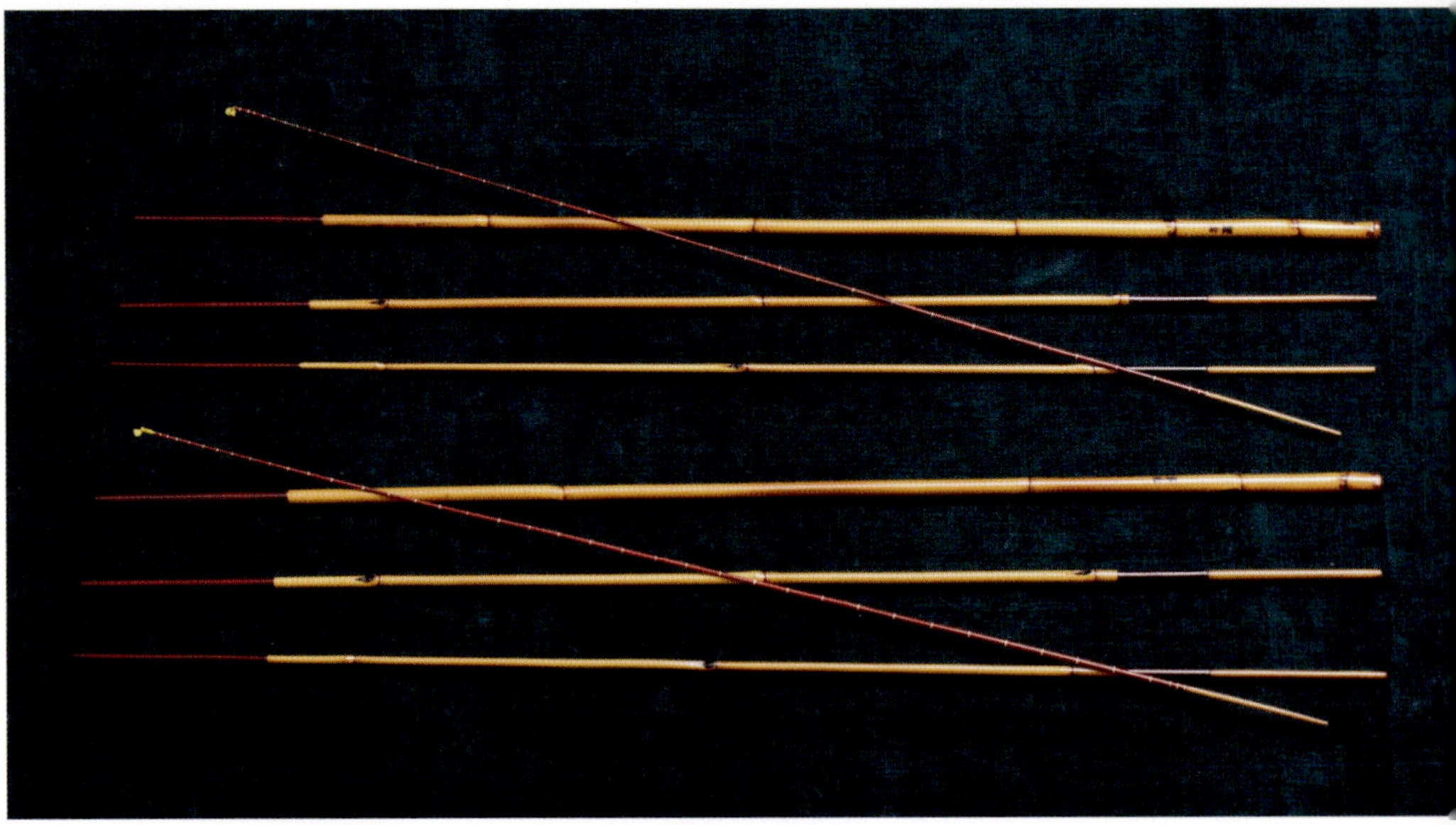

◉2代目竿富
尺5寸元4本継ぎの2本組／印籠継ぎの矢竹竿
真竹の削り穂を配した小継ぎ竿で、切りっぱなしの矢竹手元は気取らない美しさ。印籠継ぎのため軟調子に仕上がっており、テナガエビ独特のキックバックする小気味よい抵抗が手に取るように楽しめる

もいた。

テナガエビ竿の切り寸法は1尺5寸から2尺（約45〜60㎝）が相場。見た目は小ブナ竿に似ているが、テナガエビ竿の切り寸法のほうが少し長めなのは、そのぶん細身の軟調子に仕上げやすいためかもしれない。

そして全長は4尺から6尺（約1・2〜1・8ｍ）の短竿。3〜6本の組み竿にした場合、長短を変えるか同寸でそろえるかはお好み次第だ。

ワカサギ竿はボート、氷上2態あり

さて季節は変わって、厳寒ウインターシーズンの華といえばワカサギの氷上穴釣り。温暖化で騒ぐ現代がうそのように、昔は山梨県富士五湖の山中湖や長野県の諏訪湖などもよく結氷し、氷上をスケートファンと奪い合ったほどの盛況をみせた。もちろん露天の釣りが中心で、長くても40cm未満のイト巻き付き手ばね竿が定番だ。

　氷上手ばね竿の普及品は、竹の握り手元にグラス穂先を取り付けた1本もの。これに対し、高級注文竿は根曲がりの美しい布袋竹を握り手元とし、セミクジラ穂先と象牙のイト巻を組み合わせ、さらに1本仕舞いの2本継ぎに仕上

◉ 3代目竿辰

5寸元2本継ぎ2本組の手ばね竿／セミクジラ穂先各2本付きの布袋竹竿
竿の持ち主は、実は氷上穴釣りではなく、山中湖のドーム船の手繰り釣りを想定して注文したそうな

竿辰

ミニサイズの黒檀イト巻きも竿辰オリジナル

セミクジラ穂先は硬軟の調子別に2本ずつ。金属製トップガイドに並ぶのは竿辰手作りのナイロンガイド

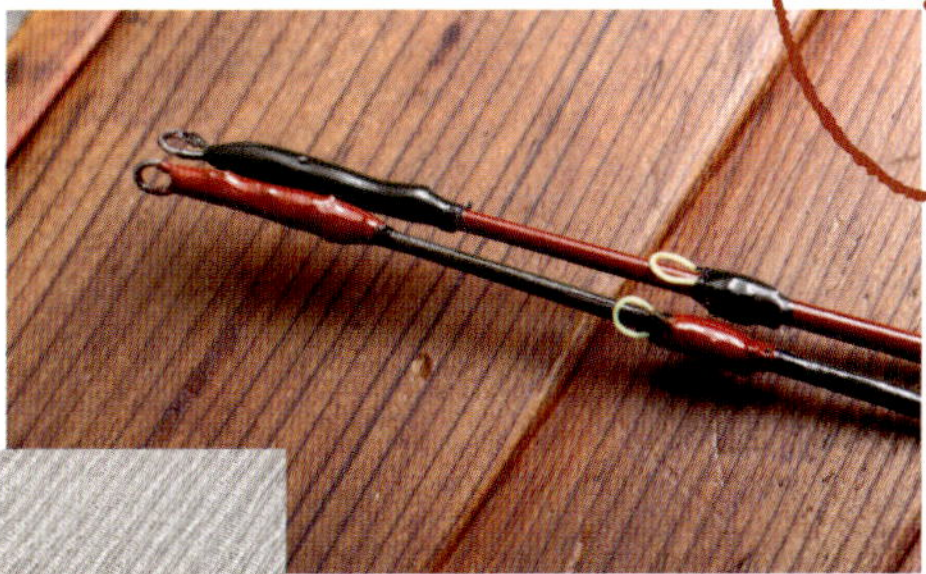

専用の収納箱上段には1本仕舞いにした手元竿2本、そしてスペアの穂先は脇の引き出しに収める

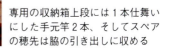

セミクジラ穂先に取り付けられたトップガイドとスネークガイドはフライロッド用のもの!?

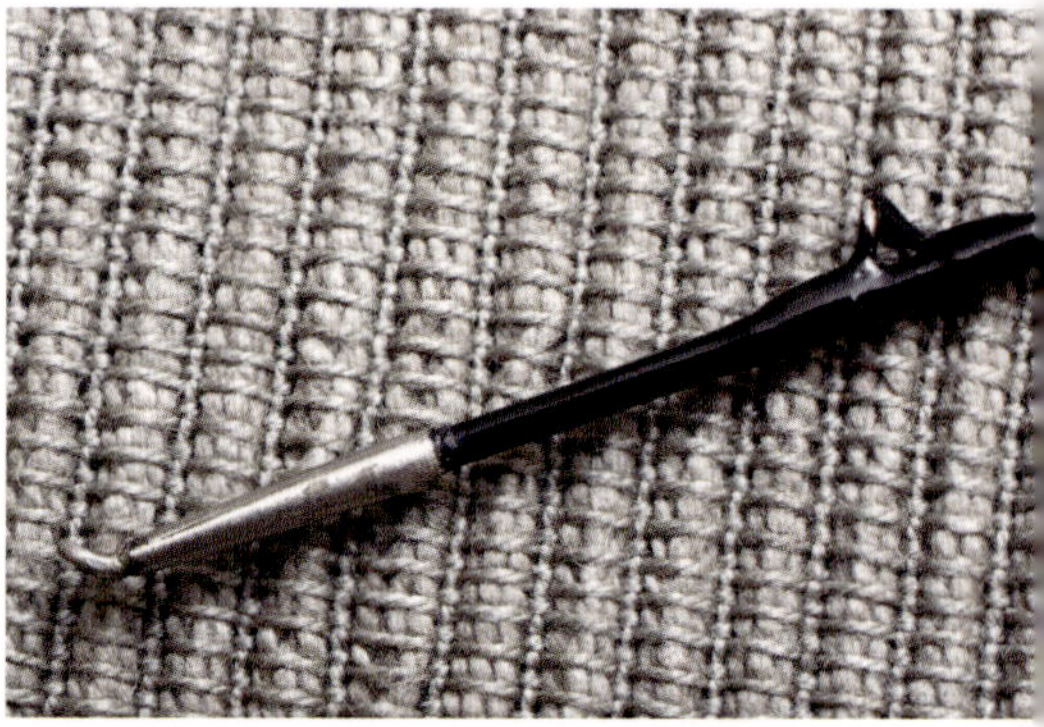

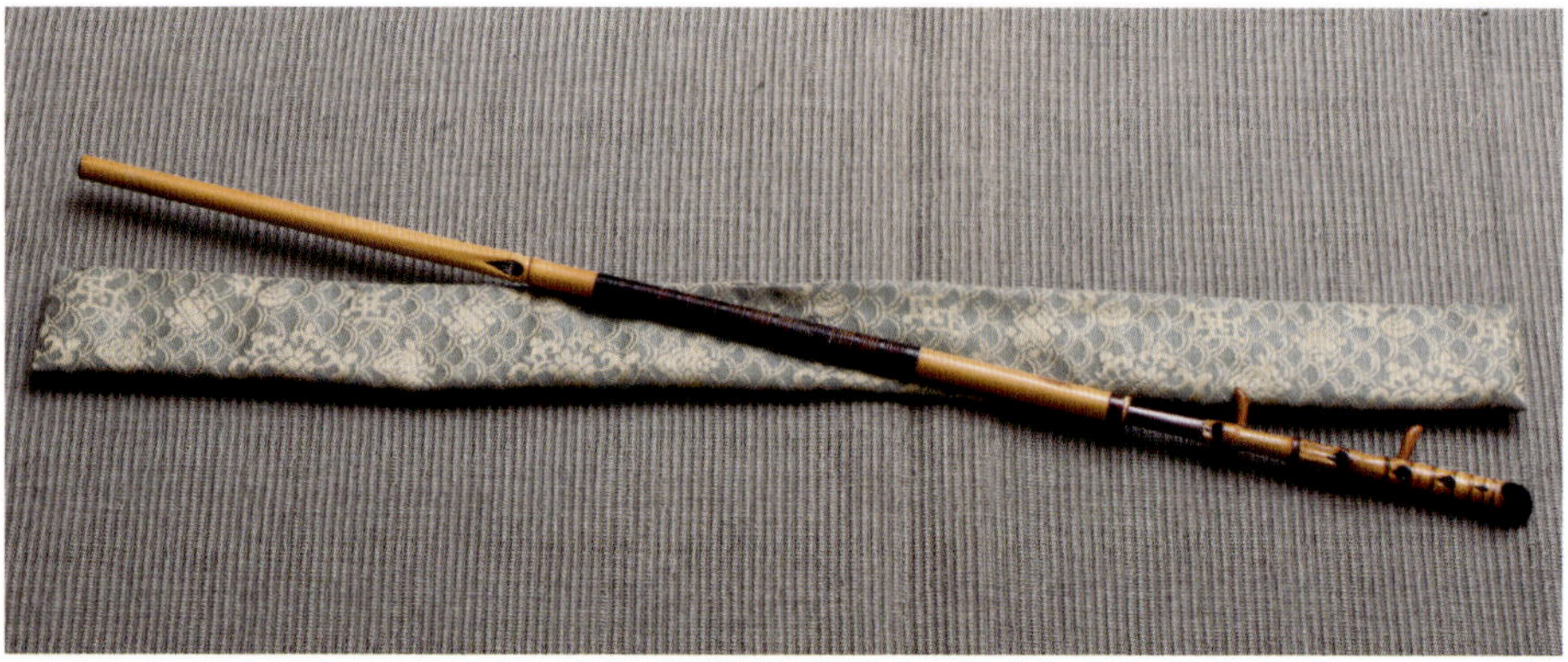

◉東吉
尺3寸元セミクジラ穂先の手ばね竿／鞘付き

アユ友釣り竿の達人と謳われた東吉。魚型の焼き印は口元の形からアユに見える……

東吉

げるなど豪華そのもの。
また、秋口から年末近くまではワカサギのボート釣りが盛んになる。超小型の横転式や両軸受けリールが出回り始めると、オモリ負荷3号前後を目安にした2本継ぎの外通しガイド付きのリール竿が流行った。

竿忠

◉4代目竿忠
7寸元2本継ぎの1本仕舞い／セミクジラ穂先の手ばね竿

セミクジラ穂先は竿先から手元竿に挿入するコンパクトな1本仕舞い

東作本店

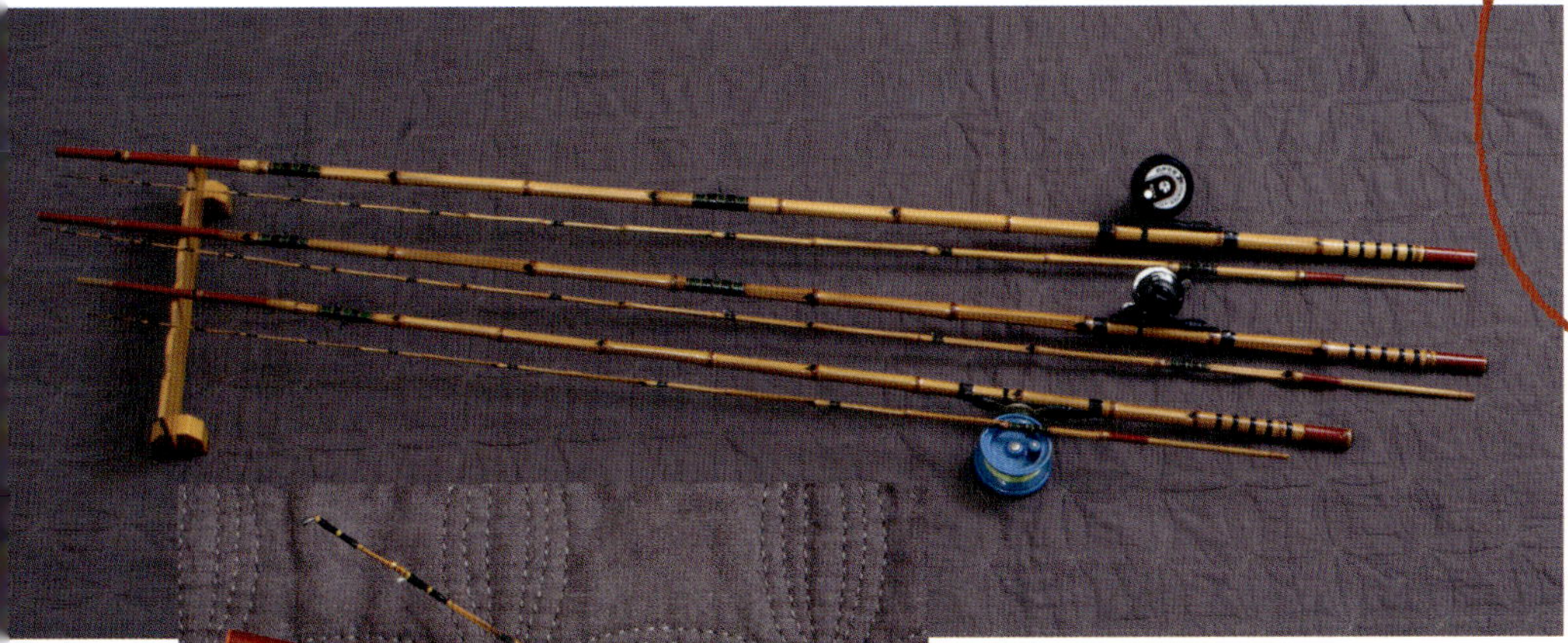

◉東作本店
4尺2寸元2本・3尺5寸元1本の2本継ぎ3本組／印籠継ぎのボート用布袋竹竿

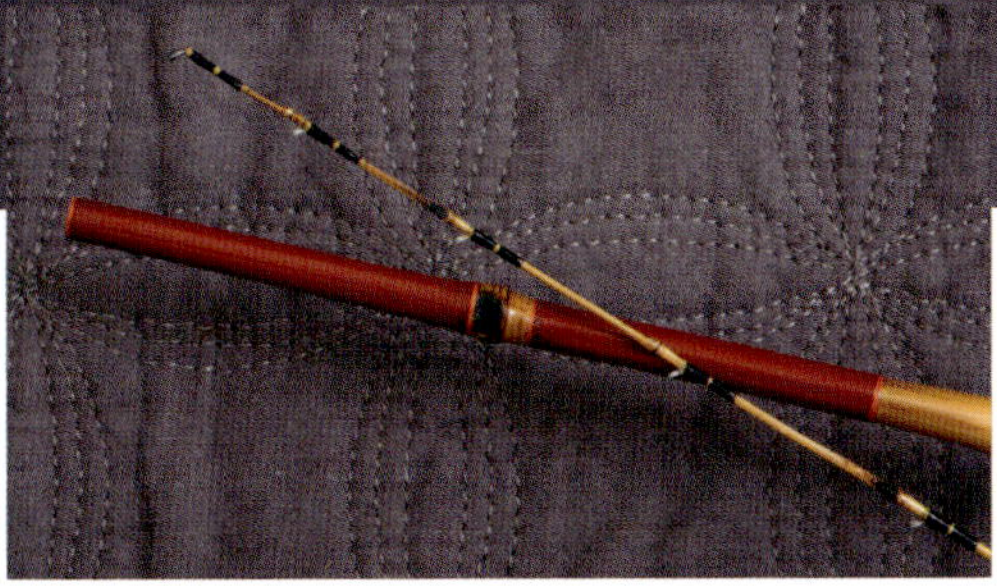

食い込みのよさを重視して布袋竹の穂先を採用

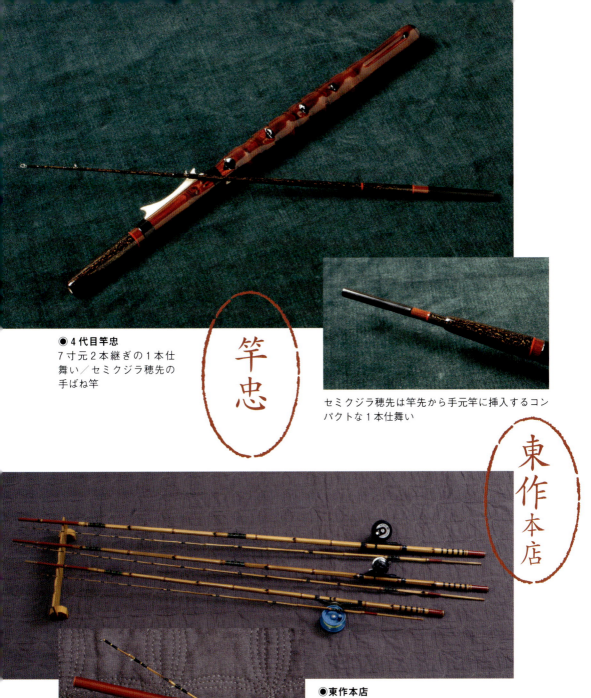

フライ竿・ルアー竿

洋モノ好きの釣り人なら一度は飛びつくフライ&ルアーフィッシング。その象徴的な六角竿とは一線を画した江戸和竿の擬似餌竿は、和のテイストを巧みに生かしながらも充分な機能を秘めている。

西洋六角竿とは一線を画す和のスタイル

西洋スタイルの擬似餌釣りとして、日本に伝わってきたフライフィッシングとルアーフィッシング。海外ではトンキンバンブーで作った六角竿からその歴史は大きく飛躍したそうだが、布袋竹や矢竹を使った和竿らしいフライ&ルアーのリール竿に着手した和竿職人は数少ない。その第一人者はフライ&ルアー釣りを趣味にしている竿中だ。

江戸和竿流のフライ&ルアー竿は、日本産の竹の性質上、ウルトラライト級の渓流釣りを得意としている。渓流フライ用の和竿は#2~4の軽い番手が多く、ドライフライ・フィッシングを中心に、ライトスタイルのウエットフライも楽しい。

渓流ルアー用の和竿は7g以下のミノープラグやスプーン、スピナーといった小型ルアー中心のスピニングロッドが主力だ。スピニングリールを組み合わせる和竿のルアーロッドには反発力が強い布袋竹の古竹がよく使われる。

また一方では、淡水に限らずフッコ&スズキのシーバスをねらうボートジギング用など、パワフルなロッドを製作することも可能で、和竿世界の奥深さがうかがえる。

フライリールを固定するリールシートは布袋竹の節を削り上げ、竹製のリングを取り付けてある

竿中

和のフライロッドには「やすお」の刻印が添えられる

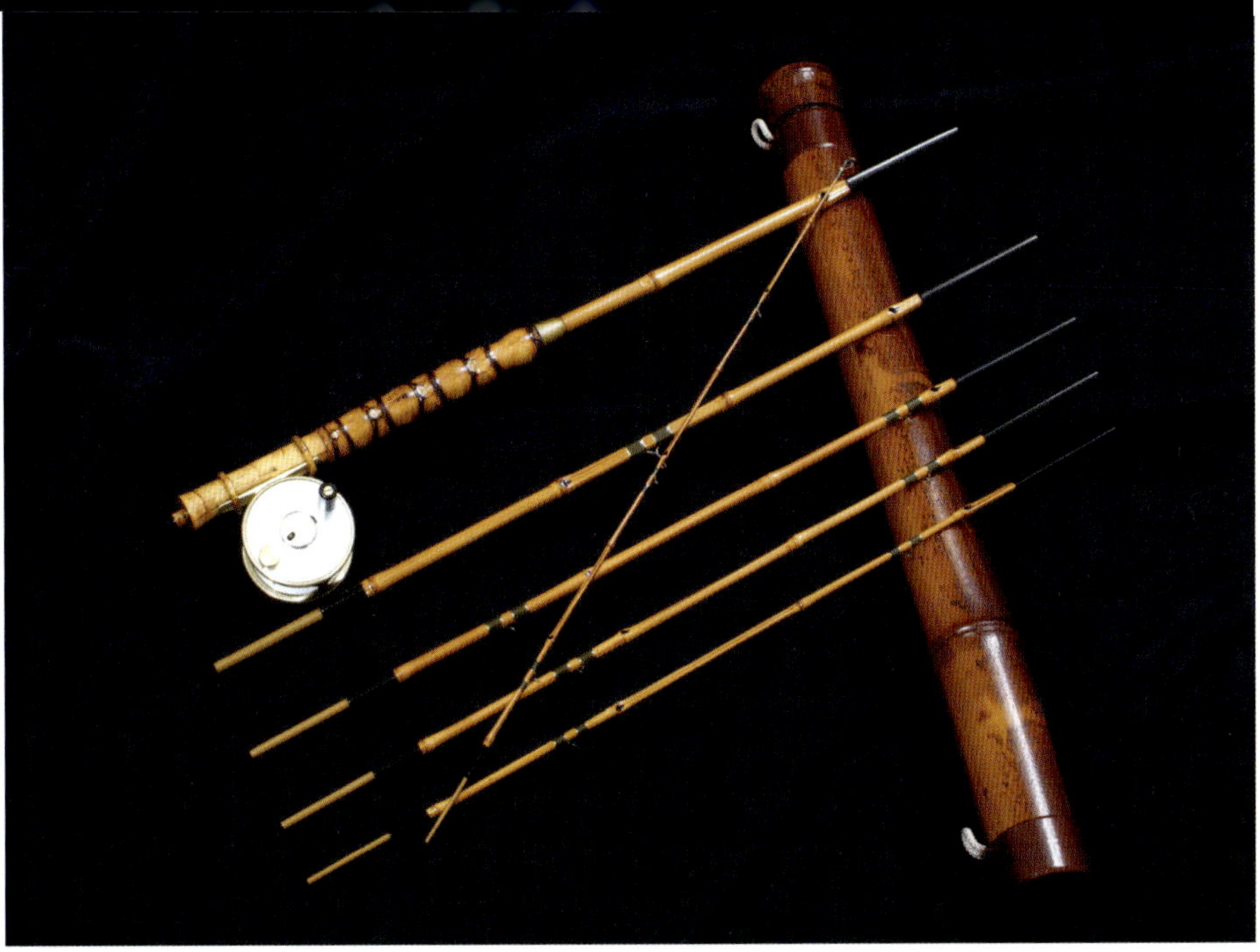

◉竿中
全長８フィート８インチ６本継ぎ／総布袋竹＃３の渓流フライ竿

◉竿中
全長６フィート６インチ３本継ぎ／布袋竹（握りは根掘りの淡竹）の渓流ルアー竿

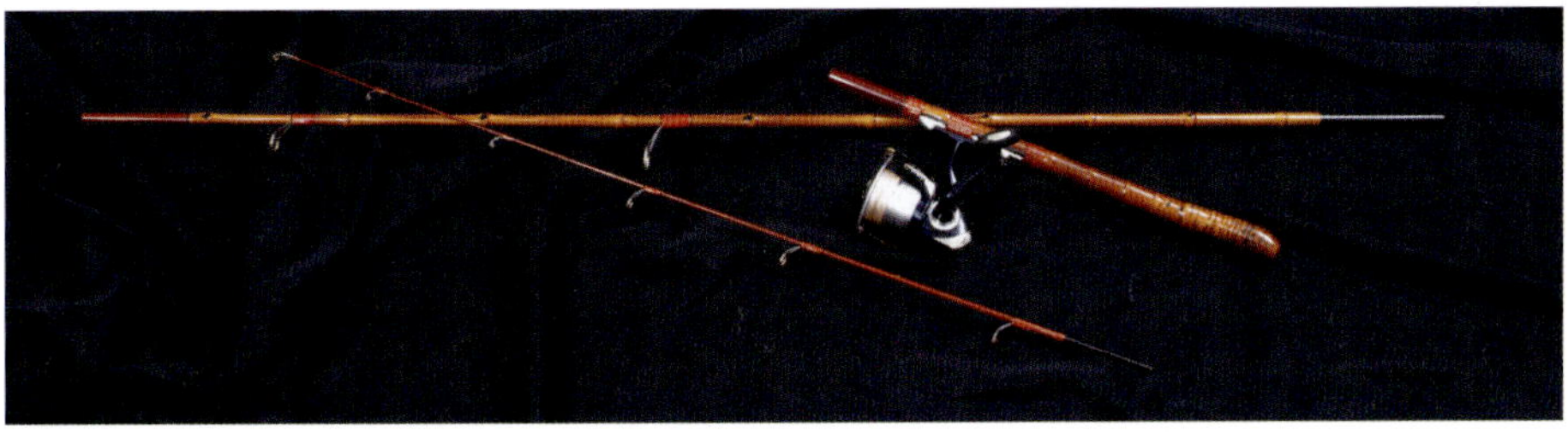

◉竿中
全長７フィート変則３本継ぎ／グラス穂先と布袋竹（握りは根掘りの布袋竹）のボートシーバス用ジギング竿。ジグの重量は 40g まで OK

その他の淡水竿など

パワフルなコイの引き味は先人も好み、手軽に楽しめた釣り堀専用の箱竿には小継ぎ竿の要素が詰め込まれている。さらに汽水域のボラ釣りやマス竿も登場。それぞれ特徴的な大もの釣りの醍醐味を竿から感じて頂きたい。

旦那衆ご用達・コイの「箱竿」とは

著者が生まれ育った東京の下町界隈を中心に、昔は「箱」と呼ばれた釣り堀がそこかしこにあった。

よく通った御徒町の釣り堀は、家と家の狭い路地を入るといきなり敷地内に養魚池式の四角い釣り堀が広がり、一番人気はコイ釣り。僕ら〝ガキんちょ〟はノベの貸し竿で遊んだが、中には手ぶらで訪れる大人たちもいて、釣り賃を払うと立派な釣り竿を手に戻ってくる。

この一見摩訶不思議な大人こそが、いわゆる町の旦那衆。釣りは大好きだがおいそれとは遠出もできず、人目があるので真っ昼間から長い釣り竿を担いで歩くわけにもいかない。そこで釣り具一式を釣り堀で預かってもらい、短時間

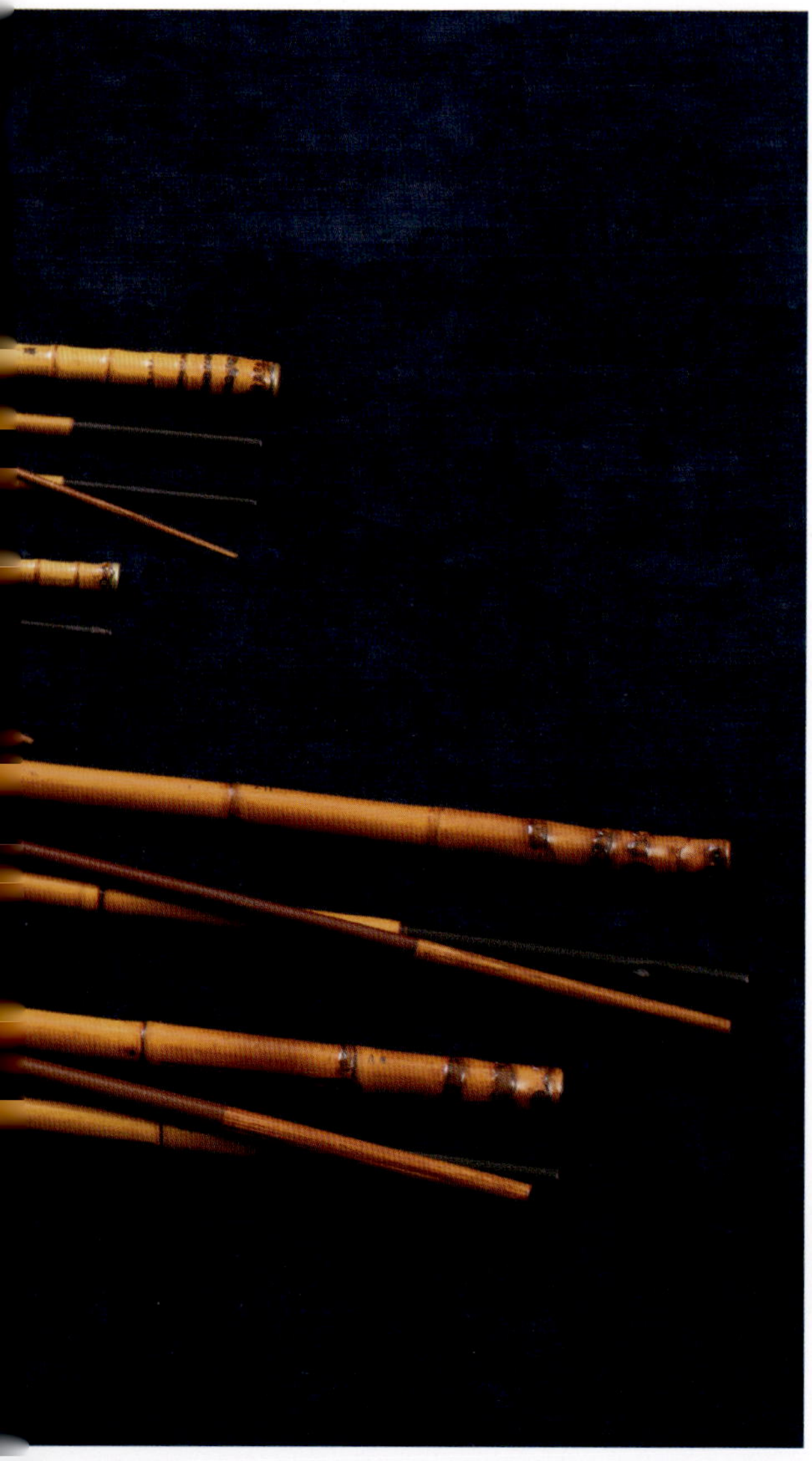

[釣り堀用コイ竿２態]
マブナの小継ぎ竿を思わせる繊細な作りの食わせ釣り用(上)に対し、引っ掛け釣り用(下)は荒々しい釣り方をするため、ごつくて太い削り穂の穂先が付いている

の〝ちょこっと釣り〟を楽しんだ。

旦那衆ご用達の釣り堀用コイ竿は箱竿とも呼ばれ、マブナ竿などに倣《なら》った小継ぎ竿のスタイル。粋なそろえ方は長短2〜3本の組竿で、仕掛けの手尻イトを取ってコイを引き寄せる補助道具のバカ取り竿も欠かせない。

釣り堀のコイ竿は、キヂなどの虫エサと寄せエサを使った食わせ釣り用と、ギャング釣りとも呼んだ引っ掛け釣り用に分かれる。どちらも立ちウキでねらい、全長4〜6尺（約1・2〜1・8m）の短竿だ。

一方、コイの野釣りは全長2間半（約4・5m）から3間半（約6・3m）の長竿を使ったウキ釣りが人気。キヂやゴカイといった虫エサや、サツマイモ主体にサナギ油などを混ぜた練りエサが好まれた。

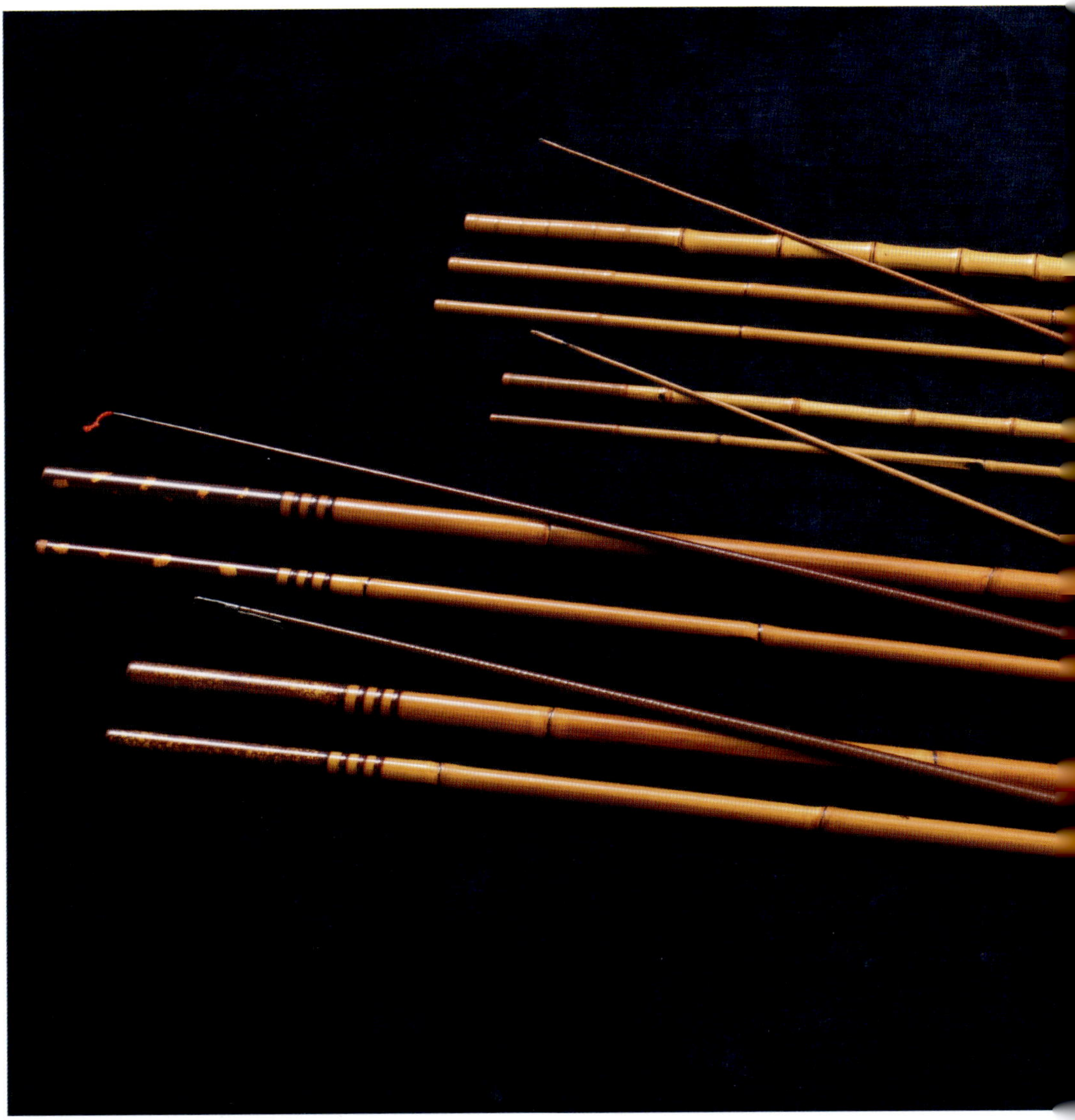

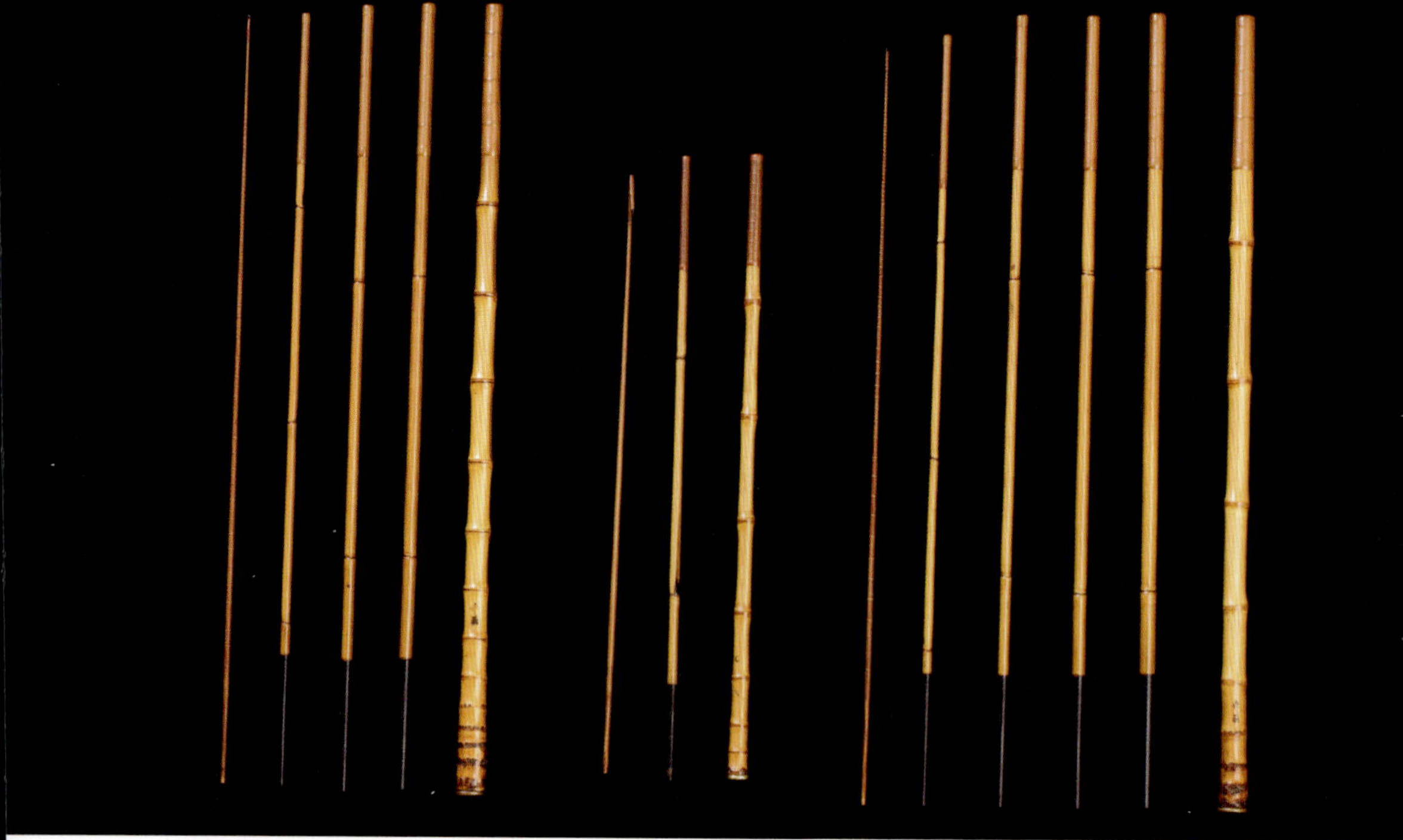

◉初代竿忠

1尺元5本・6本継ぎ2本組の釣り堀竿コイ食わせ竿／バカ取り竿（中央）は8寸元3本継ぎ／すべて削り穂・淡竹手元の矢竹竿

竹肌に似た渋い色合いの変わり塗り

初代竿忠は晩年「竹翁」の焼き印を愛用した

竿忠

バカ取り竿の削り穂先端には仕掛けの手尻イトを引っ掛けるカギ型の金具がある。このバカ取り竿でコイと引き合うので、釣り竿本来の調子が整っている点はすごい

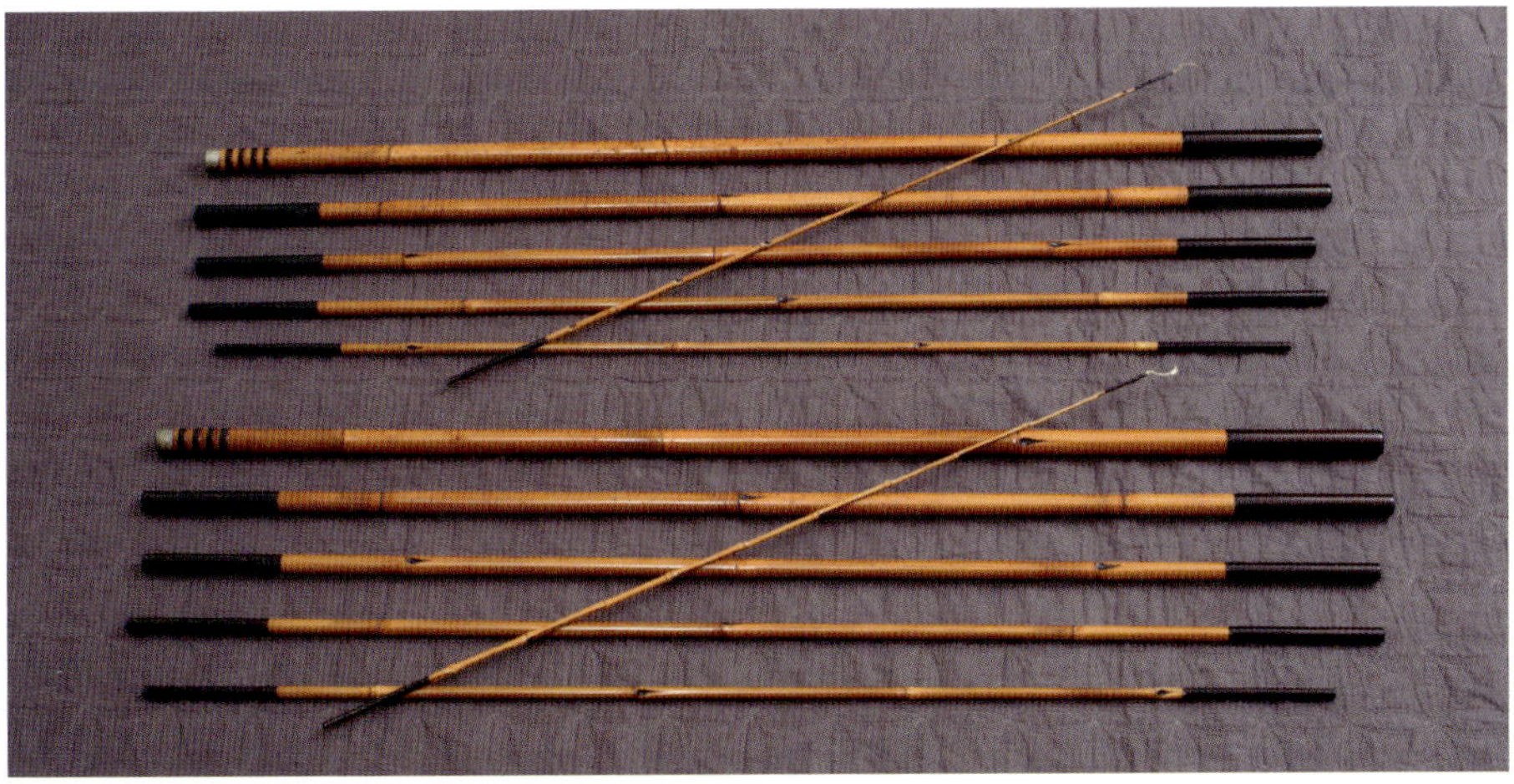

◉2代目竿忠
3尺7寸元6本継ぎ(全長5.4 m)2本組の野ゴイ食わせ竿／布袋竹穂先の矢竹竿

アユ竿の手法を採用したのか、2本仕舞いで破損しやすい竿尻には金具の尻栓が付いている

口塗りは微塵塗りを施し、胴調子の剛竿に仕上がっている

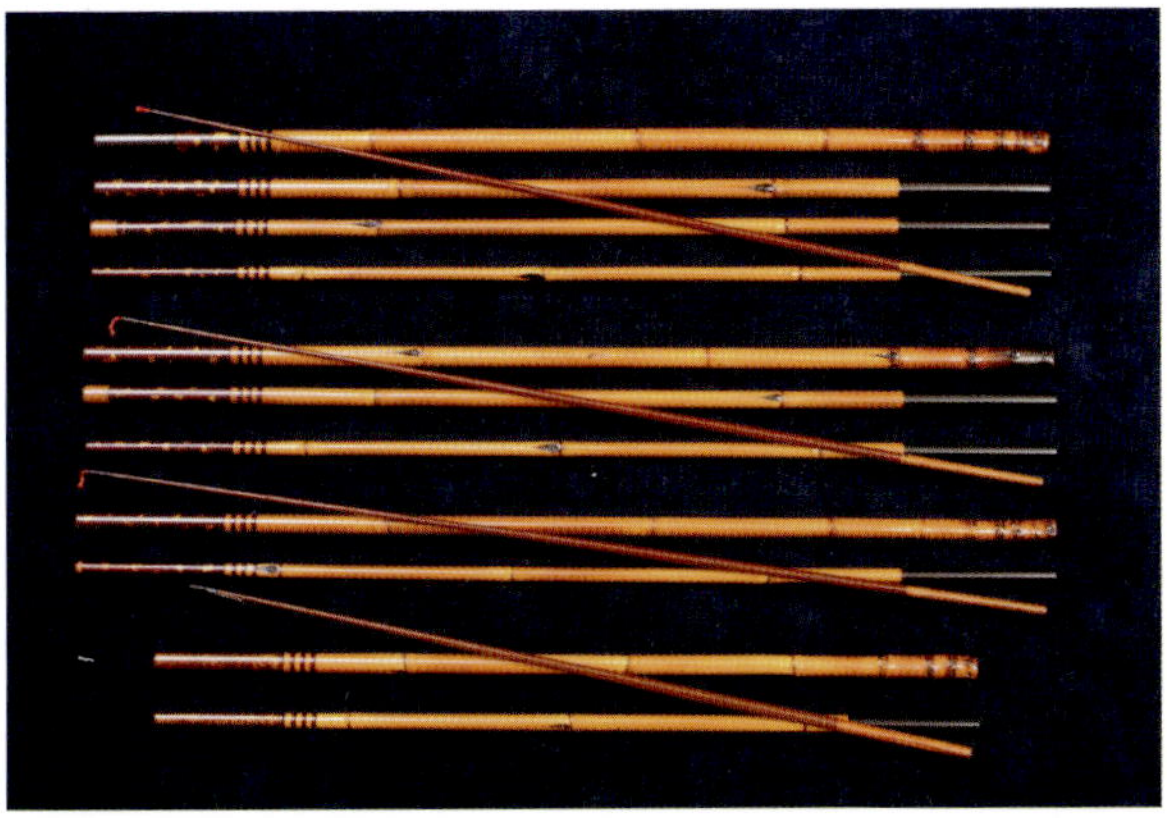

◉作者不明(竿銘なし)
尺8寸元3本・4本・5本継ぎ3本組の釣り堀用コイ引っ掛け竿／バカ取り竿(下)は尺5寸元3本継ぎ・すべて削り穂の矢竹竿

「トドのつまり」のボラ竿

このほかにも、淡水魚ジャンルの中には数多くの和竿が存在した。本書では本邦初公開の珍品を紹介しよう。まずは独立後の4代目竿忠が名乗った「竹の子」の竿銘がある池ボラ竿。その舞台は戦後まで千葉県行徳の新浜御猟場近くにいくつもあった大きな池。

池ボラの釣り方は練りエサの吸い込み仕掛けを使ったウキ釣りで、2本竿の並べ釣りでねらうのが正統派。釣期は夏7月から師走前11月まで。

落語家・3代目三遊亭金馬の著書『江戸前の釣り』「トドのつまり」のボラ〈十月〉の項には、金馬師匠と3代目竿忠（4代目竿忠の父・戦災により死亡）が食料難の戦時中、行徳の池ボラ釣りに出かけた記述が出てくる。ご一読を！

4代目竿忠の前身である「竹の子」の焼き印。独立後すぐ昭和31年の作品で、切り組み用丸点の合印は2本の組竿を表わしている

竿忠

前出の野ゴイの食わせ竿（2代目竿忠）に違わぬ剛竿

◉4代目竿忠
5尺元5本継ぎ2本組の池ボラ竿／布袋竹穂先・淡竹手元の矢竹竿

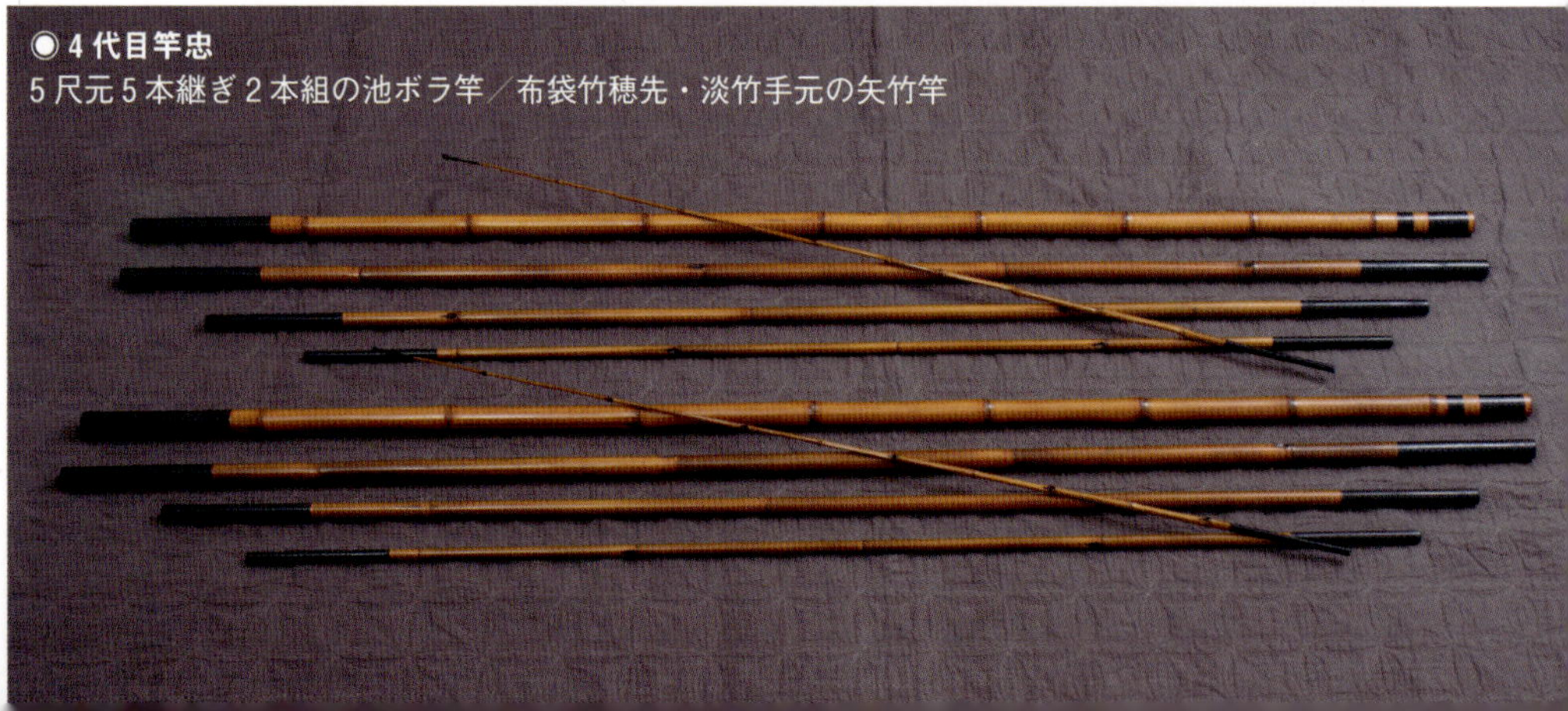

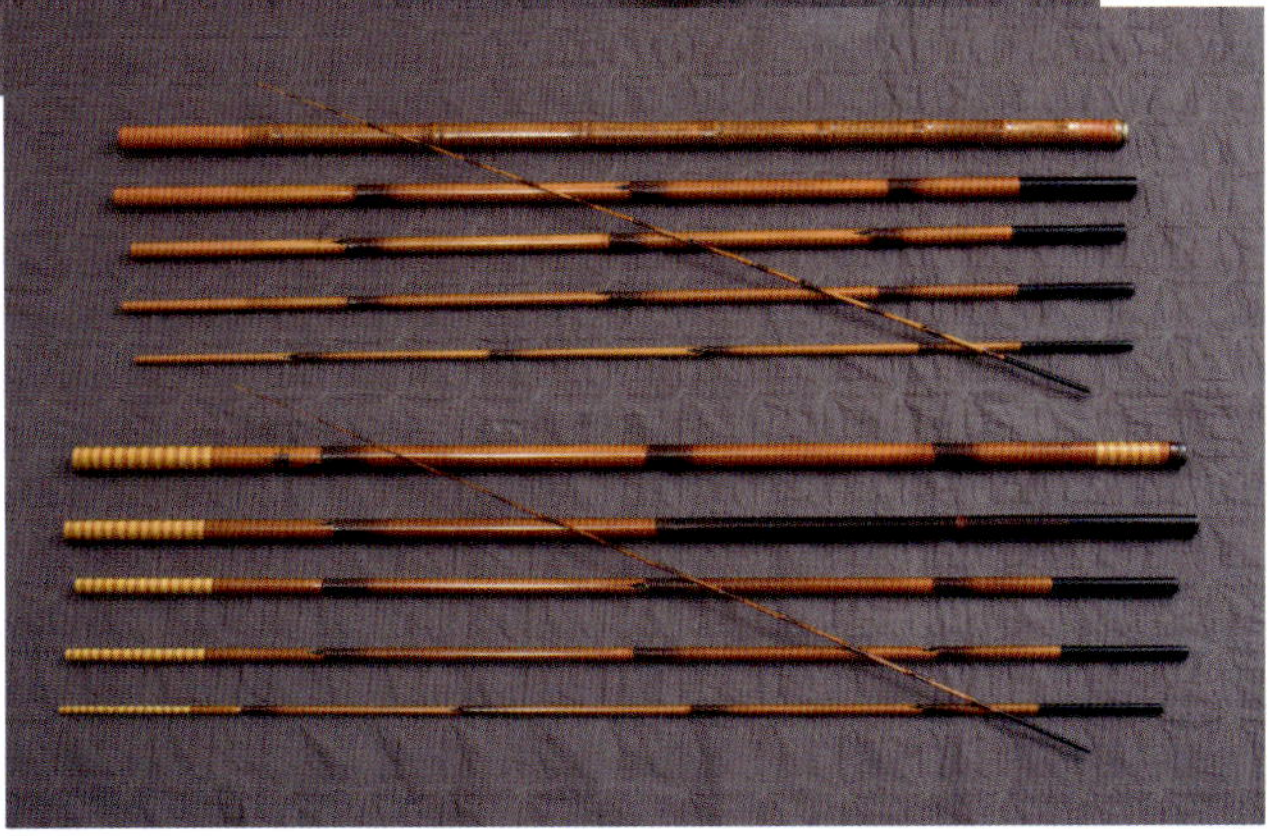

[中禅寺湖のマス竿2本組]
上がゴマ竹手元の“不ニ(ふじ)”、下は鈴虫の絵を掘り込んだ“筑波”

◉ 3代目竿忠
3尺6寸元6本継ぎの中禅寺湖用マス竿・不二(上)は布袋竹穂先・ゴマ竹手元の矢竹竿。筑波(下)は布袋竹穂先の矢竹竿。ともに2本仕舞い

筑波の手元竿上部には立派な鈴虫が描かれている

穂先から手元2番まで節影塗りを施した不ニの手元竿は自然のゴマ竹。ゴマ模様がない筋の部分には手書きのゴマ塗りが追加されているのがお分かりだろうか

現代的な2色塗りが美しい筑波の口塗り。手元2番の下半分は4代目竿忠の手で修理が入っている

もう一竿は3代目竿忠が精魂込めた栃木県奥日光・中禅寺湖のマス竿だ。詳細は全く不明だが、この竿は6m近い2本組の長竿で、広大な中禅寺湖に棲むパーレット鱒とも呼ばれるニジマスやブラウントラウトの大型を相手に、エサのウキ仕掛けで並べ釣りを楽しんだと推測される。

コラム

当世江戸和竿購入模様

つり人社会長　鈴木康友

近年フナやタナゴ、ハゼなどの小もの釣りを中心に、和竿に興味を持つ人が少しずつ増えている。うれしい風潮だが、新しいファンの方が少し気の毒なのは、和竿に出会えるお店が今では非常に限られていることだ。

「町の釣具屋さん」が元気だった30～40年前までは、簡単に火入れをしたノベ竿が束で置いてあったり、お店《たな》ものの既成竿を売るお店も都内ではさほど珍しくなかった。それが1日で江戸和竿店ツアーができるほど減ってしまったのは、さみしい限りだ。

一方でネット通販やオークション、中古釣具店など、新しい窓口が増えているのは歓迎すべきことだが、いずれにしても入門者には分からないことが多いと思うので、購入時のいろはや注意点を簡単に述べておこう。

和竿師の店、和竿に強い釣具店

都内の稲荷町・東作本店、南千住の竿忠、スカイツリー直下・押上の竿辰、浜松町に移った銀座東作、根津の竿富、西新小岩の竿しばさんなどは、江戸和竿の系譜を継ぐ和竿師さんが釣具店もなさっており、和竿の注文、購入が可能だ。

ほかには千石のつり具すがも、関釣具店、京成立石駅前のうつぼや、上荻の照楽園、鍛治町の神田つり具の櫻井、渋谷のサンスイ本店、大森北の大倉屋釣具店などでも和竿や和の釣り具を扱っている。

暖簾をくぐって店主や店員さんと挨拶を交わしたら、自分の希望を素直に伝えよう。たとえばタナゴ竿がほしいのなら、どんな場所で使うのか（ドックのような止水か、流れがあるか。小さな水路か、ある程度の規模の川か、水深は）、釣りたい季節、魚の大きさ（寒タナゴのオカメのような極小か、マタナゴか、小ブナも釣りたい兼用竿希望か）など。そして「こちらに今、合った竿はありますか」と聞けば、親身に対応してくれるだろう。

話は具体的なほどよい。知ったかぶりをする必要はないが、そこはお客がある程度意思表示をすべき部分。ただ漠然と「○○釣りがしたい」では、店主も竿の選びようがない。釣り雑誌を持参して「こういう釣りがしたいです」でもいい。この「意思表示」は、注文竿を頼むときでも基本的には同じことだ。

店主がいくつかおすすめの和竿を見せてくれたら、手にとってみてしっくりくるものがあればそれが一番だし、見た目で選ぶのも大いにありだと思う。デザインや塗りが美しい和竿は使ったときの満足度はもちろん、机の上に立てかけたり壁に飾って眺めても楽しいものだ。

江戸和竿は国の指定を受けた伝統的工芸品であり、竹、糸、漆などの材料や工法が細かく定められている。江戸和竿組合の職人さんが拵えた竿はそれに則ったものだ。また組合員以外の和竿師の竿でも、和竿に強い店の主力商品なら目利きがされているので、実用面ではまず問題ないだろう。いわゆる「ブランドもの」ではないが、そのぶんリーズナブルなのが魅力だ。

インターネット、中古市場

インターネットは何かと便利なツールだが、こと和竿に関してはいい事尽くめとは限らない。一番の問題は多くの場合（特に中古市場）、売り手と買い手の双方に知識が不足していることだ。

和の釣り具に強い実店舗のウエブショップは信頼できる。また手前味噌で恐縮だが、70年以上に渡り和竿師さんや釣具店とお付き合いをさせていただいている弊社が運営するサイト「釣り人道具店」で扱う製品についても、太鼓判を押させていただく。

一方、中古品が中心のオークション市場は「玉石混交」&「悲喜こもごも」だ。東京釣具博物館で理事を務め、江東区の中川船番所資料館では「開運！なんでも鑑定団」の鑑定士のような立場だった私にいわせれば、大部分の出品者は和竿に不案内か、失礼ながら半可通のどちらか。コンディションが悪くてもブランド竿だからと高い発句を付けたり、竿銘を読み違えたり、写真が妙にピンボケだったり、「滅多にない逸品」とあおってみたり（笑）。また当時はウン十万もした竿が安値で落札されることもある。眼力があれば掘り出しもあり得るしそれがオークションの魅力でもあるが、和竿ビギナーには正直おススメできない。

どうしてもという場合は、写真をしっかり見て説明文を読み、不明な点は必ず質問すること。最低でもすげ口とすげ込み部分に痛みがないか、継いだ時にガタツキはないか、曲がりや傷はないか、その答えが不親切・不明瞭だったときは、私なら「やめておきなさい」と言うだろう。

落札後のメンテナンスの問題もある。その和竿師さんが現役だったり、普段から懇意にしている和竿師さんがいればよいのだが、そうでなければ何かあったときに対応が難しい。

一番の近道は……

というわけで、これから和竿の購入を考えている方は、専門店に足を運んで実物をまず手にとってみるのが一番の近道だと思う。最初は敷居が高いと感じるかもしれないが、この道何十年の店主や和竿師が直接相談にのってくれるのだから、実はこれ以上心強いことはないのだ。それに付き合ってみれば分かるが、皆さん強面そうに見えて、実は気さくな方ばかり。そもそも同じ釣り人同士、話が合わないわけがない。

ぜひ一度、だまされたと思って「和竿の暖簾」をくぐってみていただきたい。

往年の江戸前三大釣り竿

【青鱚《あおぎす》竿】

江戸前の失われた釣り

今は夢となった江戸前の海のアオギス（脚立）、ボラ（海苔シビ）、カイズ（導流杭）釣り。六十路の著者も生まれるのがひと足遅く未体験。今回これだけの逸品がそろうのは江戸和竿の奇跡に近い。その当時の余韻に存分に浸って頂きたい。

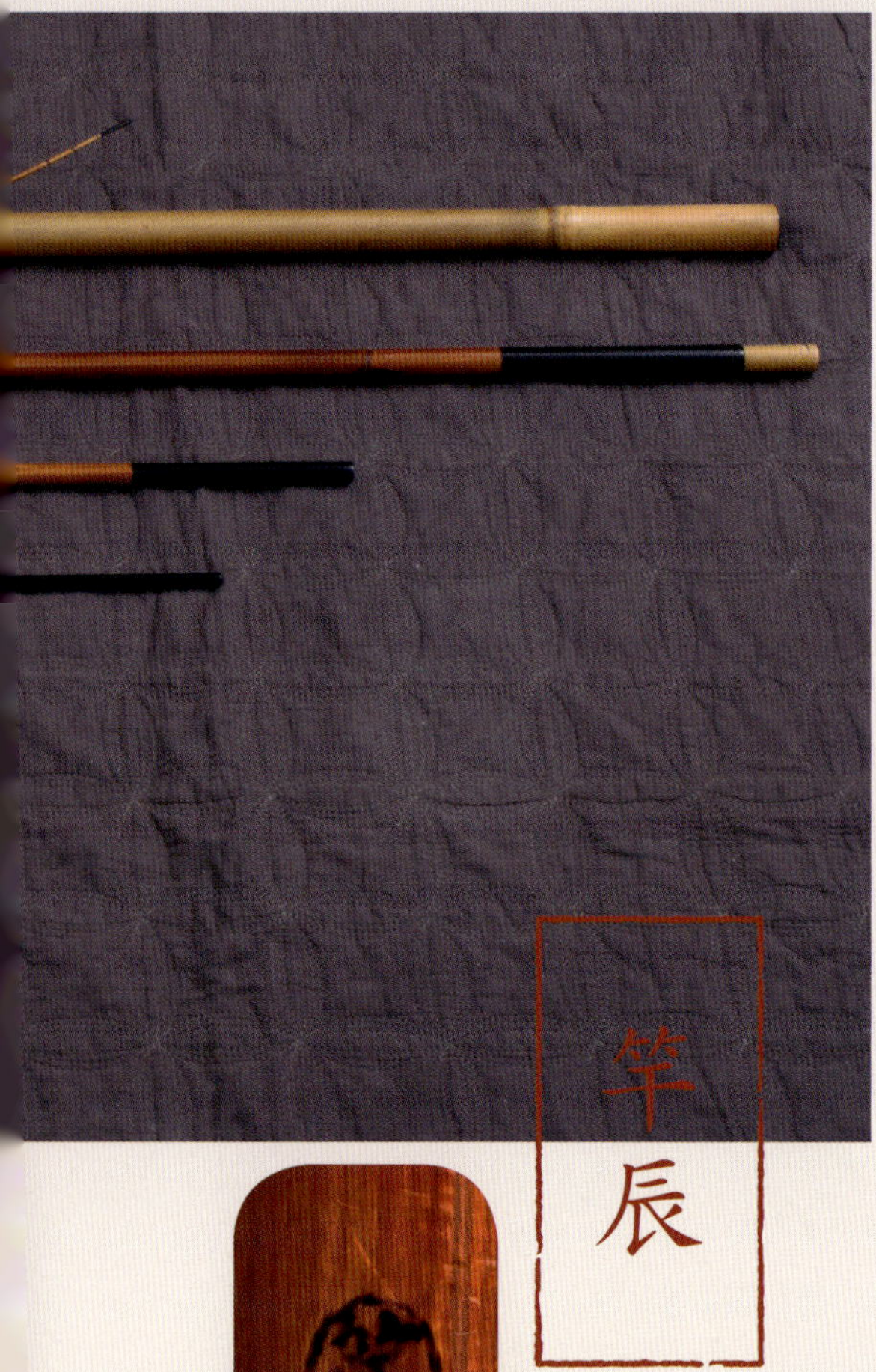

合作竿の場合、焼き印は親方の２代目竿辰のものが打たれる

アオギスの脚立釣りに海苔シビ（ひび）のボラ釣り、そして導流杭のカイズ釣り——これらは噂に聞く江戸前の三大釣りだ。しかし、現代の釣り人にはどんな光景だったのか、ほとんど見当がつかない。

それもそのはず、導流杭のカイズ釣りは水質汚染などの影響でいち早く姿を消し、それでもアオギスの脚立釣りとボラのボッカ釣り（ボッカ＝古い海苔シビの根）は昭和40年あたりまで続いた。とはいえ、今はもう貴重な釣り体験を語れる人は少ない。

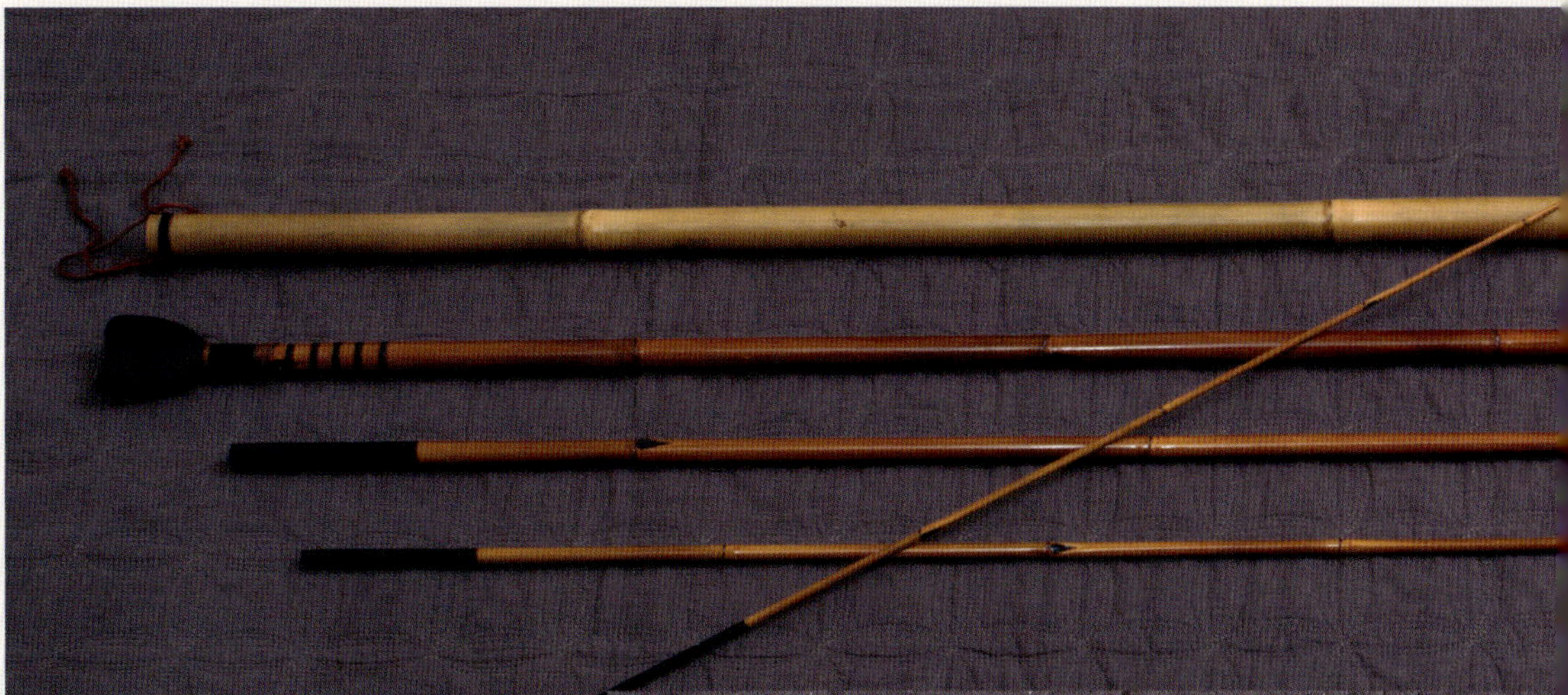

◉ 2 代目 & 3 代目竿辰合作
4 尺元 4 本継ぎ 1 本仕舞いのアオギス竿／
並継ぎの鞘付き矢竹竿

実釣重視の竿辰一門は無駄な装飾がなく、口塗りは蝋色の黒が中心

アオギス竿の基本は 3 本継ぎだが、携帯性が高い 4 本継ぎの 1 本仕舞い

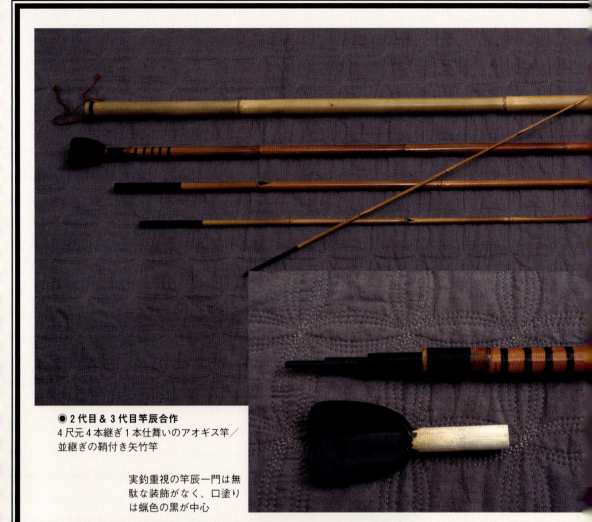

◉ **2代目竿辰**　4尺元3本継ぎ2本仕舞いのアオギス竿／印籠継ぎの鞘付き布袋竹竿

節高の布袋竹だと1本仕舞いは無理。穂先は尻栓、穂持ちには肘当てを突き刺し2本仕舞いにしてある

現在の東京湾では幻の魚と化してしまったが、江戸前三大釣りの中で最も知られているのはアオギスの脚立釣りだろう。

脚立釣りは、アオギスが産卵のため浅場に乗っ込んでくる5月上旬から夏までが釣期。東京湾奥の船宿から、3m近くもある大きな脚立を積み込んで出船し、釣り場に到着するとくじ引きの順番に釣り人が道具渡しを手伝う。船頭は近くに停泊し、長い前ビクの上げ下げを目安に釣れ具合を見守っている。このため本命のアオギスが釣れるまでは、決して前ビクを下ろさないことが暗黙のルールというわけだ。

釣り方にはスナメなどイソメエサを使った食わせ釣りと、引っ掛けのイカリ釣りがある。

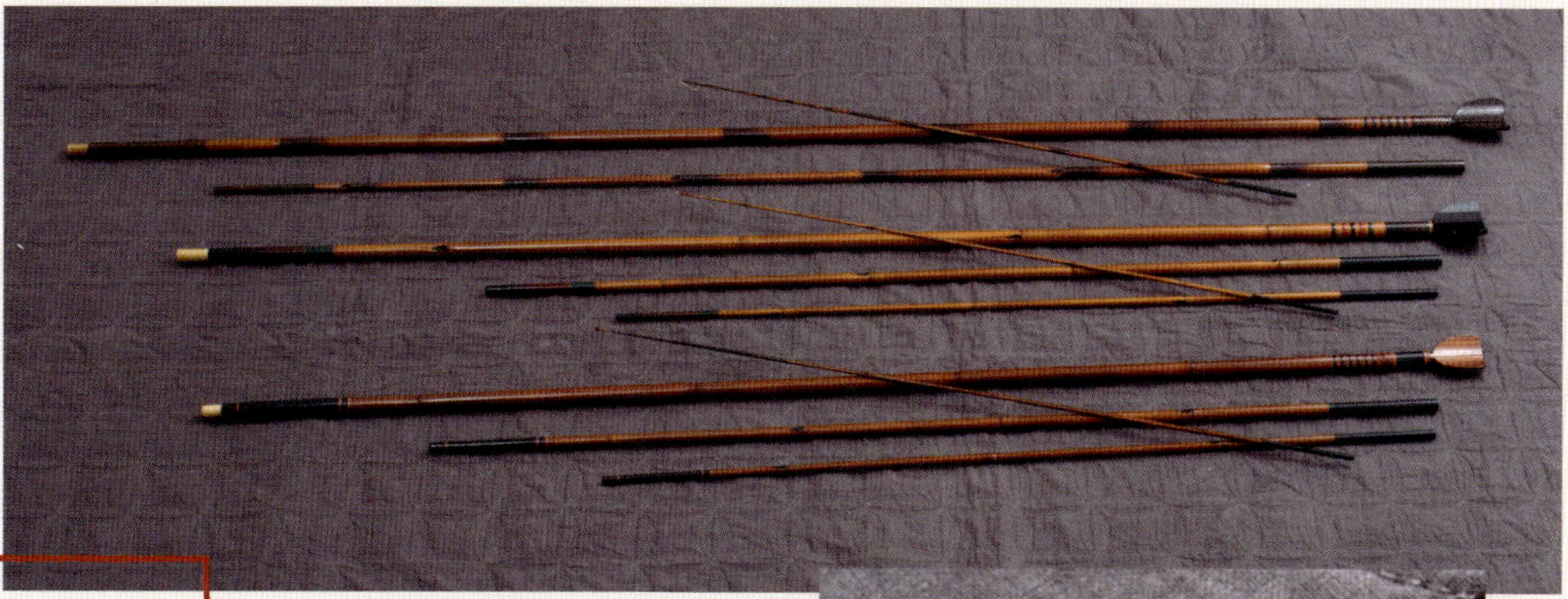

竿忠

◉3代目＆4代目竿忠［上＝3代目竿忠］
5尺1寸元3本継ぎ1本仕舞いのアオギス竿／並継ぎの矢竹竿・金虫食い塗りと節影塗り
中下2本＝4代目竿忠(焼き印は「竹の子」)
4尺4寸元4本継ぎ1本仕舞いのアオギス竿／中は矢竹穂先の食わせ竿
下は珍しいセミクジラ穂先のイカリ竿

先端部で一気に節間が狭まる矢竹独特の穂先

印籠継ぎは胴に調子を乗せやすく、これはイカリ竿と思われる仕上げ方

東吉

◉東吉
4尺3寸元3本継ぎ2本仕舞いのアオギス竿／印籠継ぎの矢竹竿

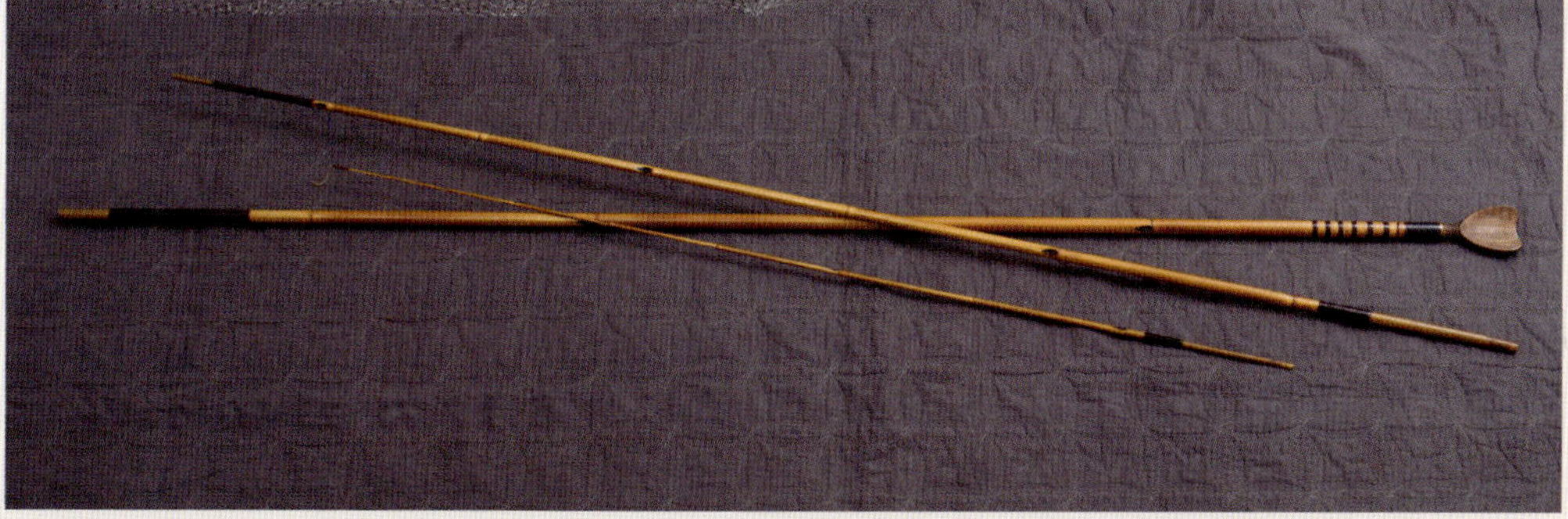

しゃもじ型の肘当ては和竿師によって木材の種類や形状に個性がある

◉汀石　4尺元4本継ぎ1本仕舞いのアオギス竿／並継ぎの鞘付き矢竹竿

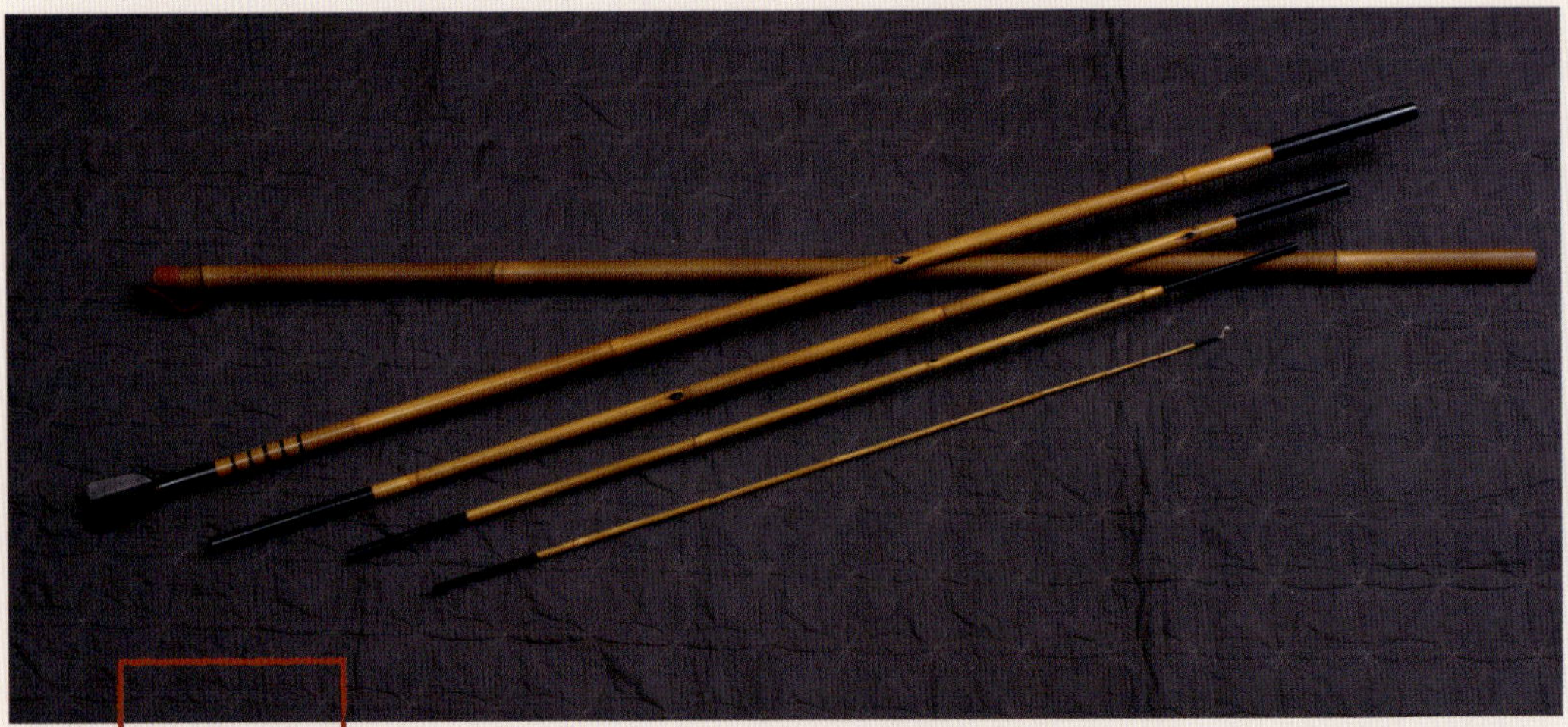

汀石

アオギス竿は全長を1丈1尺（約3・3m）とし、携帯性を考慮して3本継ぎの1本仕舞いが定石。

竹材は穂先から手元まで矢竹で切り組み、竿尻には肘当てが付いている。食い込みのよさを身上とする食わせ竿は細身の先調子、大きな負荷が掛かるイカリ竿は硬めで胴に乗ってくる調子が基本だ。

【鯔《ぼら》竿】
掛けたらゴボウ抜きの剛竿

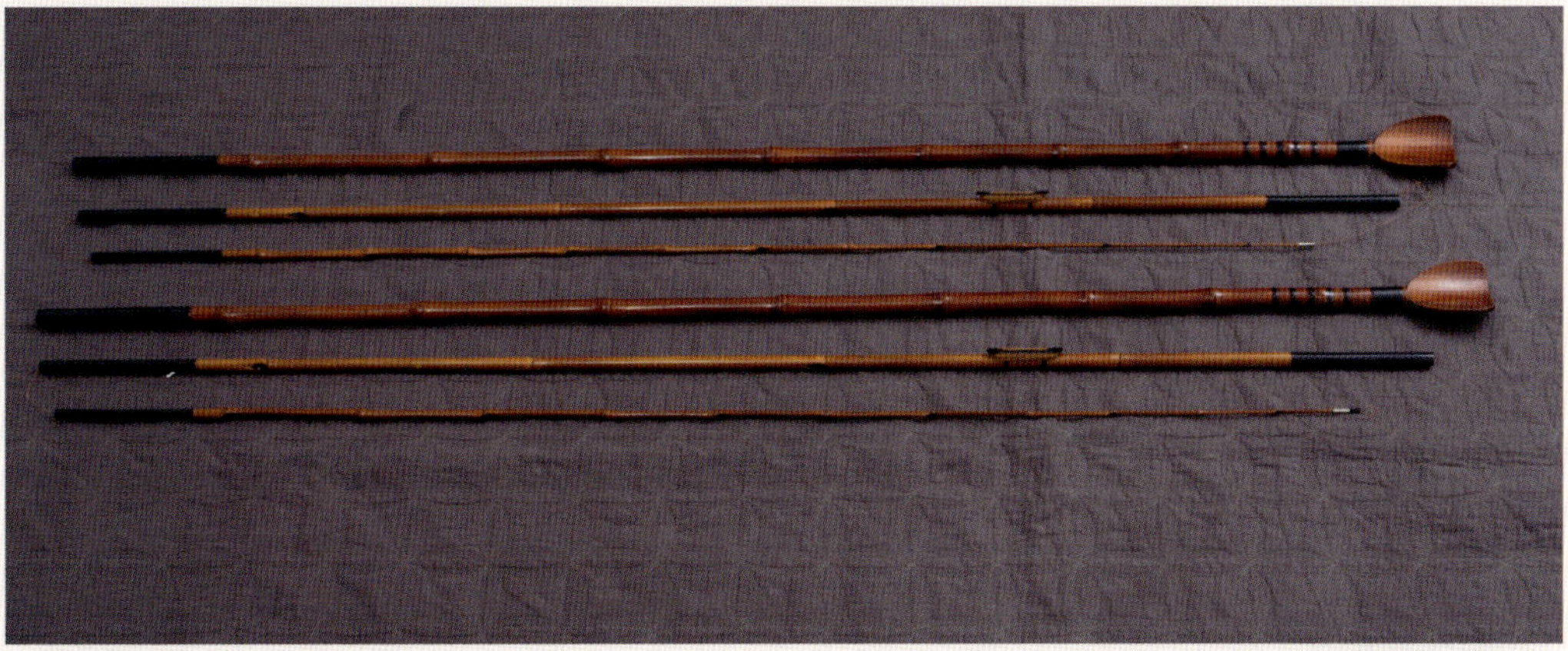

◉**初代竿辰**
4尺2寸元3本継ぎ2本仕舞いの2本組ボラ竿／布袋竹穂先・矢竹穂持ち・淡竹手元の中通し式

初代竿辰の焼き印。穂持ちに取り付けられた黒檀製のイト巻きには太めの組イトが巻かれている

竿辰

ハゼの中通し竿と同じく、穂先先端部には口金が付いている

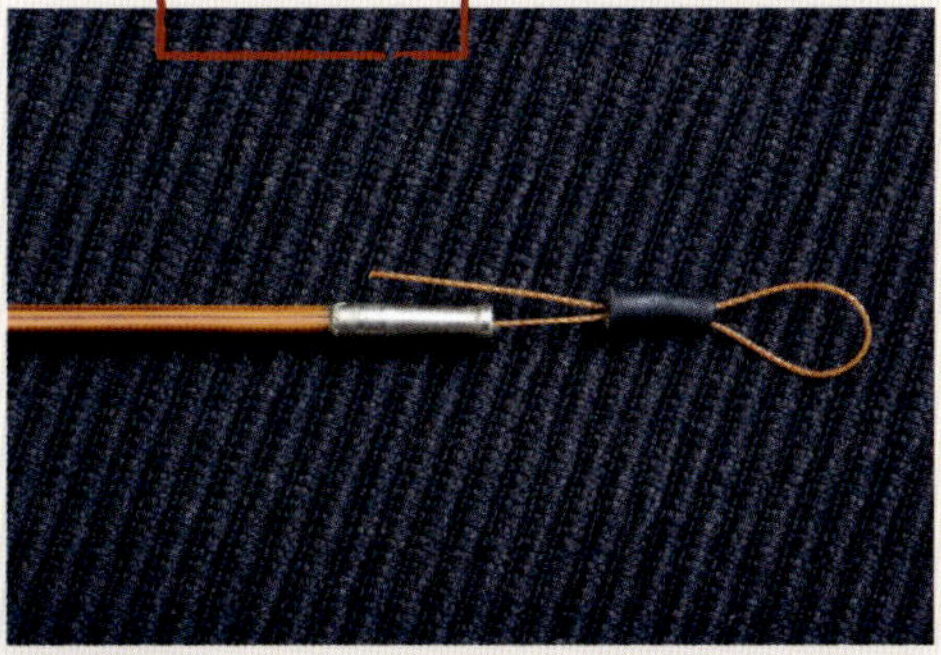

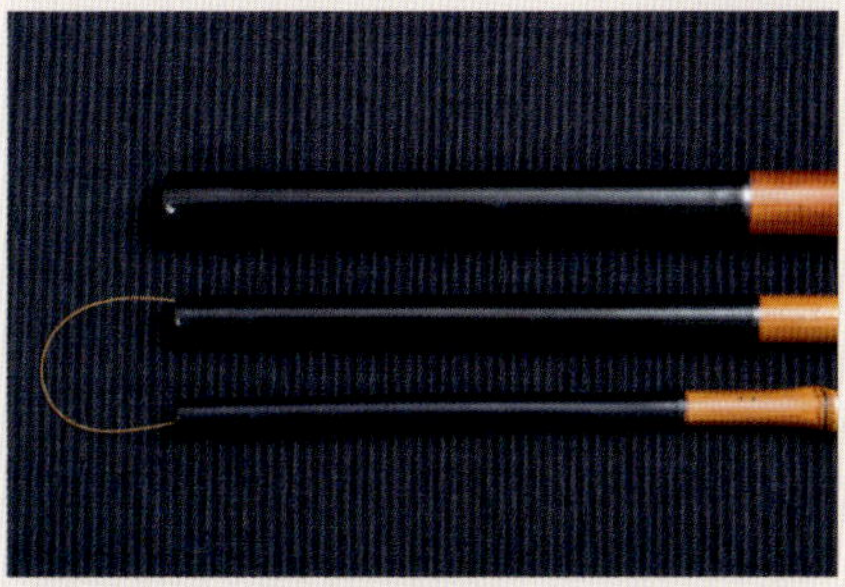

穂先と穂持ちが中通し式になっており、追い継ぎのように手元竿が組まれている

江戸前三大釣りの2つめは、秋の彼岸に始まって師走まで続く海苔シビのボラ釣りだ。ボラ釣りにはいろいろな釣法があるが、海苔シビ周りをねらう船釣りはアオギス釣

りと同じく、食わせ釣りとイカリ釣りが人気だった。

標準的なボラ竿の全長も1丈1尺(約3・3m)だが、相違点は2本1組の肘当て付き対竿でそろえること。3本継ぎの2本仕舞いを主体にして、2本継ぎには1本仕舞いもある。

そして、ボラ竿の竹材は布袋竹の穂先に矢竹の穂持ちを継ぎ、手元には矢竹または淡竹を組み合わせるのが定法。へび口式穂先のほかに、水深によって仕掛けの長さが変えられる中通し式もある。

海苔シビのボラ釣りは、船のトモに陣取って2本竿を構え、ボラがハリ掛かりすると一気にゴボウ抜きを決める豪快な釣り方。同じような体裁に見えるが、アオギス竿とは比べ物ならないほど竿に強度が要求される。

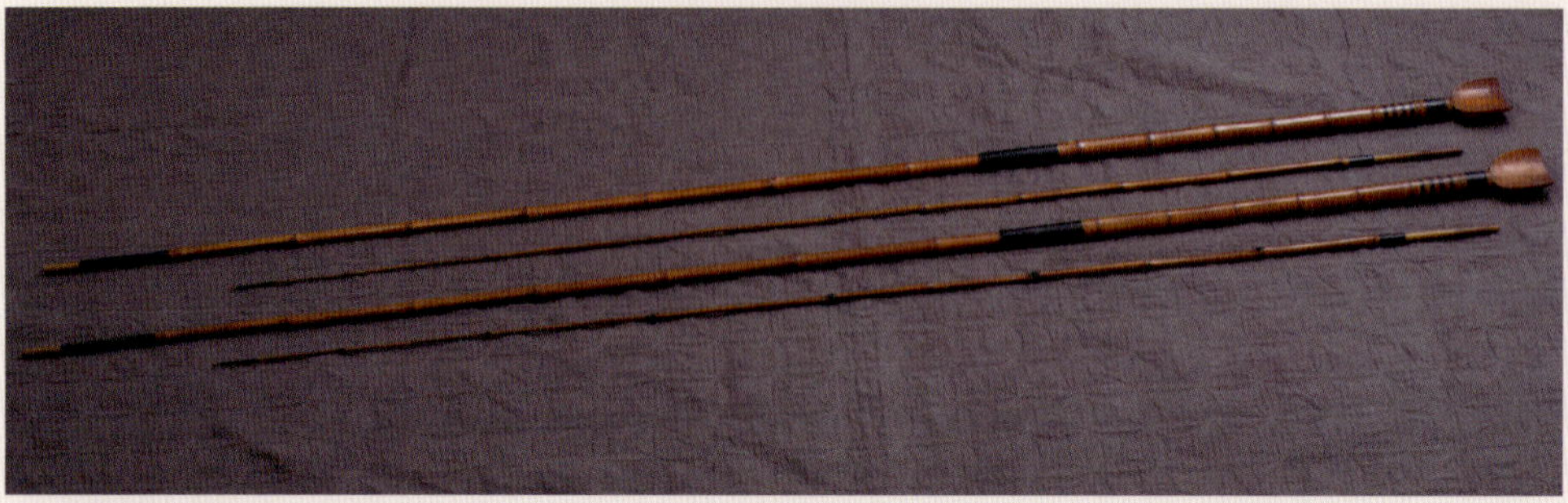

◉2代目竿辰
6尺元2本継ぎ1本仕舞いの2本組ボラ竿／布袋竹穂先のへび口式

へび口穂先の場合は直に仕掛けを付けず、穂先の部分に巻いておいた予備糸に接続して水深などによって仕掛けの長さを調節した

◉2代目竿忠
4尺元3本継ぎ2本仕舞いの2本組ボラ竿／布袋竹穂先のへび口式

竿忠

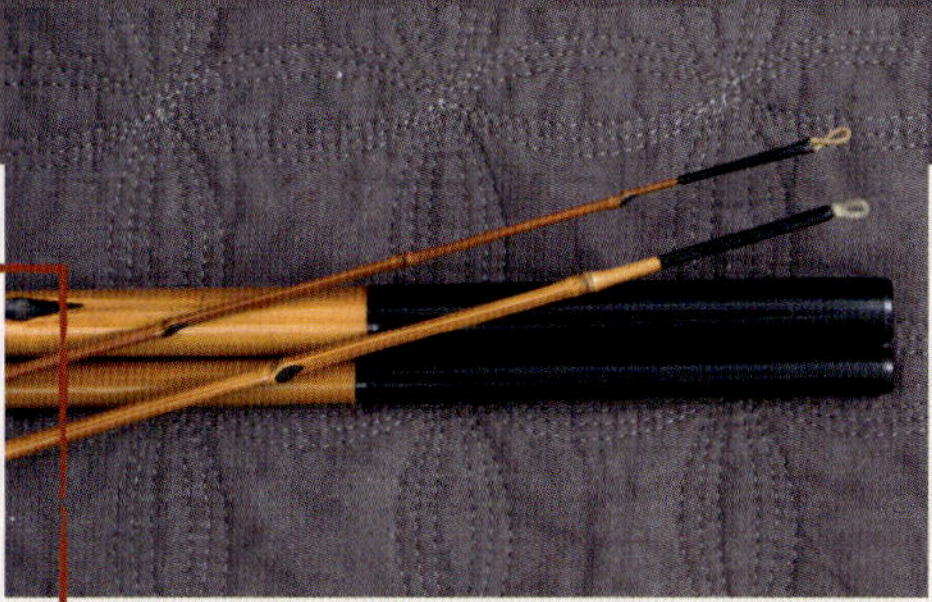

布袋竹穂先は替え穂付き。細いのが食わせ釣り用、太いほうはイカリ釣り用

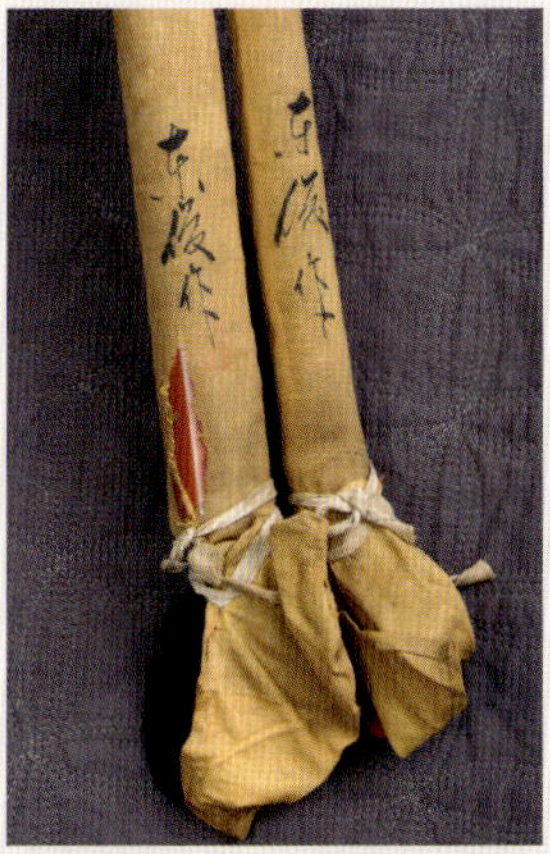

東作一門が好んだ、うこん色の竿袋には手書きで東俊作の文字が

東俊

筋巻きの間にミチイトを通す鳩目穴があり、肘当ての3ヵ所にある切れ込みがイト巻きになる仕組みだ

◉東俊　6尺元2本継ぎ1本仕舞いの2本組ボラ竿／布袋竹穂先の中通し式

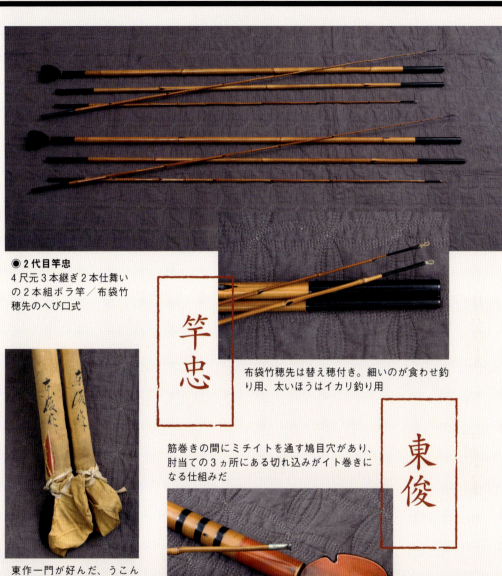

【海津竿】

2間半〜3間竿でねらう導流杭のカイズ

最後は導流杭のカイズ釣り。江戸前のカイズ釣りも人気が高く、古い海苔シビの根をねらうボッカ釣りや夜釣りなどもあるが、品川沖にあった導流杭のフカセ釣りが江戸前三大釣りの代表格とされた。

　盛夏になるとカイズは品川沖に湧く小エビに群がり、船のかかり釣りで狙い撃ち。生きエビエサのフカセ仕掛けを竿いっぱいに振り込むと、導流杭にピタリと絡むように落ちる操船が船頭の腕の見せどころである。

　カイズ竿の全長は2間半（約4・5m）から3間（約5・4m）。穂先は布袋竹とし、穂持ちから手元は矢竹か淡竹

口塗りは印籠継ぎにふさわしい金の山立て研ぎ出し塗り

東光

ひし形枠などユニークな形の焼き印で知られる東光。これは普通のカク枠タイプ

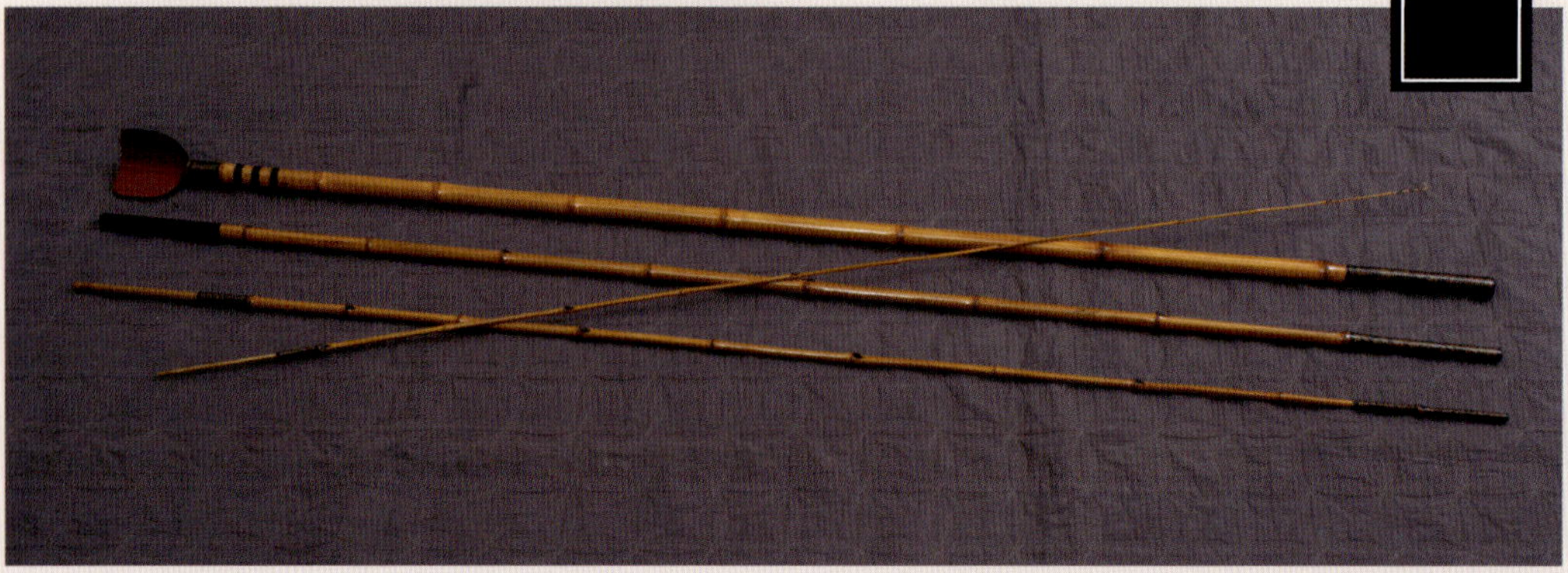

◉東光
4尺9寸元4本継ぎ3本仕舞いのカイズ竿／布袋竹穂先の印籠継ぎ

◉2代目竿忠
6尺元3本継ぎ2本仕舞いのカイズ竿／布袋竹穂先の矢竹竿

竿忠

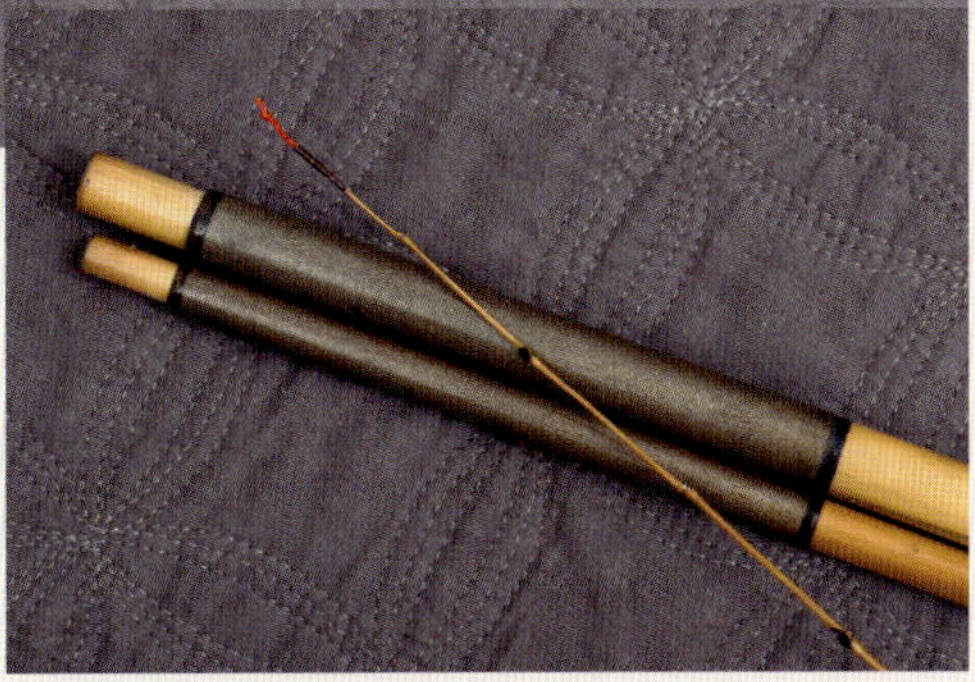

同門の竿治も得意にした四分一塗り

定番の肘当てはなくシンプルな印象。作りから東俊と思われる

◉銘なし竿
6尺元3本継ぎ1本仕舞いのカイズ竿／布袋穂先の矢竹竿

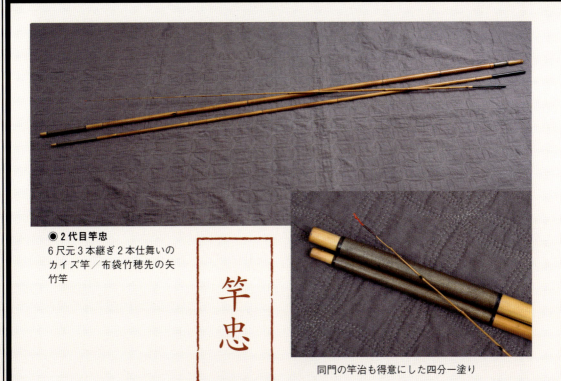

の若竹を切り組み、3~4本継ぎの2本仕舞いの肘当て付きが定法といわれている。ただ別例もかなり多い。

また、江戸前三大釣りには入らないが、フッコとスズキ釣りの食わせ竿も忘れてはならない。釣り場はこちらも導流杭が中心で、潮も同じく大潮周りに出船した。そして、3~4本継ぎ3間(約5・4m)の長竿を手にしてフカセ釣りやウキ釣りでねらった。

◉東作本店
5尺元3本継ぎ2本仕舞いのカイズ竿／穂先と穂持ちは印籠継ぎ、穂持ちと手元は並継ぎ仕様

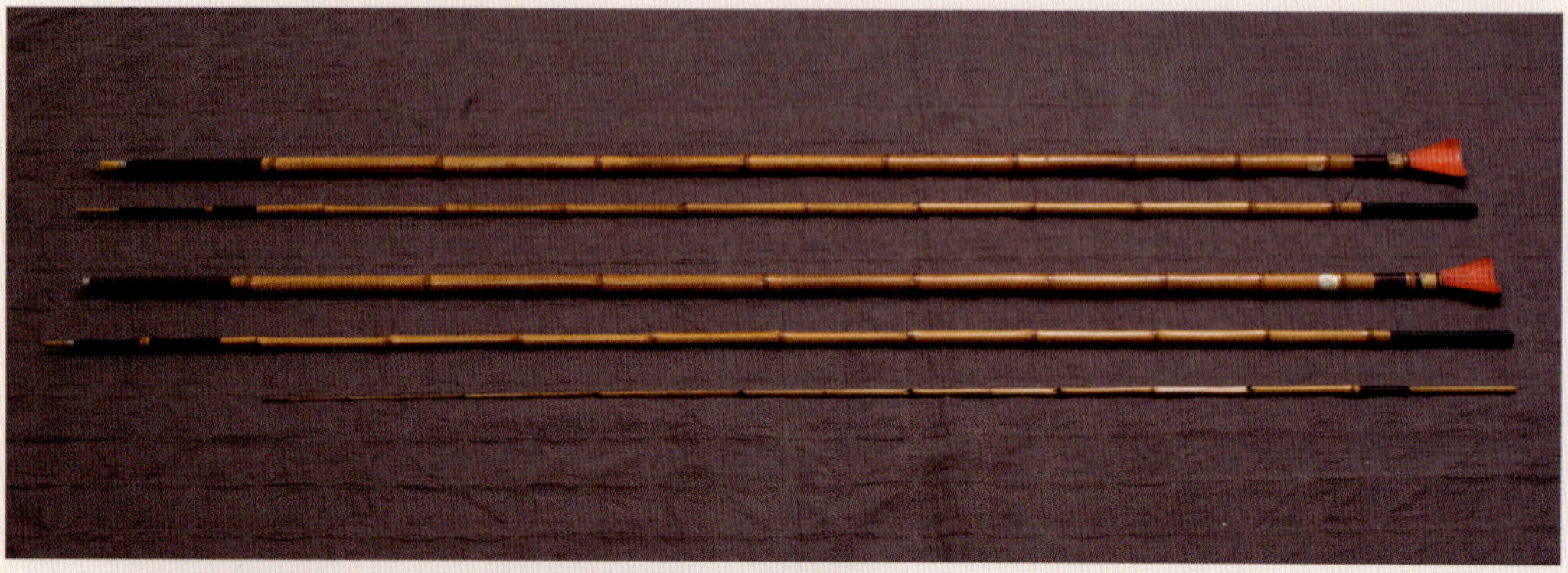

東作本店

焼き印はお店物「マル東」のため組竿ではなく、持ち主はスペア竿として単品2本を購入したと推測できる

【フッコ竿】

竿忠

導流杭のカイズ竿と同じく、へび口式の穂先が取り付けられており、生きエビエサなど食わせのフカセ釣りやウキ釣りに使われた

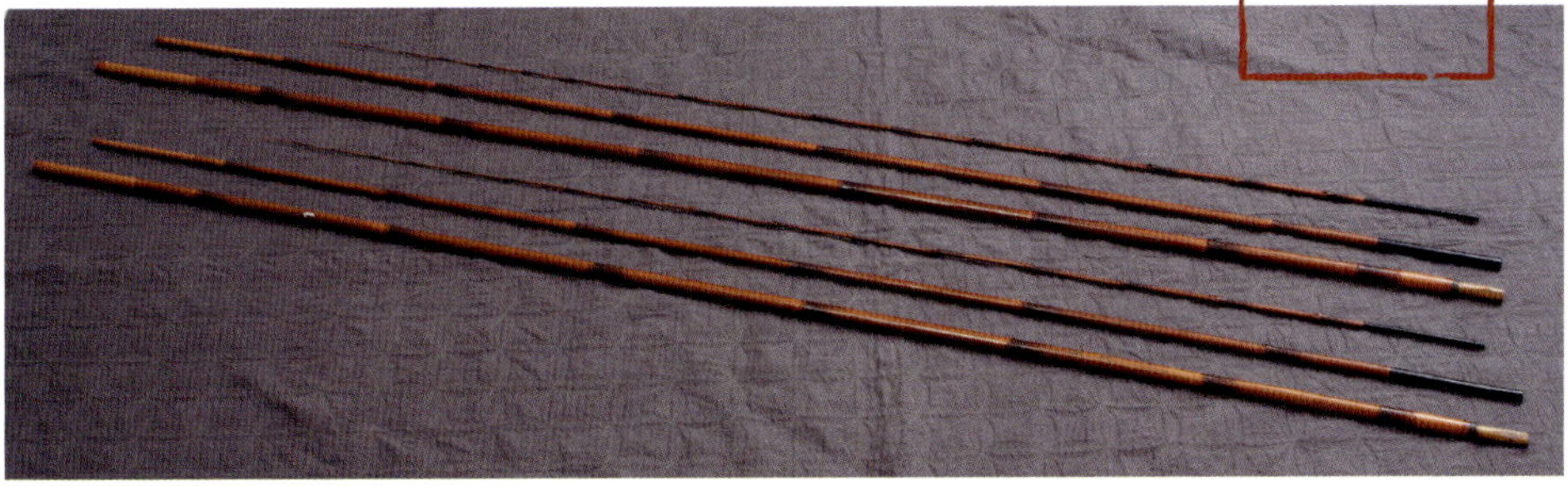

◉ 3代目竿忠
6尺7寸元3本継ぎ2本仕舞いの2本組フッコ食わせ竿／布袋穂先の矢竹竿

2本組にはそれぞれ「満珠」と「干珠」の刻印が彫られ、干満の潮に左右されるフッコ、スズキ釣りを象徴している

十人十色の変わり塗り

見本帳

※各塗りの名称は和竿師によって異なる場合がある

装飾とすげ口保護を兼ねた口塗りの塗師仕事。簡単なように見えて最も難しい漆塗りは、東作直伝の透き塗りだといわれている。

一方で、和竿ファンにとって変わり塗りには独特の美しさとともに、無限大の楽しさが潜んでいる。

同じ変わり塗りでも和竿師それぞれに個性があるうえ、スタンプを押すようには決して同じ絵柄や模様を描くことができない。

それは変わり塗りならではの妙、芸術性といえる。

本項では、邦一（宮島精一）と寿晴（山崎吉晴）が精魂込めて塗り上げた見本帳を拝借、「十人十色の変わり塗り」をご覧いただこう。

邦一

◉新潟塗り

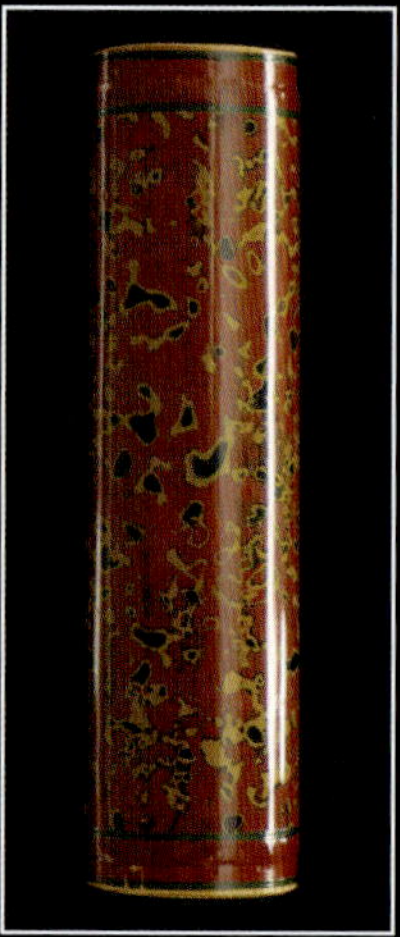

◉新潟塗り

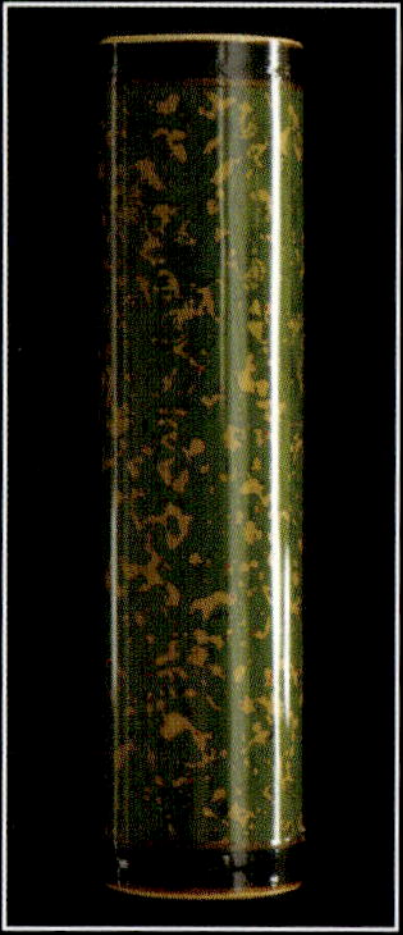

◉新潟塗り

◉津軽塗り

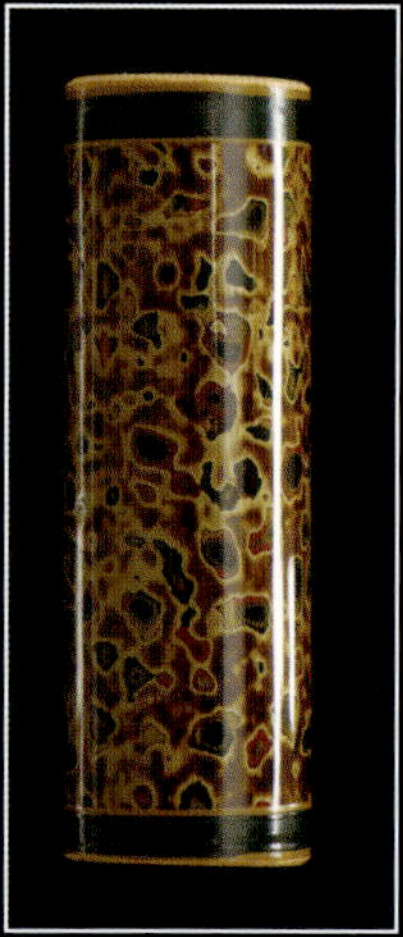

◉津軽塗り

◎津軽塗り

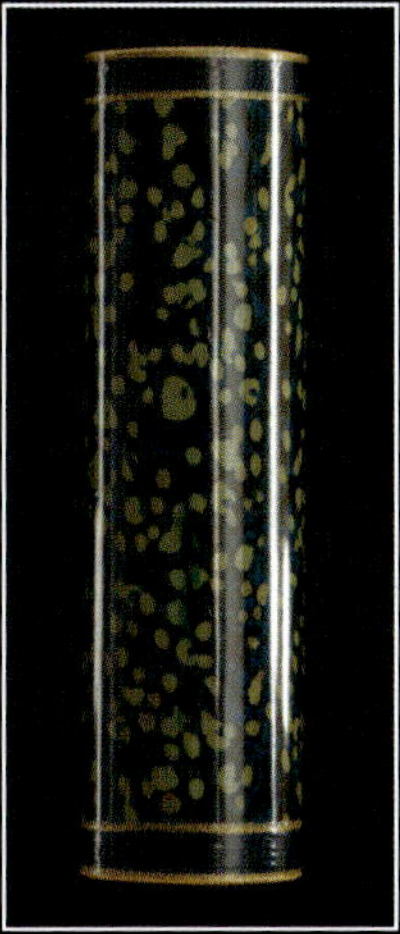

◎山立て研ぎ出し塗りバリエーション

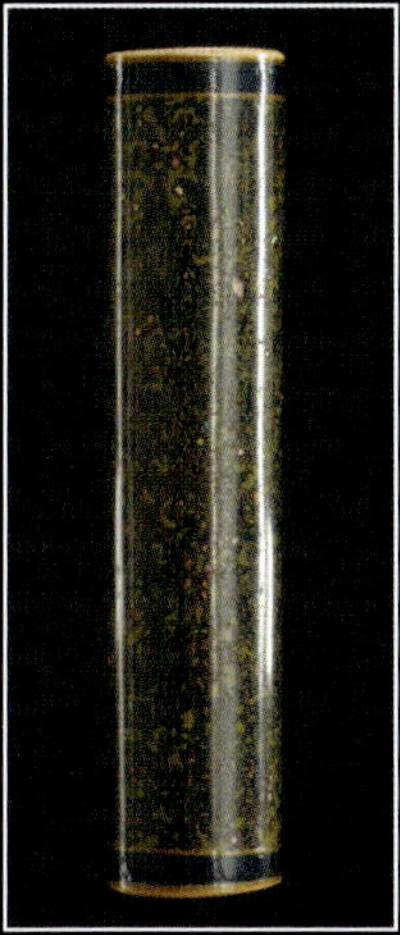

◎山立て研ぎ出し塗りバリエーション

◎螺鈿（らでん）塗り

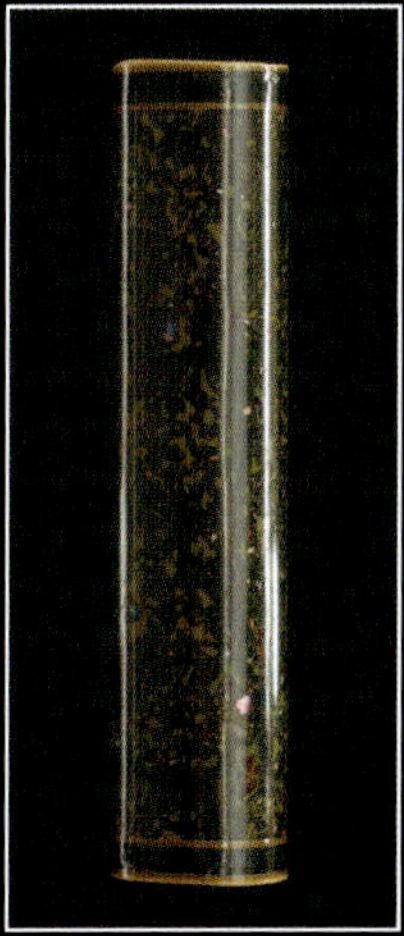

◎山立て研ぎ出し塗りバリエーション

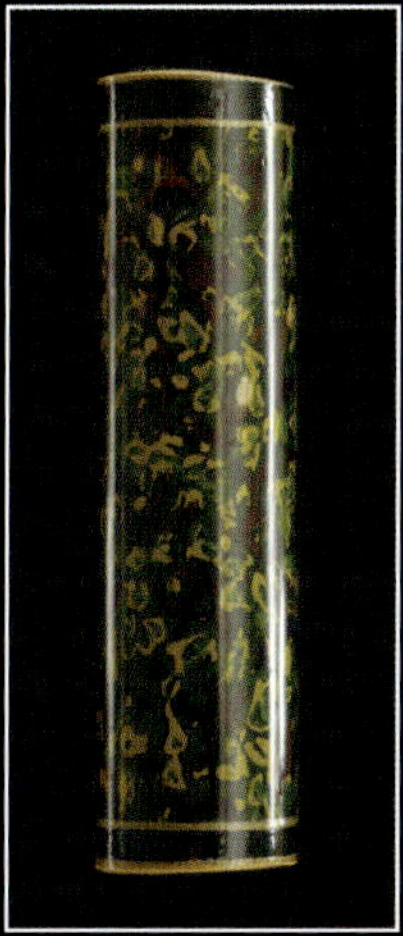

◎山立て研ぎ出し塗りバリエーション

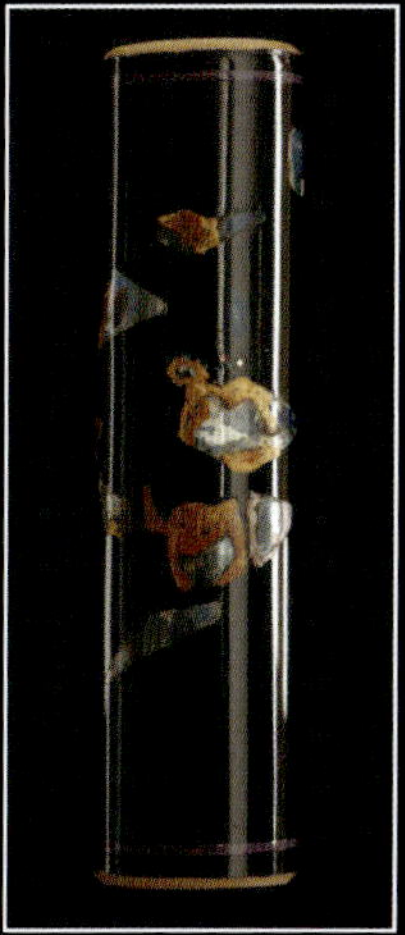

◎螺鈿（らでん）塗り

◎山立て研ぎ出し塗りバリエーション

◎山立て研ぎ出し塗りバリエーション

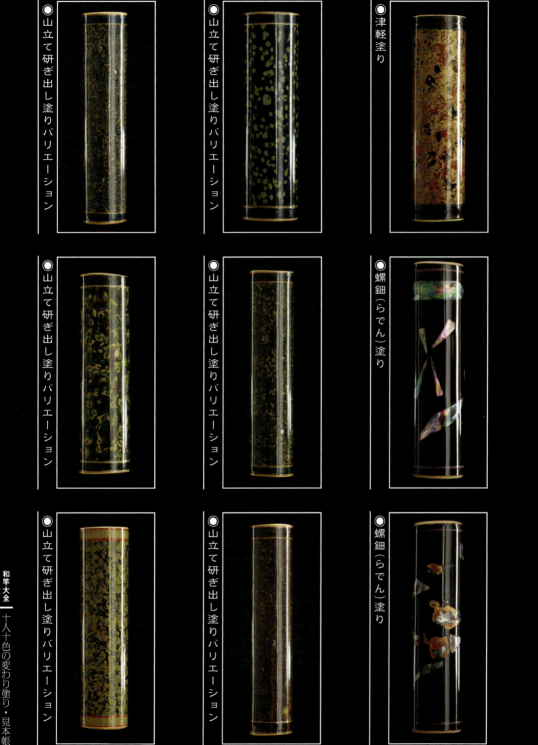

◉山立て研ぎ出し塗りバリエーション

◉山立て研ぎ出し塗りバリエーション

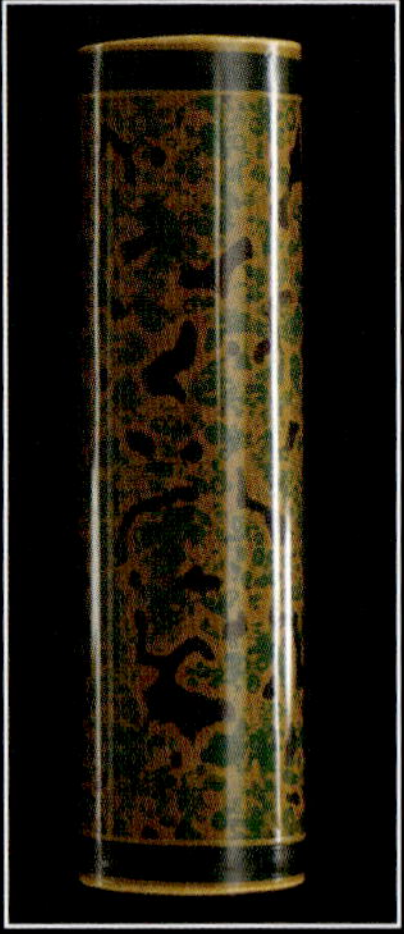
◉山立て研ぎ出し塗りバリエーション

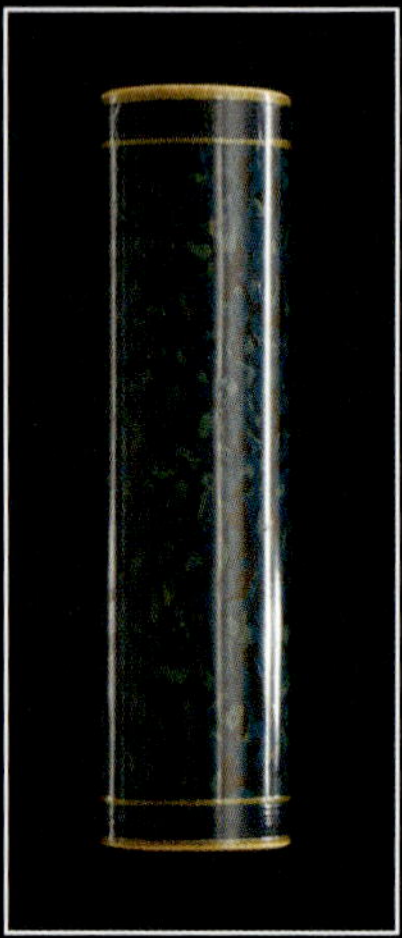
◉山立て研ぎ出し塗りバリエーション

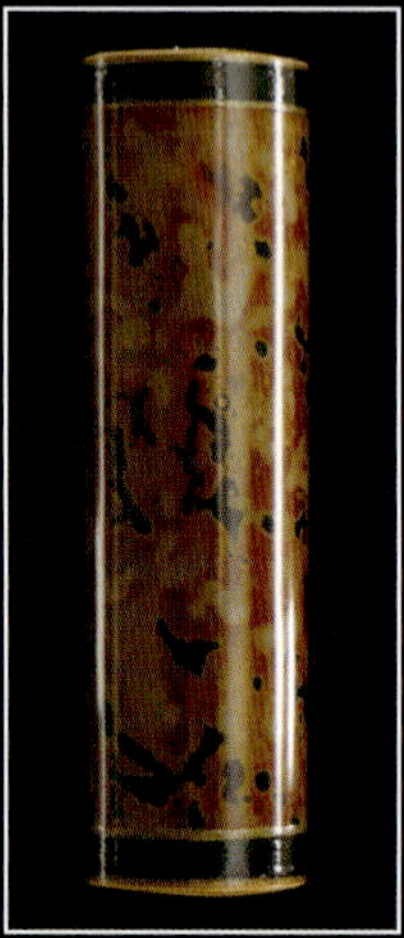
◉山立て研ぎ出し塗りバリエーション

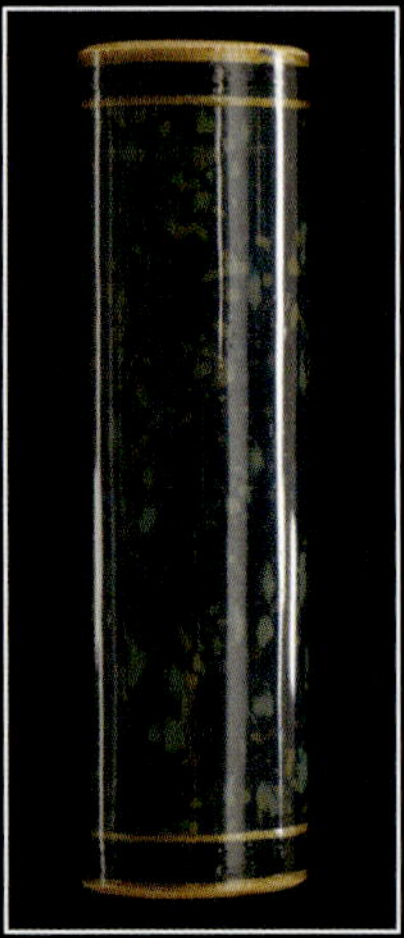
◉山立て研ぎ出し塗りバリエーション

◉山立て研ぎ出し塗りバリエーション

◉山立て研ぎ出し塗りバリエーション

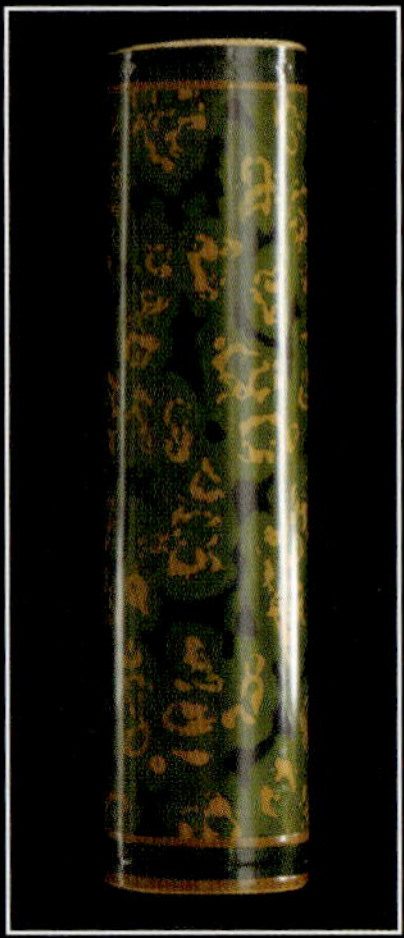
◉山立て研ぎ出し塗りバリエーション

寿晴

◉山立て研ぎ出し塗りバリエーション

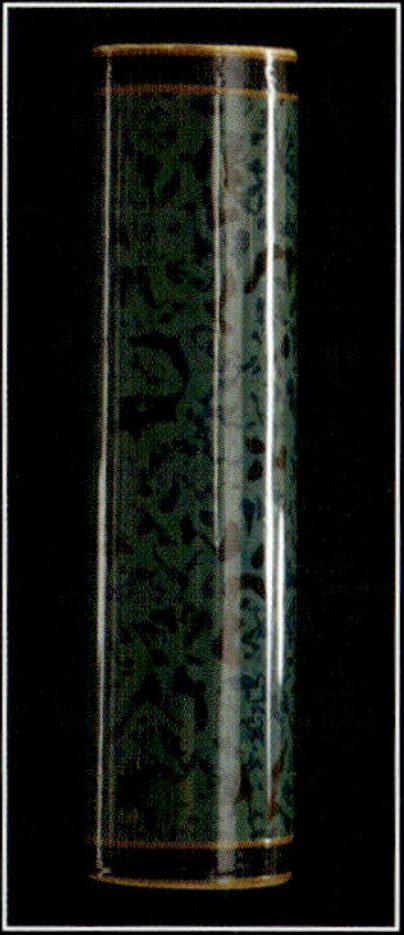

◉山立て研ぎ出し塗りバリエーション

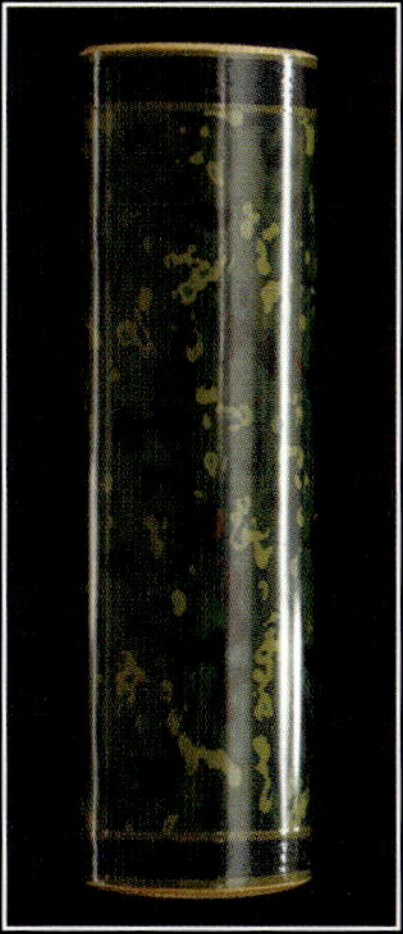

◉朱溜め塗り

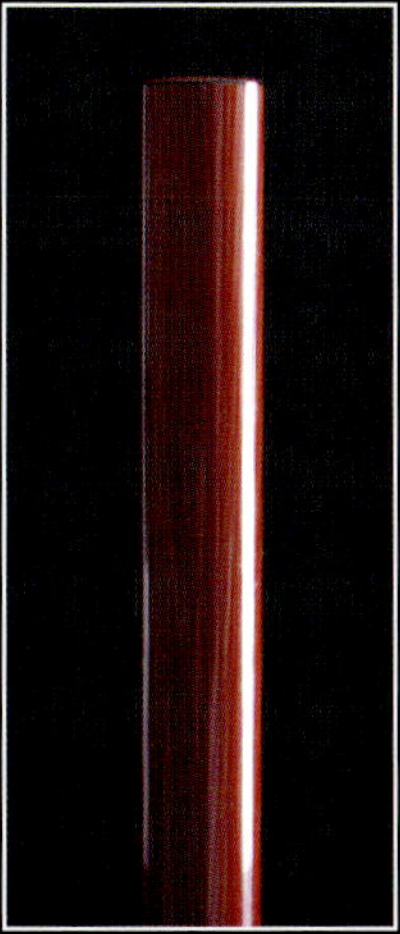

◉山立て研ぎ出し塗りバリエーション

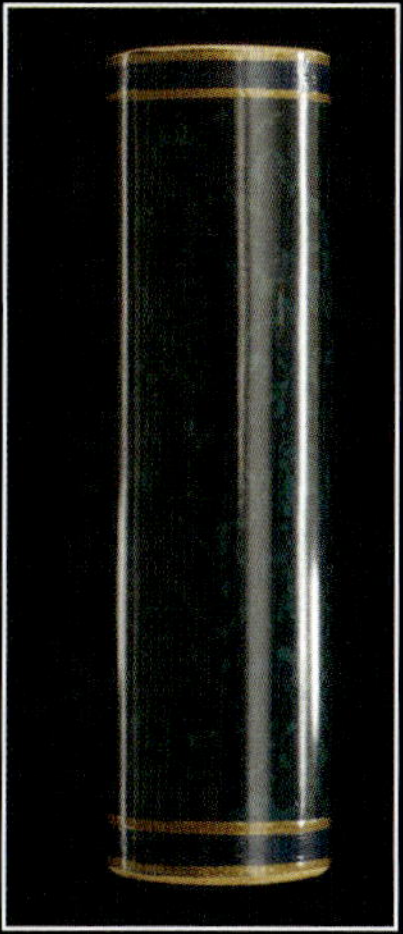

◉青塗り

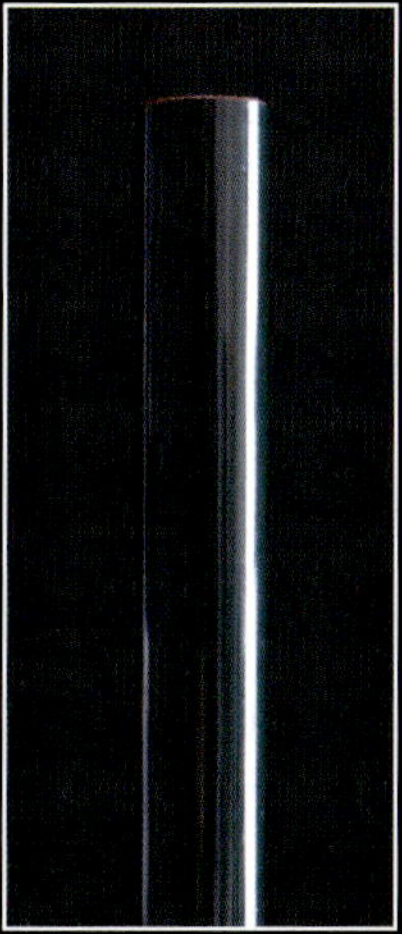

◉山立て研ぎ出し塗りバリエーション

◉朱塗り

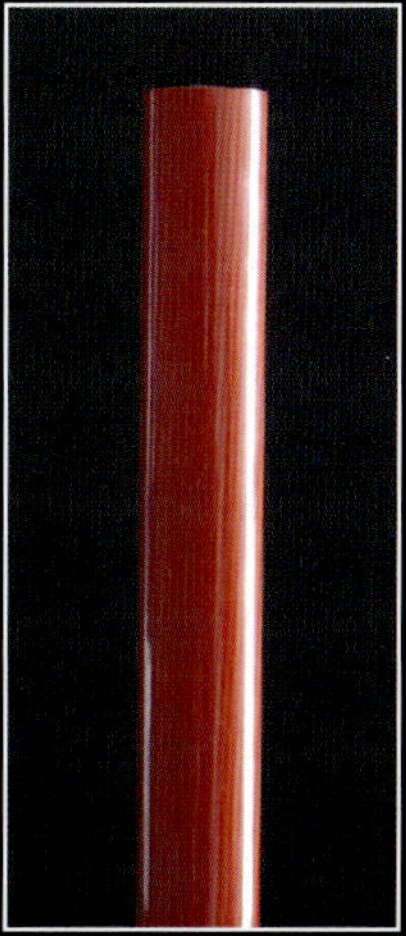

◉黄塗り

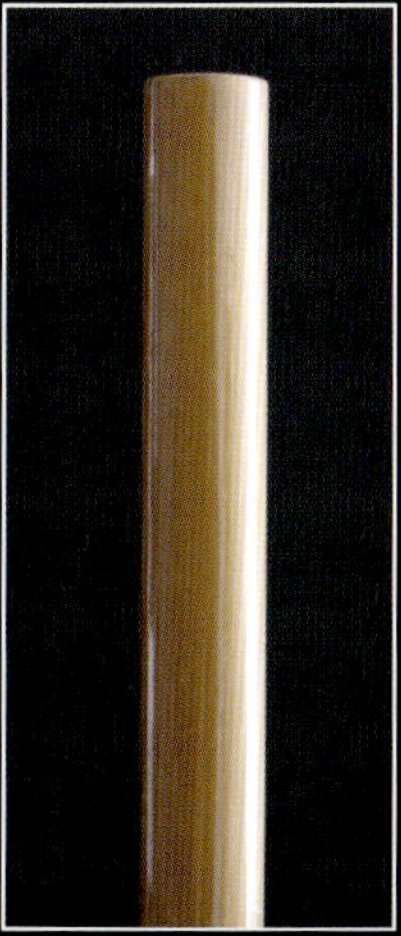

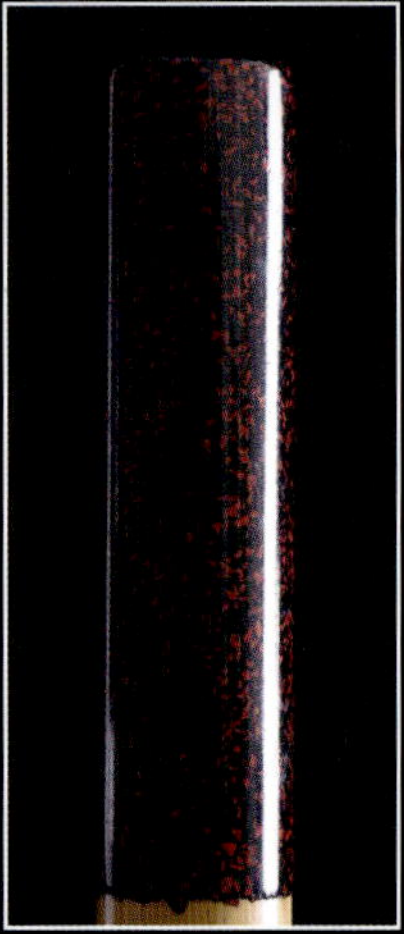
◎朱乾漆粉塗り

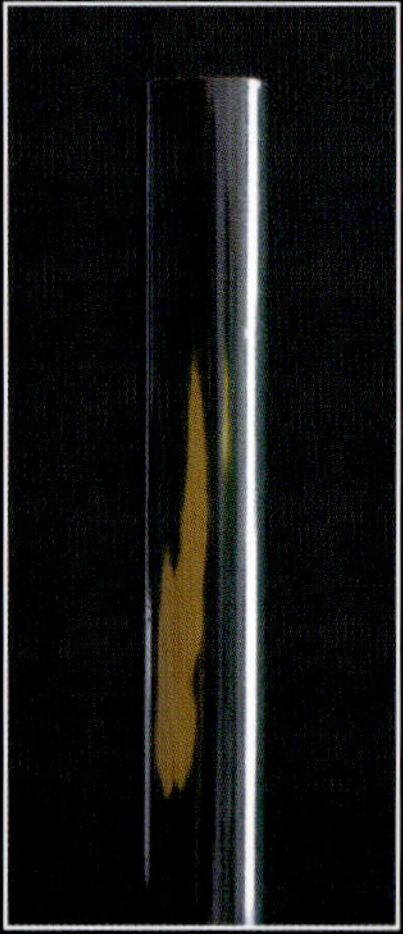
◎青と白の根来塗り

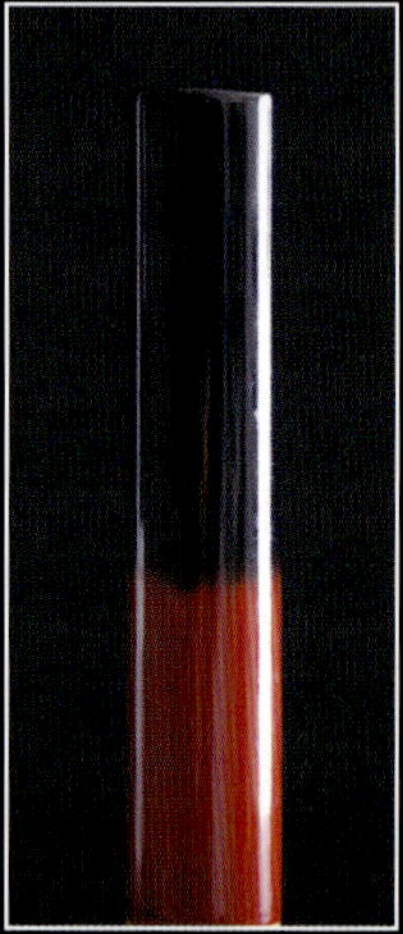
◎ぼかし（グラデーション）

◎虫食塗り

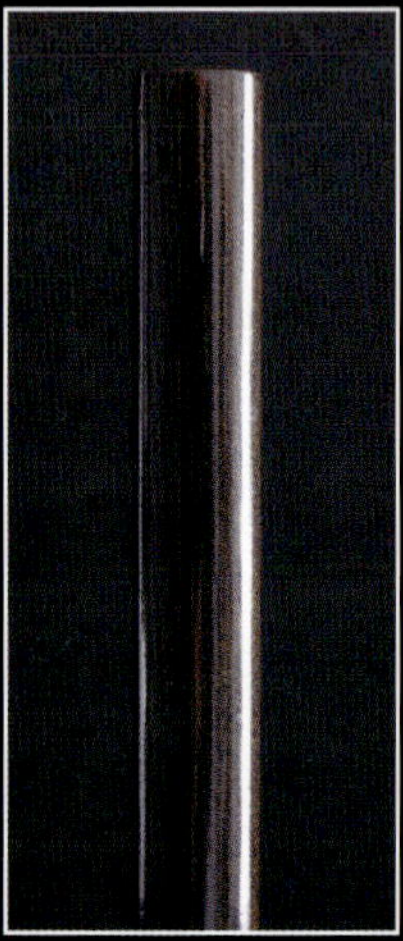
◎金砂子塗り

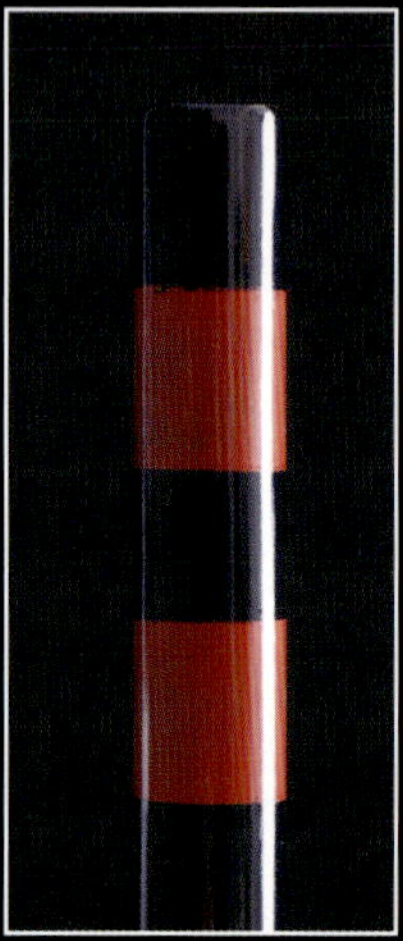
◎塗り分け

◎金虫食塗り

◎乾漆粉塗り

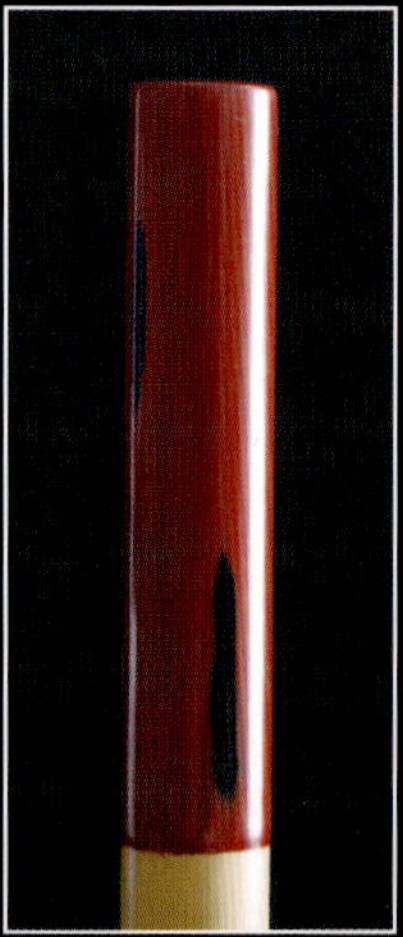
◎朱と黒の根来（ねごろ）塗り

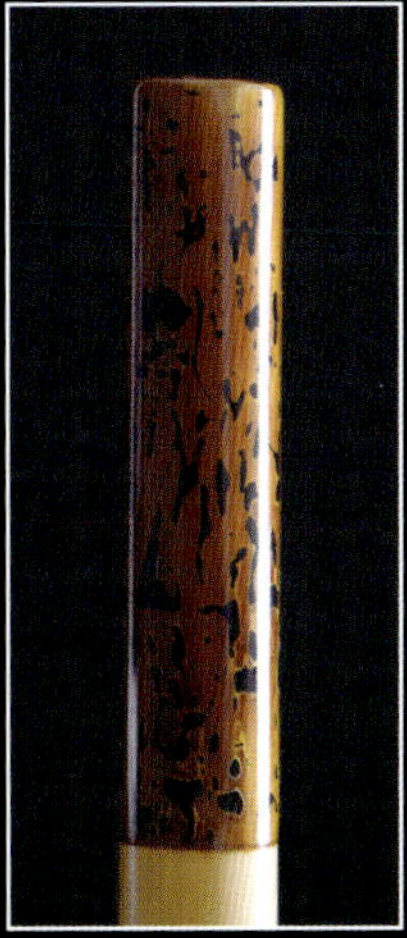

◎松皮塗り

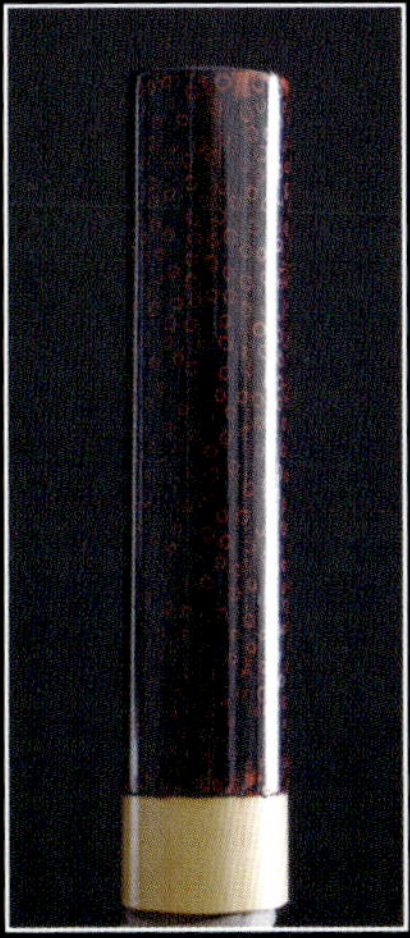

◎七々子塗り

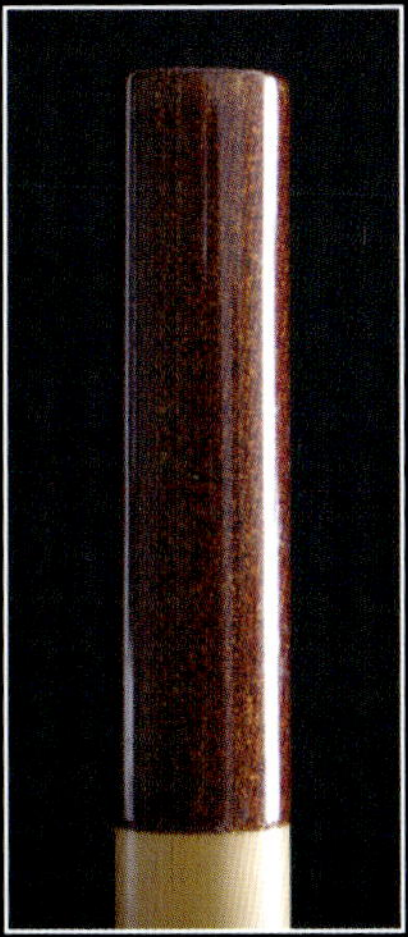

◎梨子地塗り

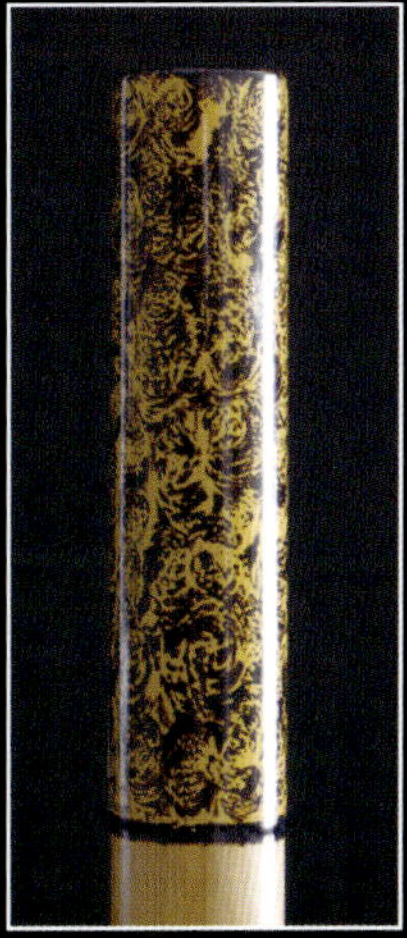

◎磯草模様塗り

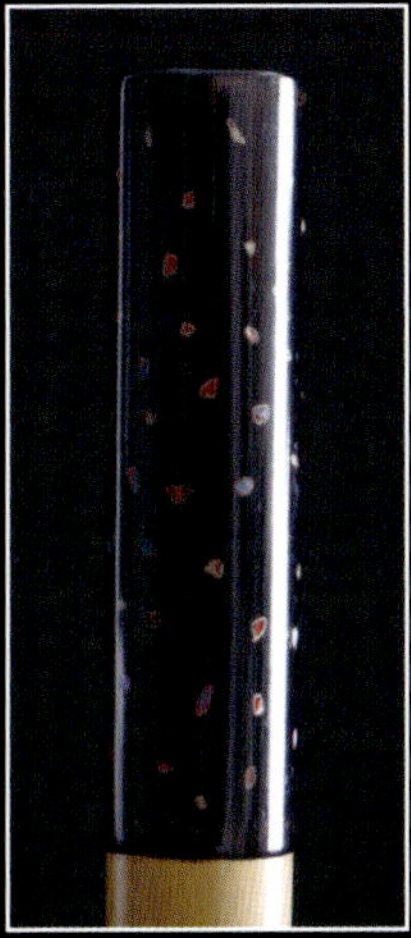

◎若狭塗り

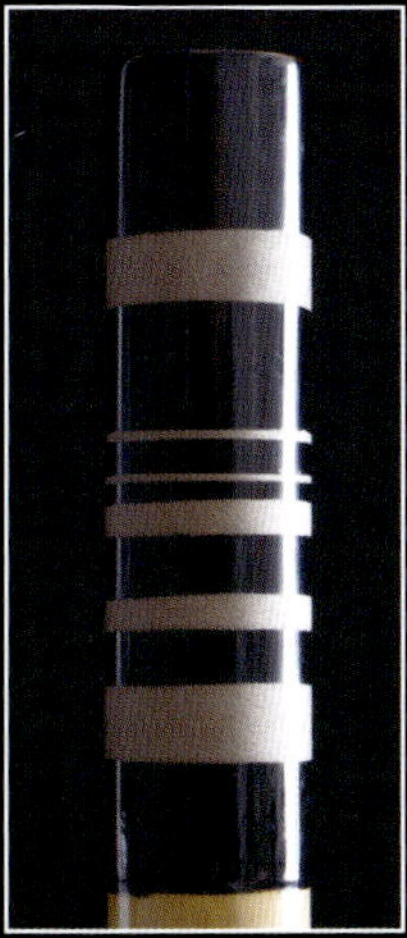

◎手綱（たづな）塗り

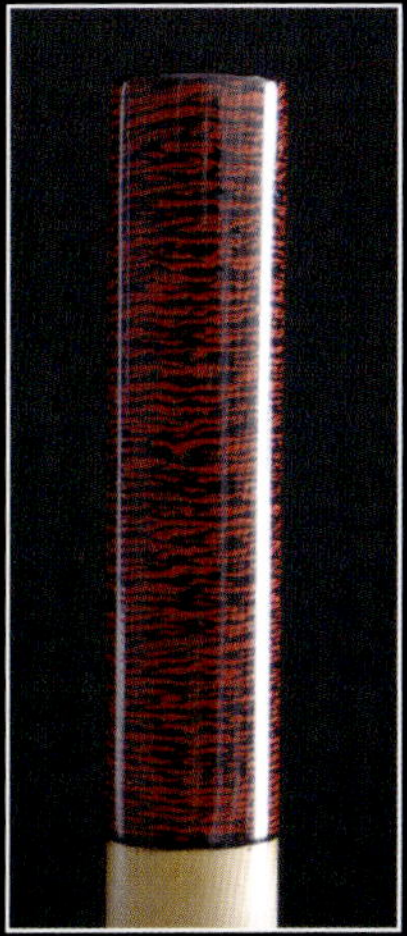

◎朱万筋（しゅばんきん）塗り

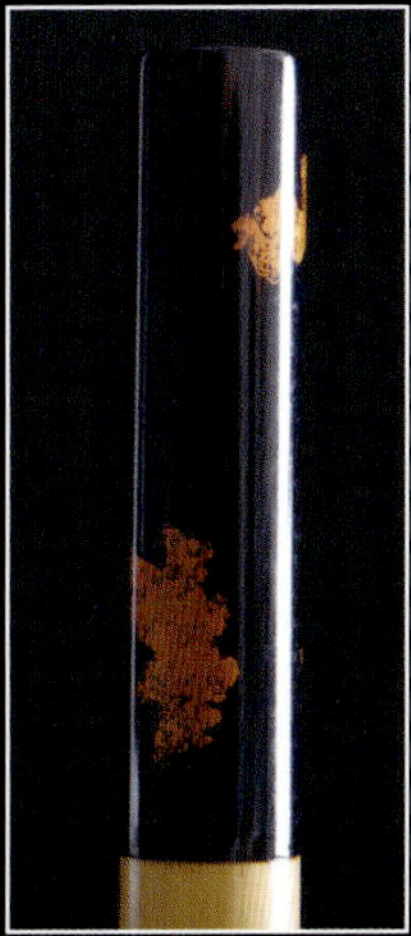

◎切り箔塗り・金箔散らし塗り

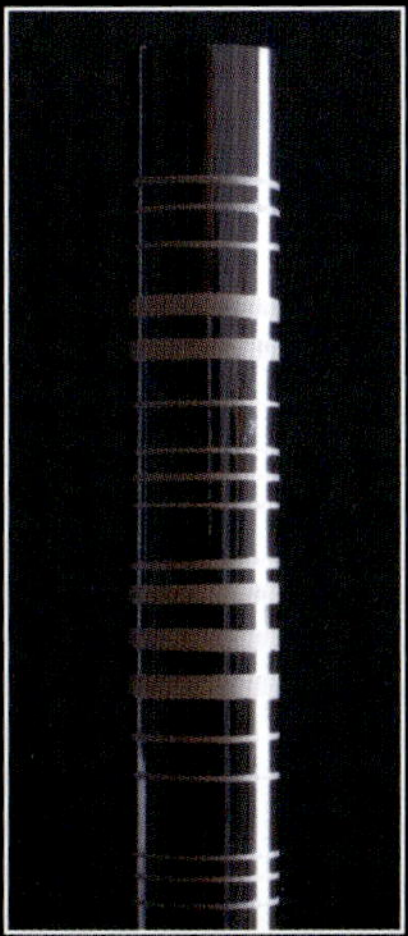

◎手綱（たづな）塗り

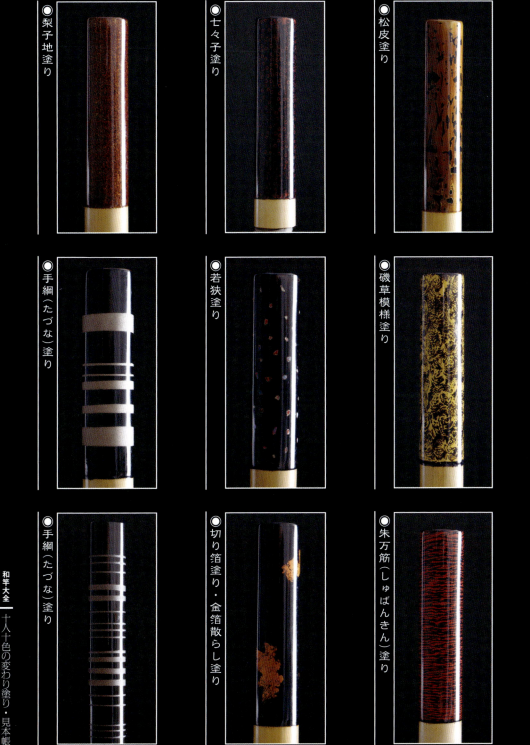

鯊《はぜ》竿

和竿全盛の時代は干潟の陸っぱり釣りから江戸前の船釣りまで、中通し竿がよき相棒。ラッカー竿と称した安価な中通し竿も懐かしい。練りの釣りでは対竿、組竿などの高価な注文竿が活躍し、釣果とともに舟上を賑わせた。

練り舟の中通し竿

江戸和竿のハゼ竿とくれば、中通し竿にとどめを刺す。その名のとおり、切り組んだ継ぎ竿の節の内部をくり抜き、ミチイトを出し入れできるようにしてある中通し竿は、マブナなどの小継ぎ竿とともに江戸和竿の双璧を誇る伝統の高度な技法である。

中通しハゼ竿の基本的な作り（イトの通り方）は次のとおり。手元近くに取り付けた

［組竿］

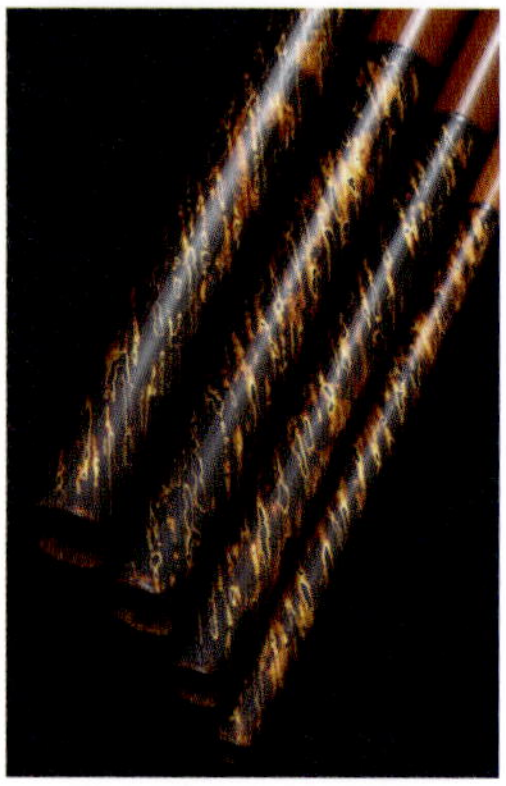

斜めに走る虫食い模様が美しい金箔研ぎ出し

竿忠伝統の節影塗り。初代から４代目まで、描き方にはそれぞれの個性がにじみ出る

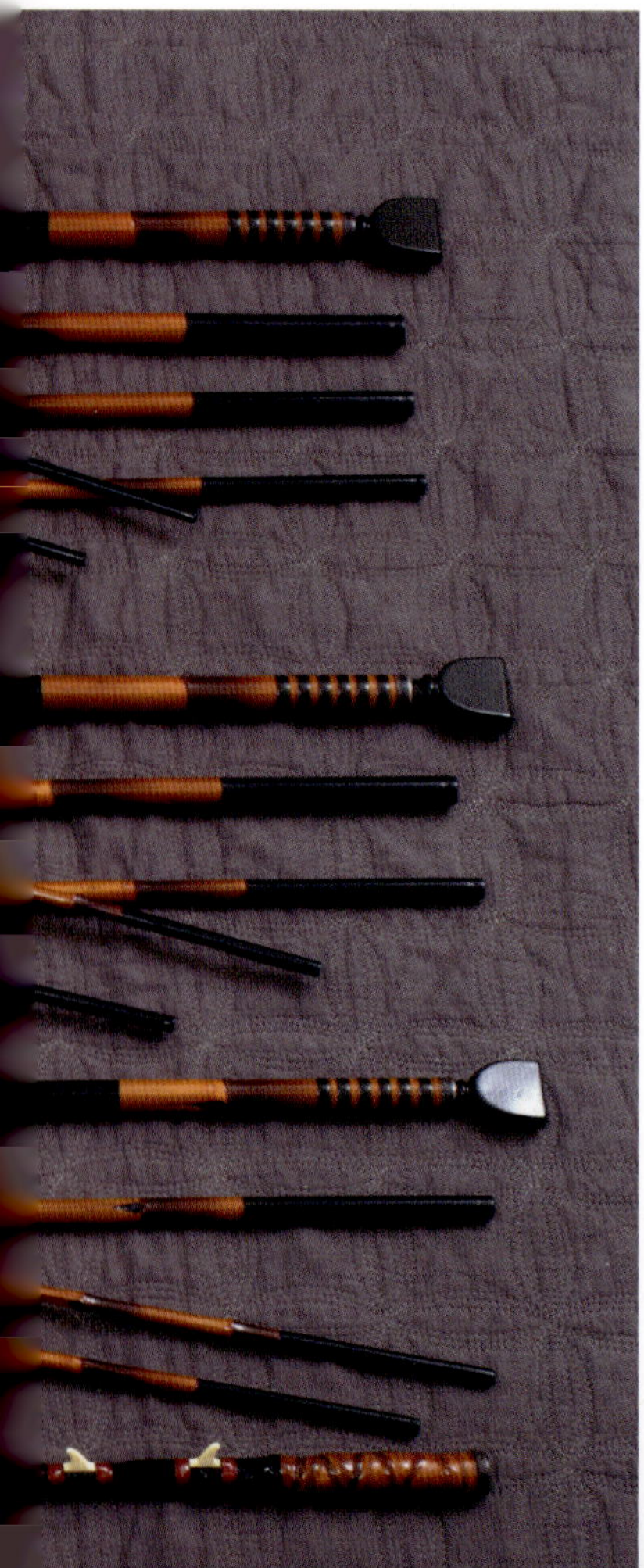

◉３代目竿忠

３尺７寸元５本・４本・３本継ぎの３本組／中通し並継ぎの矢竹竿。同じ変わり塗りで仕上げた３尺の水雷竿付き

竿忠

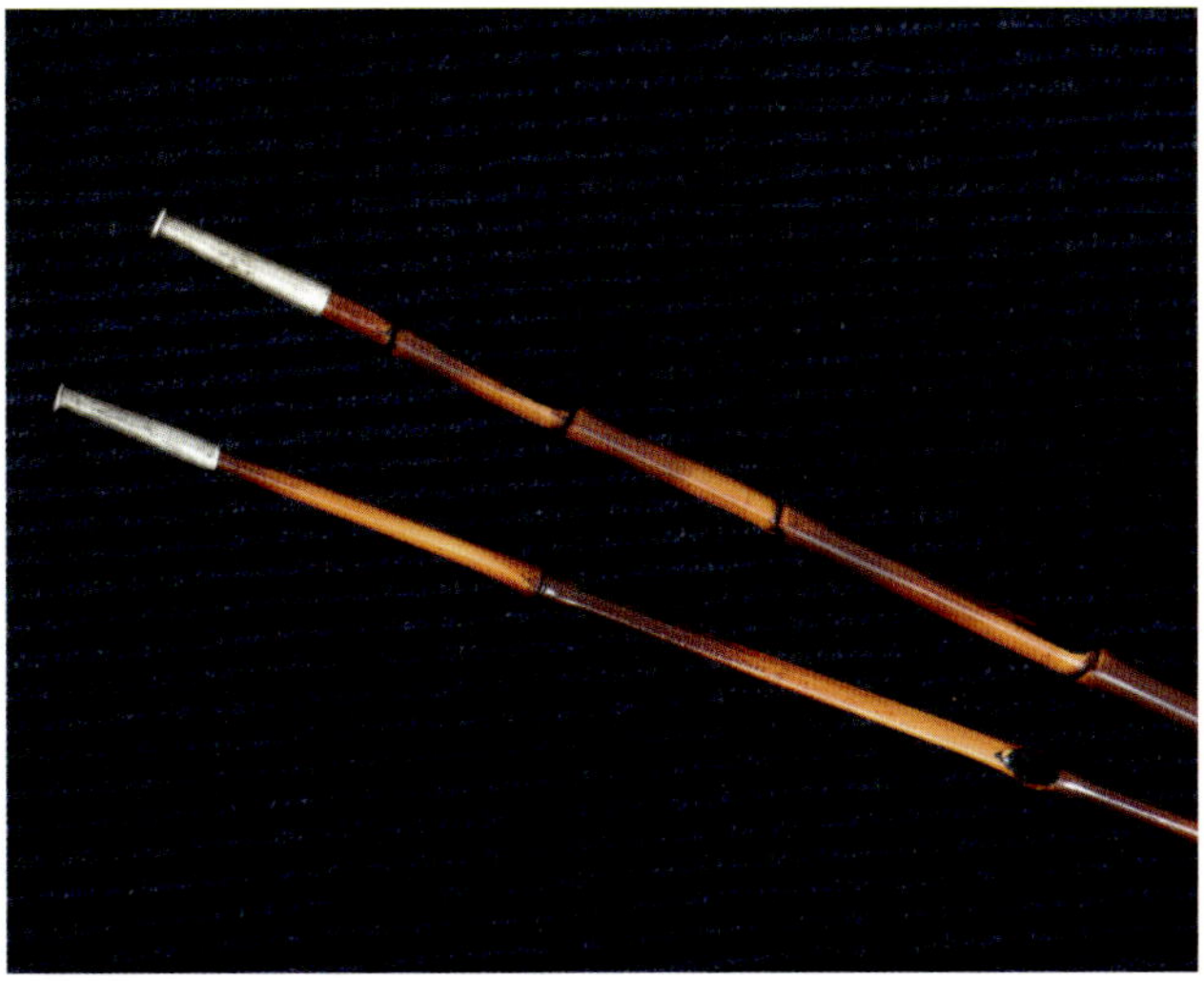

この3本組竿にはそれぞれ布袋竹(下)と矢竹(上)の穂先2本が付いている。実はシロギスとの兼用で、オモリ負荷4～6号のケタハゼ竿仕様に仕上げてある

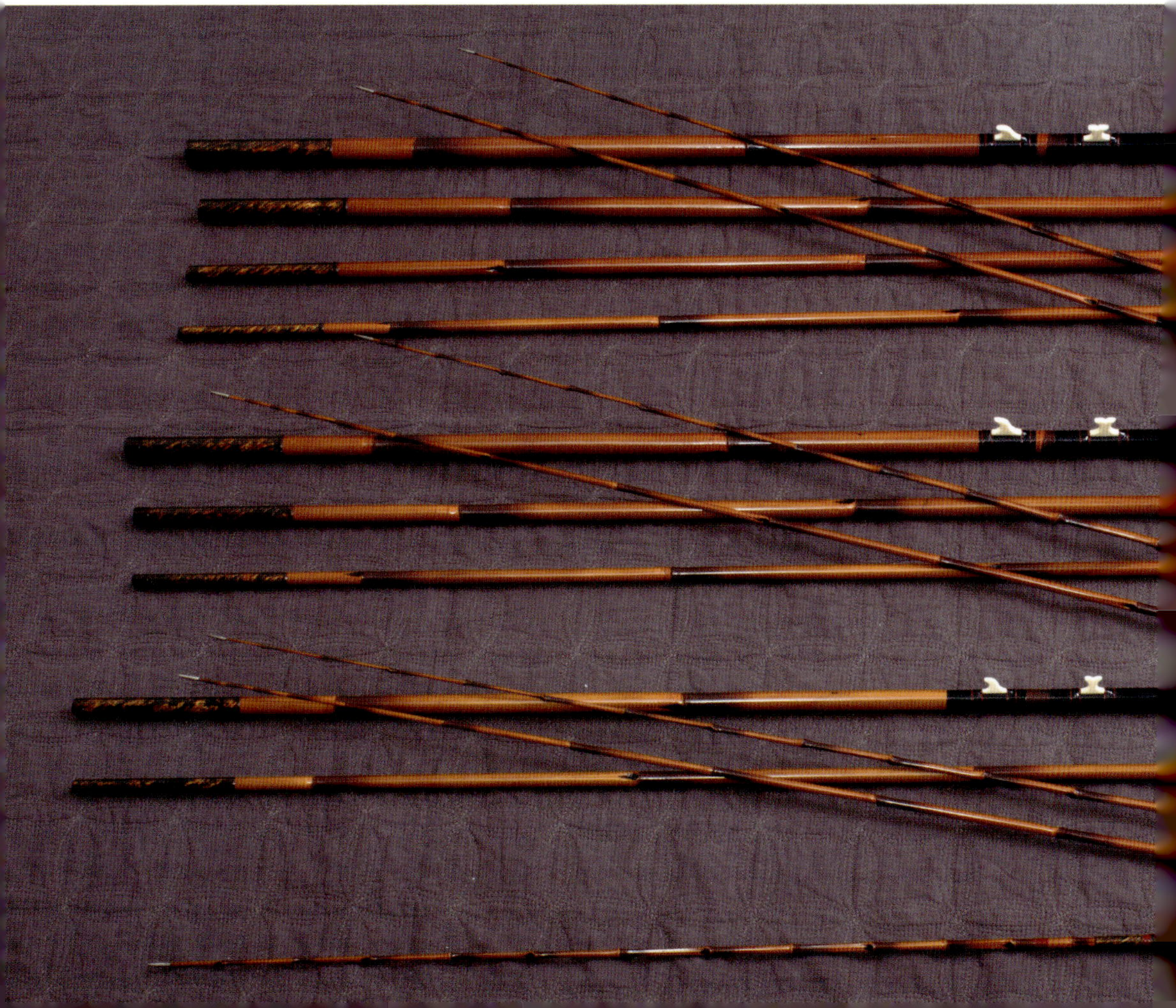

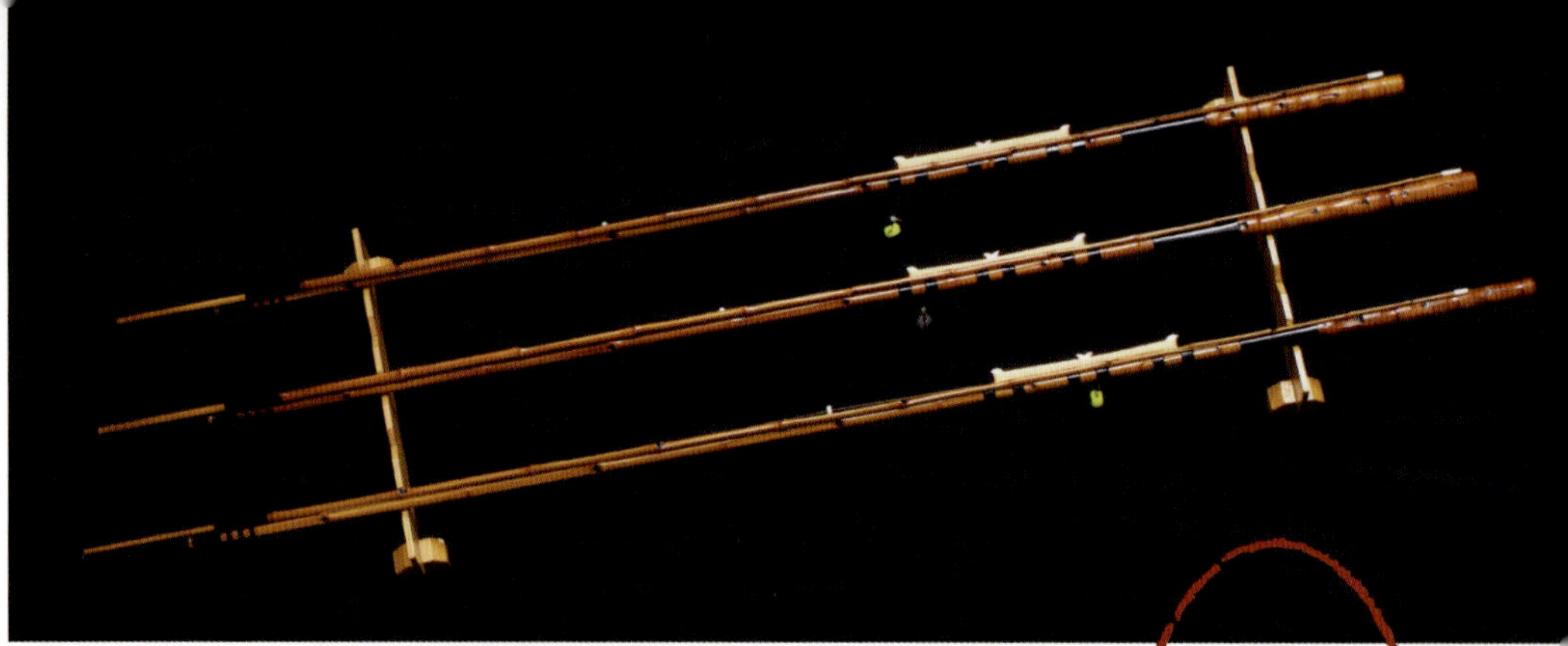

◉**東光**

4尺元・3尺8寸元・3尺6寸元2本継ぎの3本組／中通し印籠継ぎの布袋竹竿

東光

先金は象牙製。東光自身が加工したのだろうか、このデザインは現代風！

イト巻きからミチイトを繰り出し、イト巻き前方の突起のつまみを通って鳩目穴から竹の内部に入る。そして何本かの継ぎ竿を経由し、穂先先端部に取り付けた補強金具の口金（または先金）からミチイトが出てくる仕組みだ。

オモリ付きの仕掛けを船べり下に投入した際、外通しガイドがないのでミチイトは手元から穂先に向かって竹肌を滑るように出ていく。そのためイト絡みの心配がないことが中通し竿最大の特徴である。

中通しハゼ竿用の竹材は、布袋竹の穂先を用いることが前提。穂持ち以下手元までは矢竹または布袋竹を継ぎ、淡竹などの握り手元を継ぎ足すことも多い。継ぎ方を大別すると、並継ぎ中心の矢竹竿が先調子、印籠継ぎの布袋竹竿は胴調子に仕上がるのが一般的といえる。

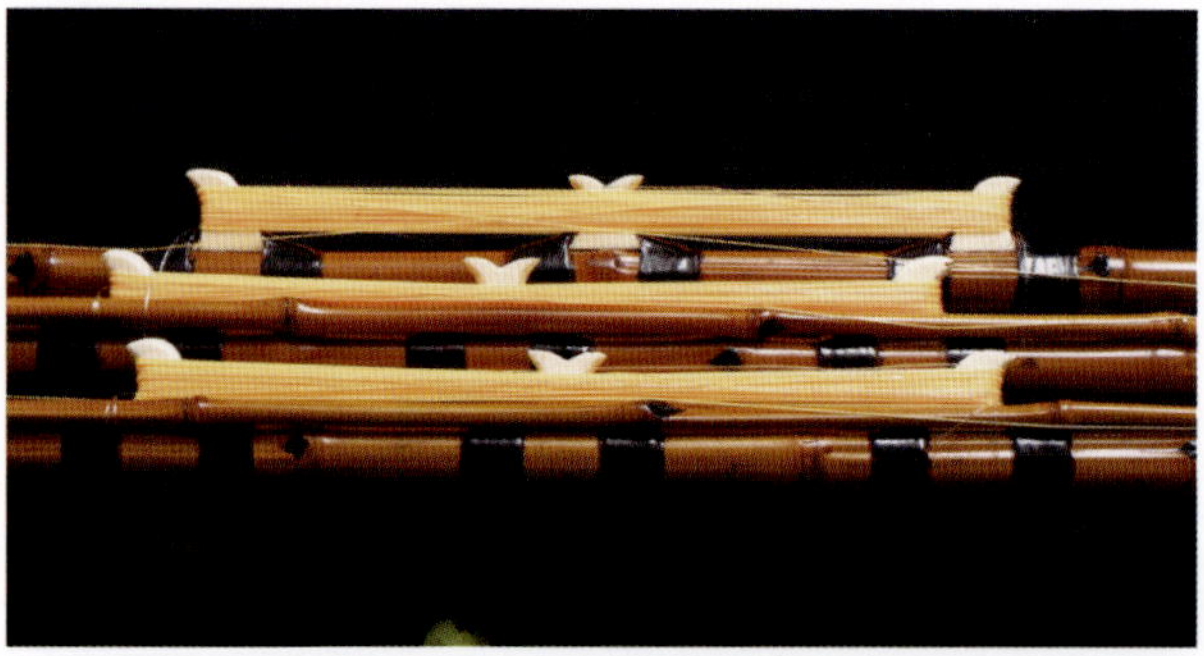

象牙製イト巻きの形状も凝っている

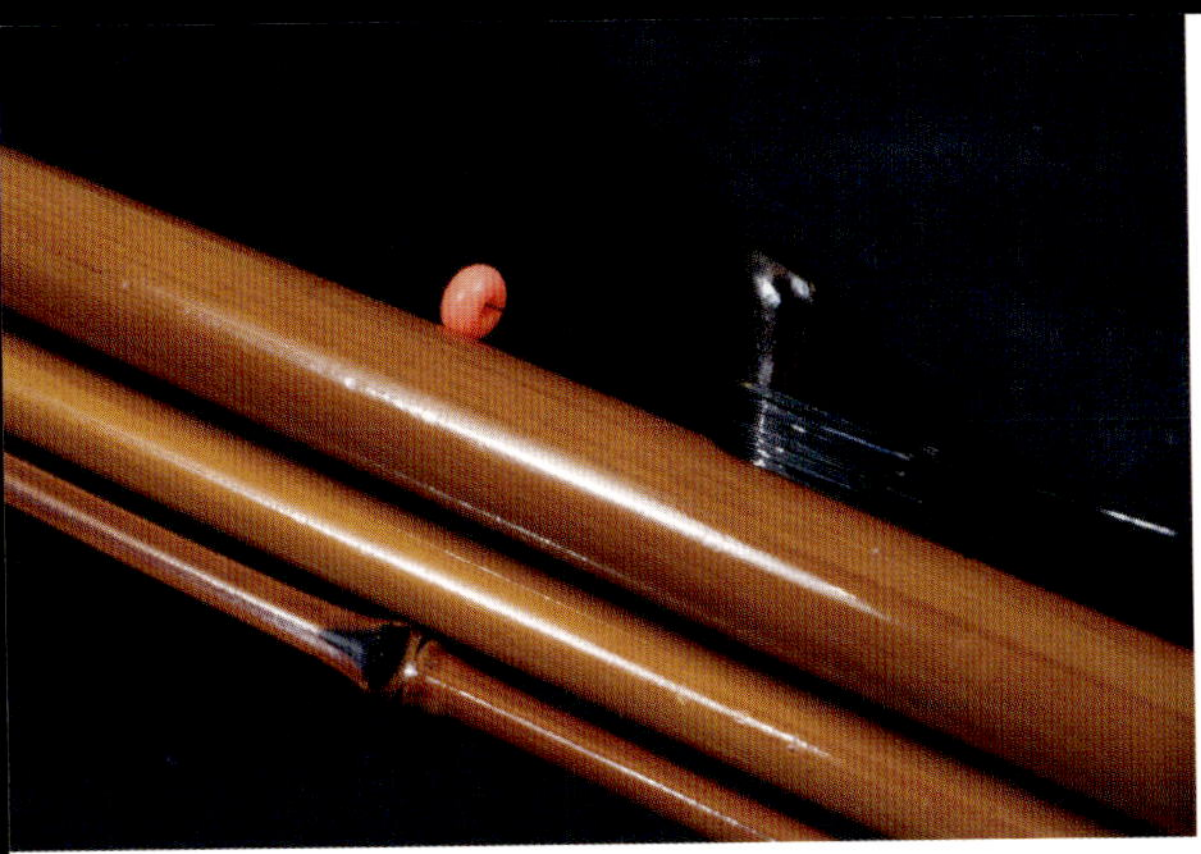

歴代竿辰の中通しハゼ竿には丈夫さを優先する理由から、イト巻きと鳩目穴の間につまみがない。その代わりとしてビーズ玉やセル玉を通しておく

ハゼの中通し竿は陸っぱりの釣りにも使われたが、何よりも小舟による櫓の練り釣りを中心として愛用されてきた歴史が大きい。釣り人が隣り合わせになるため、竿には塗師仕事など美的な装飾にも創意工夫が施されたことが容易に想像できる。

　中通しハゼ竿の基本的な全長は、継ぎ竿3尺（約90cm）刻みとして、2本継ぎの6尺竿（約1・8m）、3本継ぎ9尺竿（約2・7m）、4本継ぎの12尺＝2間竿（約3・6m）が大まかな決め事と考えてよい。

この組み竿は夏の間、深川船宿 冨士見から出船するハゼの夕釣り用。10cmにも満たないデキハゼでも引き味を楽しめるように、オモリ1〜2号で細身の矢竹竿を印籠継ぎ胴調子に仕上げてある

竿辰

◉3代目竿辰

3尺3寸元（全長8尺）・3尺1寸元（全長7尺5寸）・3尺元（全長7尺）3本継ぎの3本組／中通し印籠継ぎの矢竹竿

注文竿の組竿、対竿

竹竿全盛の時代には釣具店を覗《のぞ》くと、既製品としてお店物の中通しハゼ竿が陳列販売されており、自分目利きで1本ずつ買いそろえていくのがハゼ釣りファンの楽しみであった。

一方で高級品としての注文竿もある。注文竿のよさは竹材とともに調子、オモリ負荷などまで好みで誂えられること。1本ものの注文竿はもちろん、たとえば同じ調子・同じオモリ負荷の6尺・9尺・12尺の3本まとめた組竿などは通好みの注文かもしれない。

オプションパーツとして、臨機応変に長短を使い分けられるように竿尻に接続する「追い継ぎ」をセットしたマ

［対竿］

口塗りは研ぎ出しを配した2色の同返しと手拭きの胴漆により、シックな色合いが印象的

東作本店

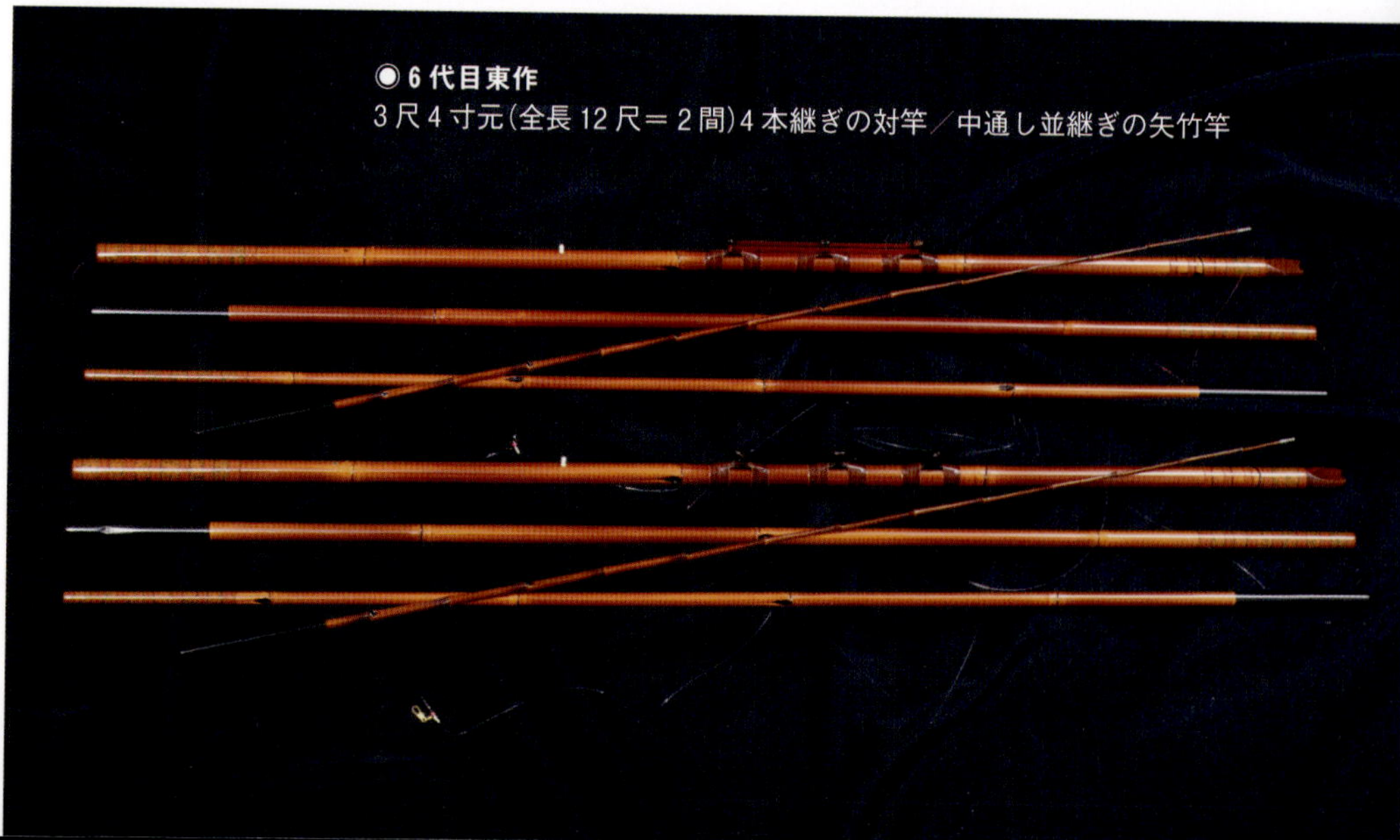

◉6代目東作
3尺4寸元(全長12尺＝2間)4本継ぎの対竿／中通し並継ぎの矢竹竿

◉汀石
3尺3寸元4本継ぎの対竿／2尺3寸元追い継ぎ付き・中通し並継ぎの矢竹竿

汀石

筋巻きの本数や間隔のセンスは天性のものか

良質の竹材にこだわり続けた汀石のシンプルな仕上げ

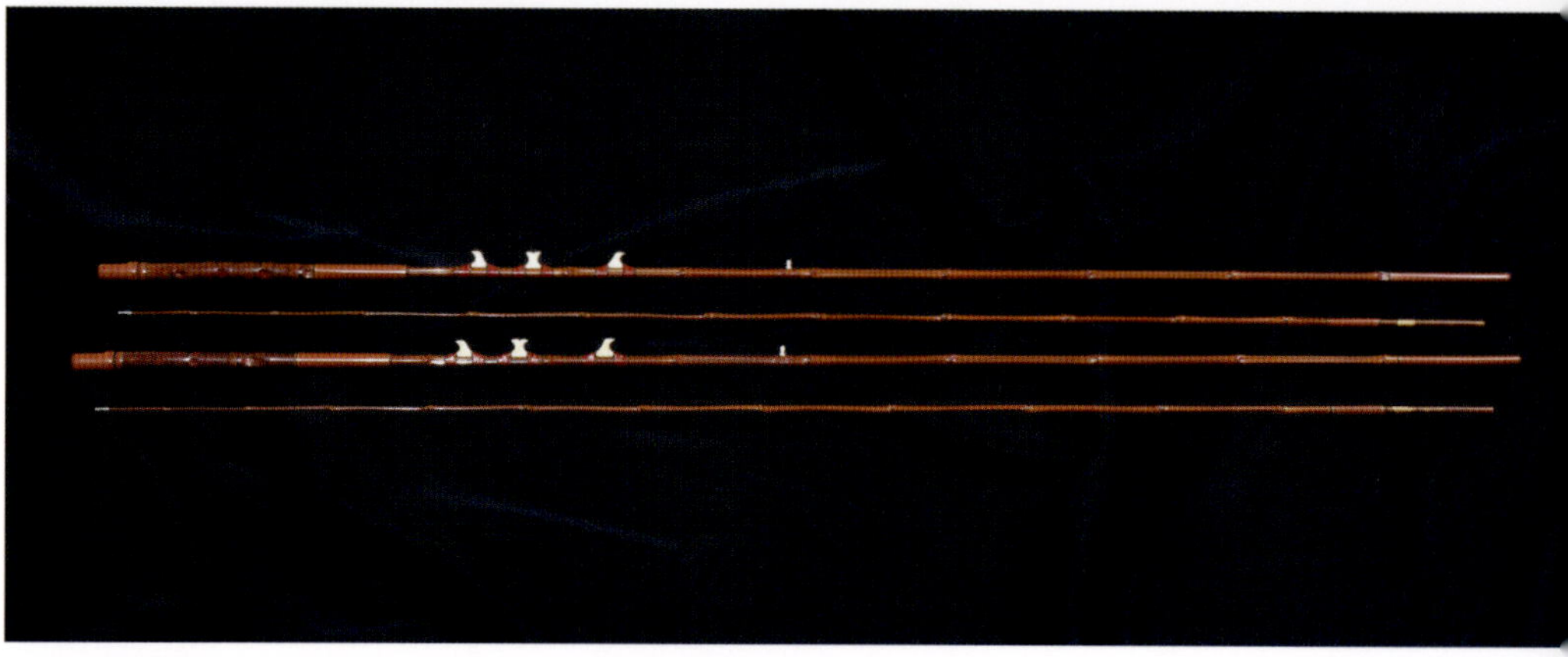

◉ **4代目竿治**
4尺4寸元(全長8尺)2本継ぎの対竿/中通し印籠継ぎの布袋竹竿

竿治

口塗りは得意としたレンガ色の通称、竿治塗り

手のひらや手首で支える肘当ては、釣り人の癖に合わせて回して角度を変えることができる

ニアックな竿の人気も高い。

凝りに凝った数釣り志向の競技釣りファンにとっては、全長をそろえた2本の対竿が垂涎の的だ。自重・調子がほぼ同じだから竿操作に違和感が少なく、節ぞろいの竹材なら逸品の価値がある。

竿辰

追い継ぎを継ぎ足すと9尺竿から11尺の長竿に。竿尻は赤と黒に色分けしてあり、すげ口とすげ込みを継がずに瞬時に選別できる工夫が施されている

◉ 3代目竿辰

3尺3寸元(全長9尺)3本継ぎの対竿／2尺2寸元追い継ぎ付き・中通し並継ぎの矢竹竿

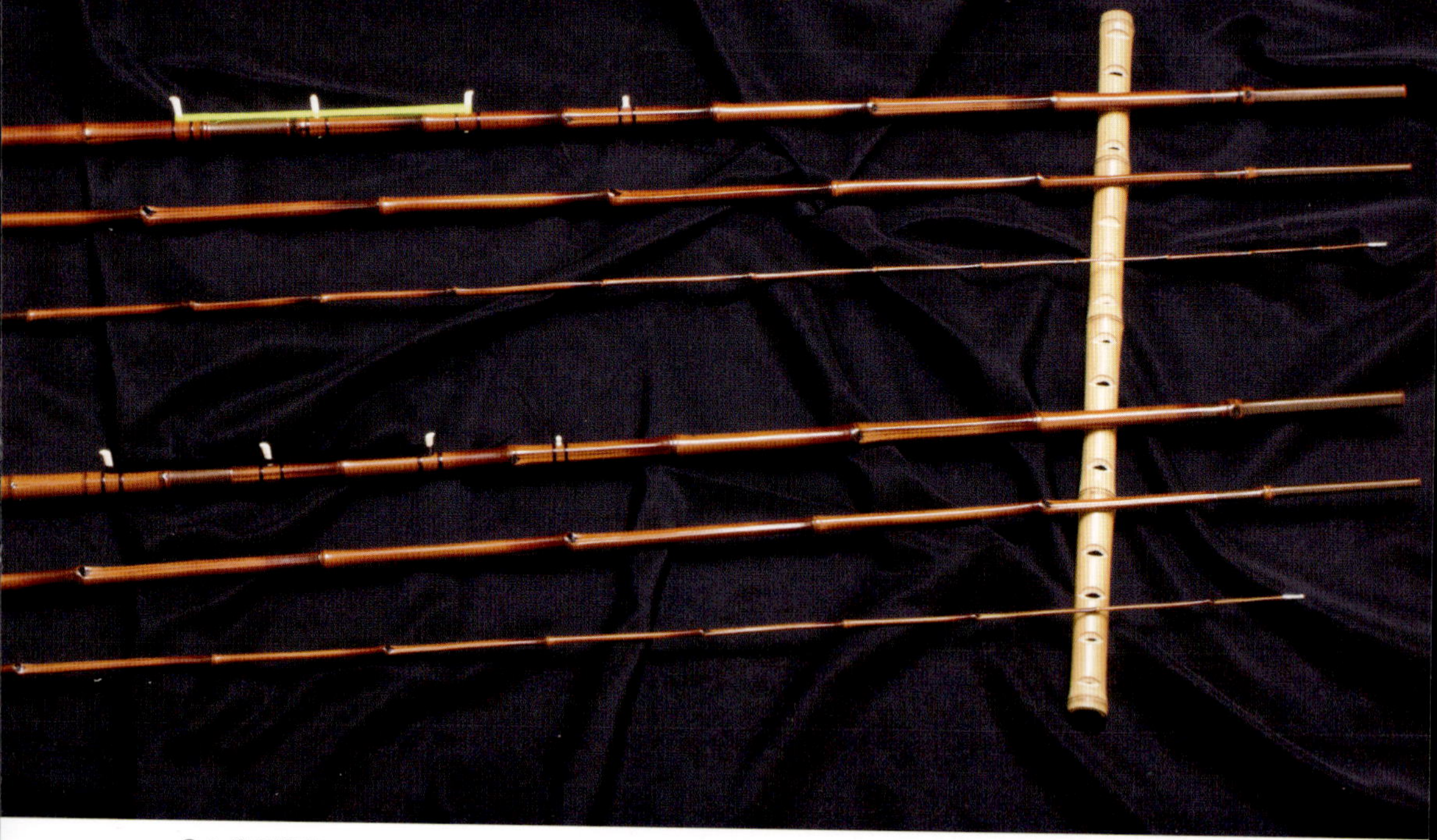

◉ 2代目竿富

3尺9寸元3本継ぎの対竿／中通し印籠継ぎの布袋竹竿

◉竿中

3尺6寸元(全長10尺)3本継ぎの対竿／中通し並継ぎの矢竹竿
オモリ負荷2.5号にこだわった江戸前の運河水路をねらう練り釣り用

竿中

竿富

梨子地塗りは飽きがこない変わり塗り

根曲がり竹が握り手元を飾る

竿富流の節影塗り。これまた独創的だ

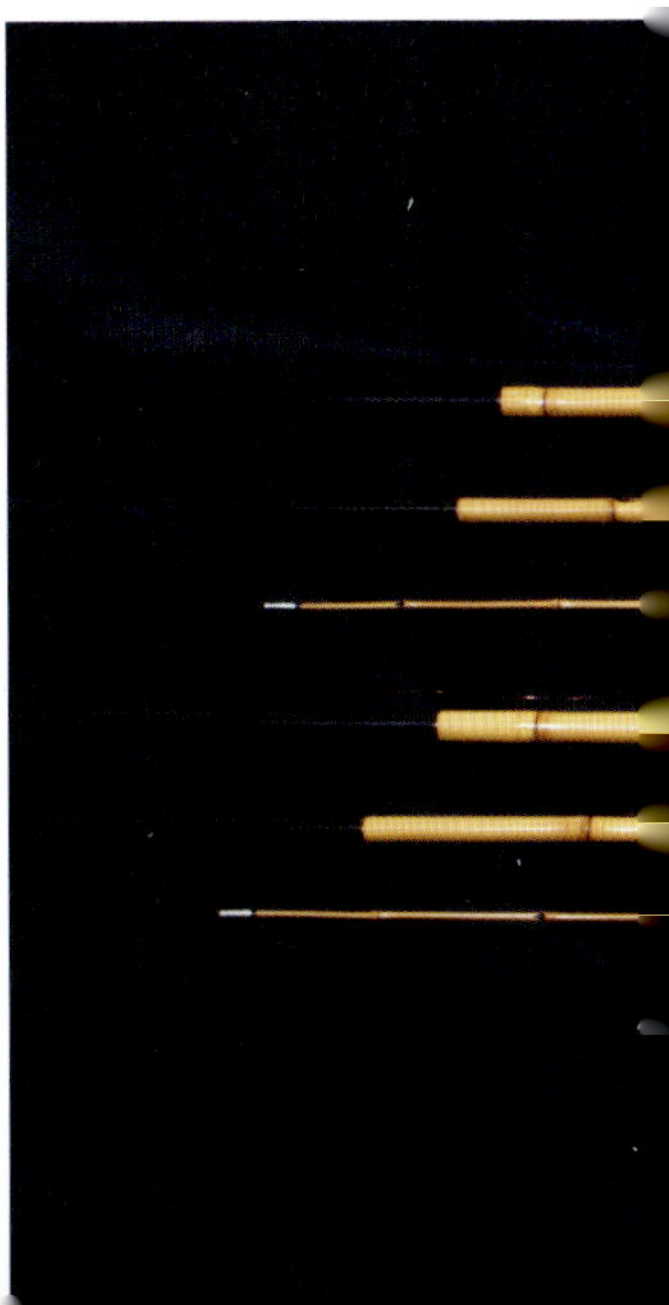

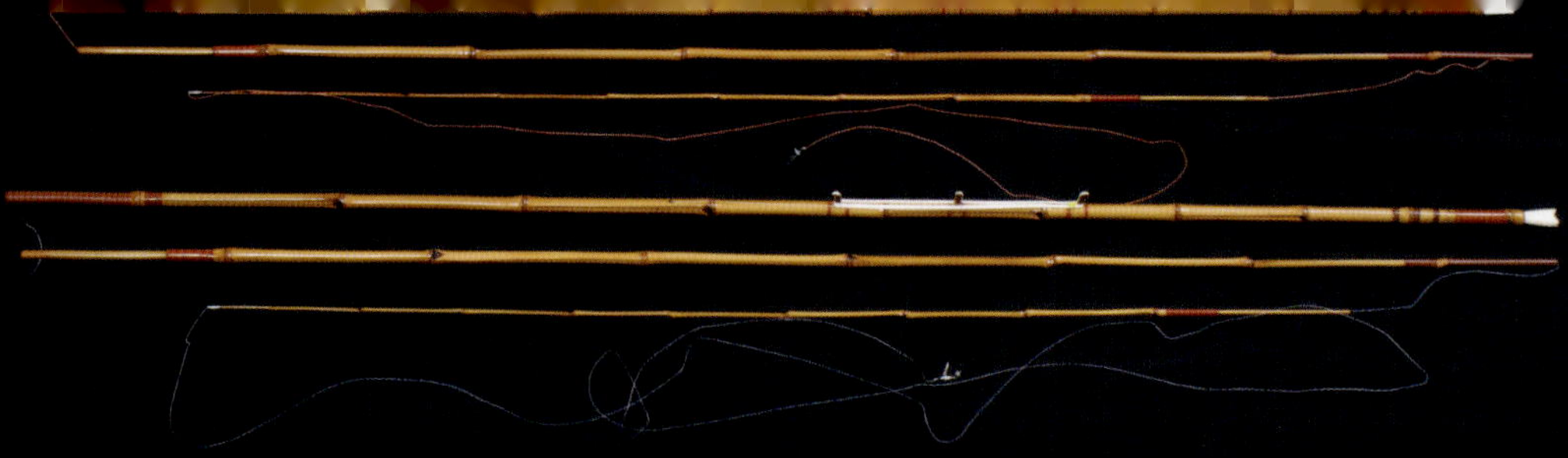

◉**東俊**
4尺元3本印籠継ぎ(全長10尺2寸)の対竿／
印籠継ぎの総布袋竹竿

東俊

東俊は焼き印と刻印を使い分けていた

口塗りは黄口塗り、淡口塗りとも呼ぶ朱塗り。オモリ2号のタカハゼ釣り用として、総布袋竹竿独特の軟らかい6:4調子に仕上がっている

奥の手!?水雷竿

［水雷竿］

釣果を競う釣り会の例会などでは、くじで引き当てた釣り座の善し悪しが釣果を左右する。船が進む潮上は常に手付かずの新ポイントを探れるので断然有利。反対に、潮下や胴の間の釣り座はスレッカラシのハゼばかり。そこで最後の手段として違う筋をねらう目的で、全長4尺(約1.2m)以内の超短竿、水雷竿を操るという奇策もある。

また、季節のハゼ暦の移り変わりとともに、ねらう水深の変化に合わせて使うオモリの号数が変わる。水深が浅い秋の彼岸ハゼ釣りまでは2~3号、晩秋10~11月の落ちハゼ釣りには3~4号、最も水深が深い師走のケタハゼ釣

東作本店

鳩目穴は象牙リング付き

短い全長とのバランスを考慮し、象牙製イト巻きの間隔は狭い

鳩目穴、イト巻き、尻栓の象牙細工3点セットは6代目の自作

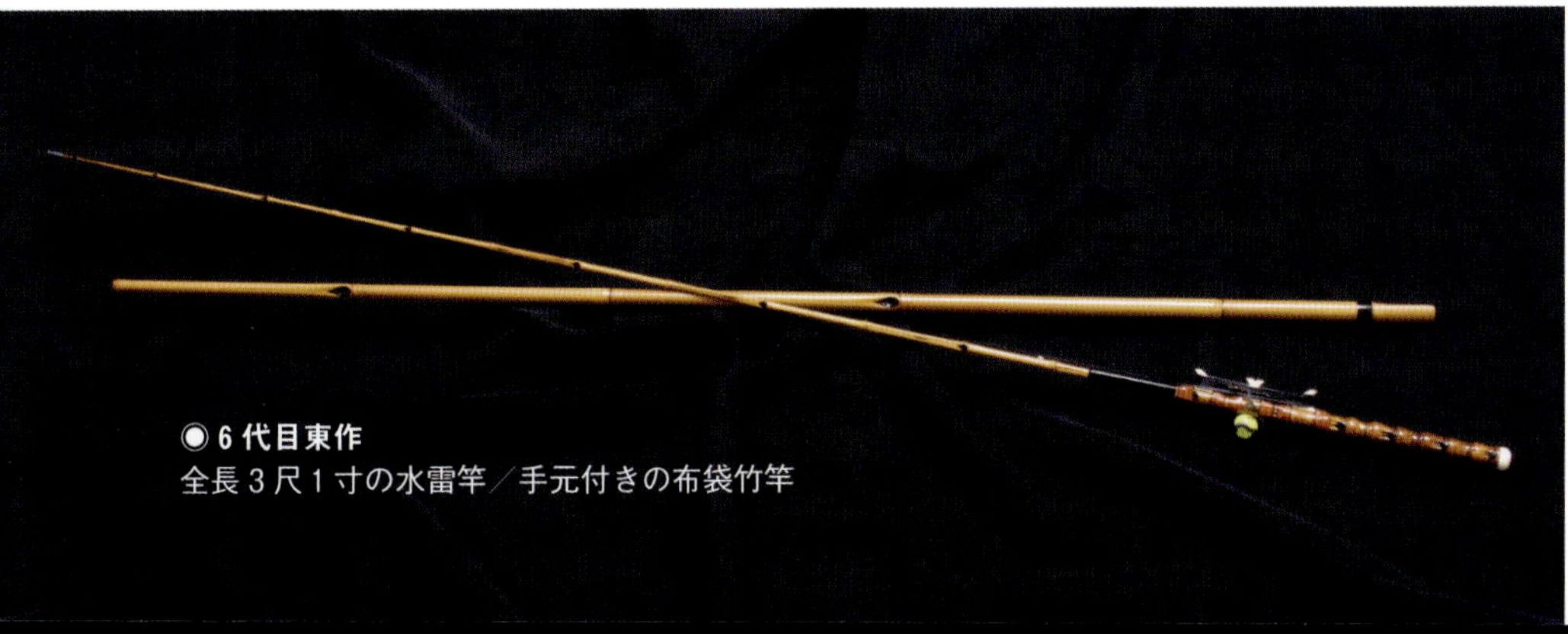

◉6代目東作
全長3尺1寸の水雷竿／手元付きの布袋竹竿

りになるとオモリ4～5号といった塩梅。

優勝を目標とする競釣志向が強いベテラン勢の大半は、釣り座の優劣や潮向きなどを考慮し、全長とオモリ負荷別に中通しハゼ竿をそろえるほどの熱の入れよう。かくして際限なく手持ちの竿が増えていくことになる。

尻栓の小さな肘当ては象牙製

紫がかった下地に金色が混ざり合う山立ての研ぎ出し

◉ 6 代目東作

尺 3 寸元 3 本継ぎの水雷竿／外通しガイド印籠継ぎの布袋竹竿

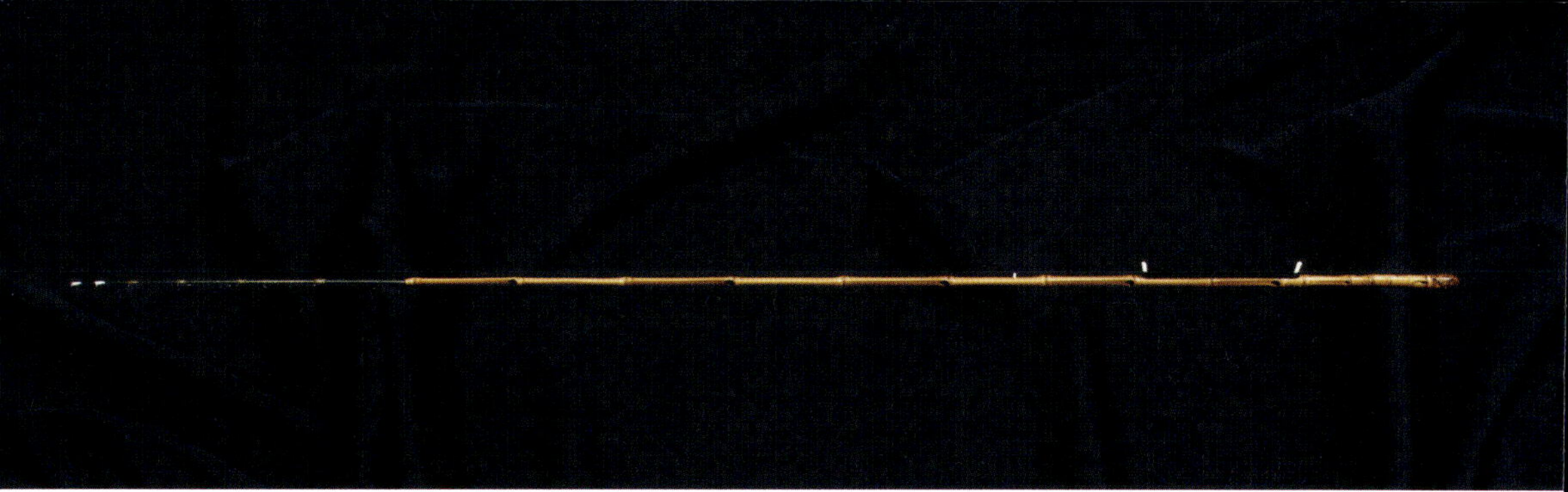

◉竿中

全長３尺の水雷竿／グラス穂先付きの１本もの布袋竹竿

①グラス穂先のアタリ感度を生かすため、ユニークなイト通しスタイルを採用。まずは通常と同じくイト巻きからつまみ、鳩目穴を通じて中通しとなる

②グラス穂先の手前に開けた鳩目穴からふたたびミチイトが出てきて……

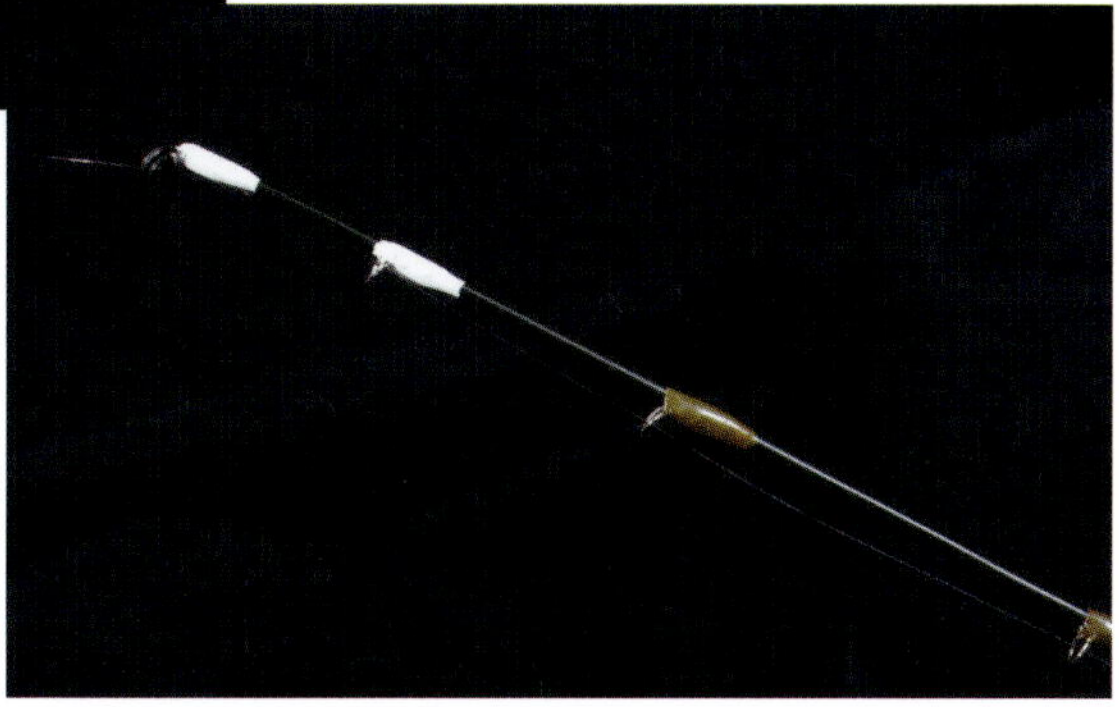

③グラス穂先に並ぶ下向きの外通しガイドを通って穂先へと抜ける。下向きガイドにしたことで、ミチイトのイト絡みを防ぐことができる

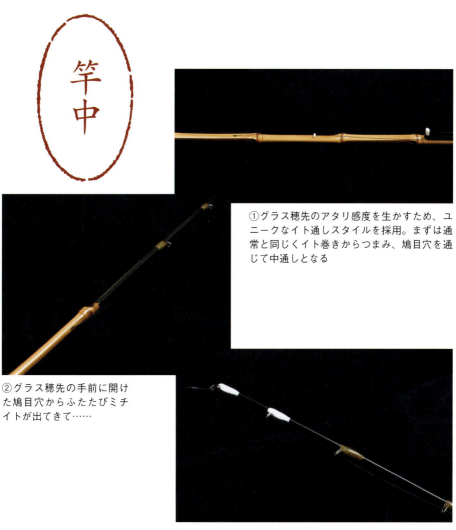

中通し水雷竿（上）の口塗りは竿治の十八番・団十郎塗り。外通し水雷竿（下）にはこれも得意な四分一塗りが施されている

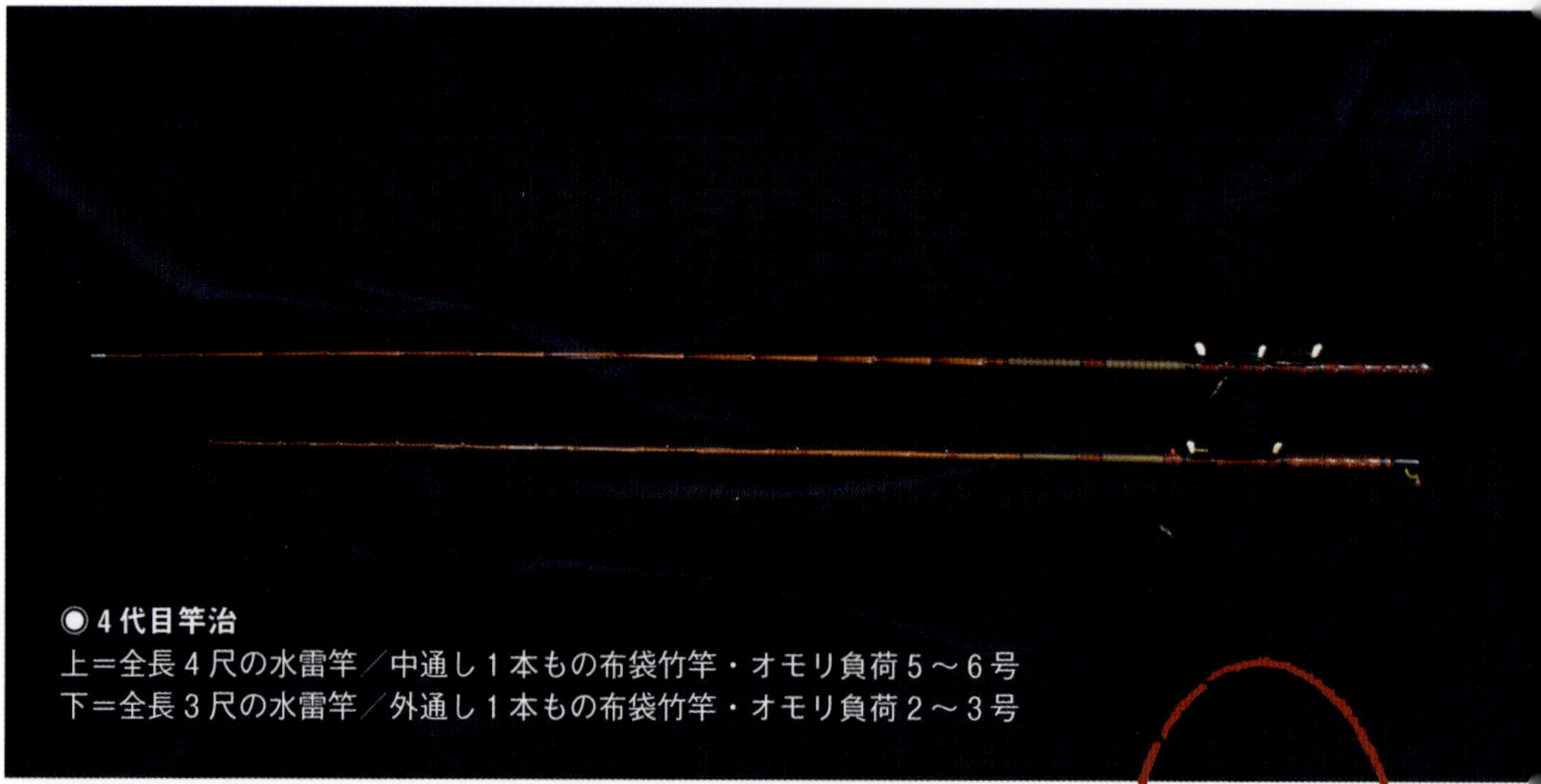

◉４代目竿治
上＝全長４尺の水雷竿／中通し１本もの布袋竹竿・オモリ負荷５～６号
下＝全長３尺の水雷竿／外通し１本もの布袋竹竿・オモリ負荷２～３号

竿治

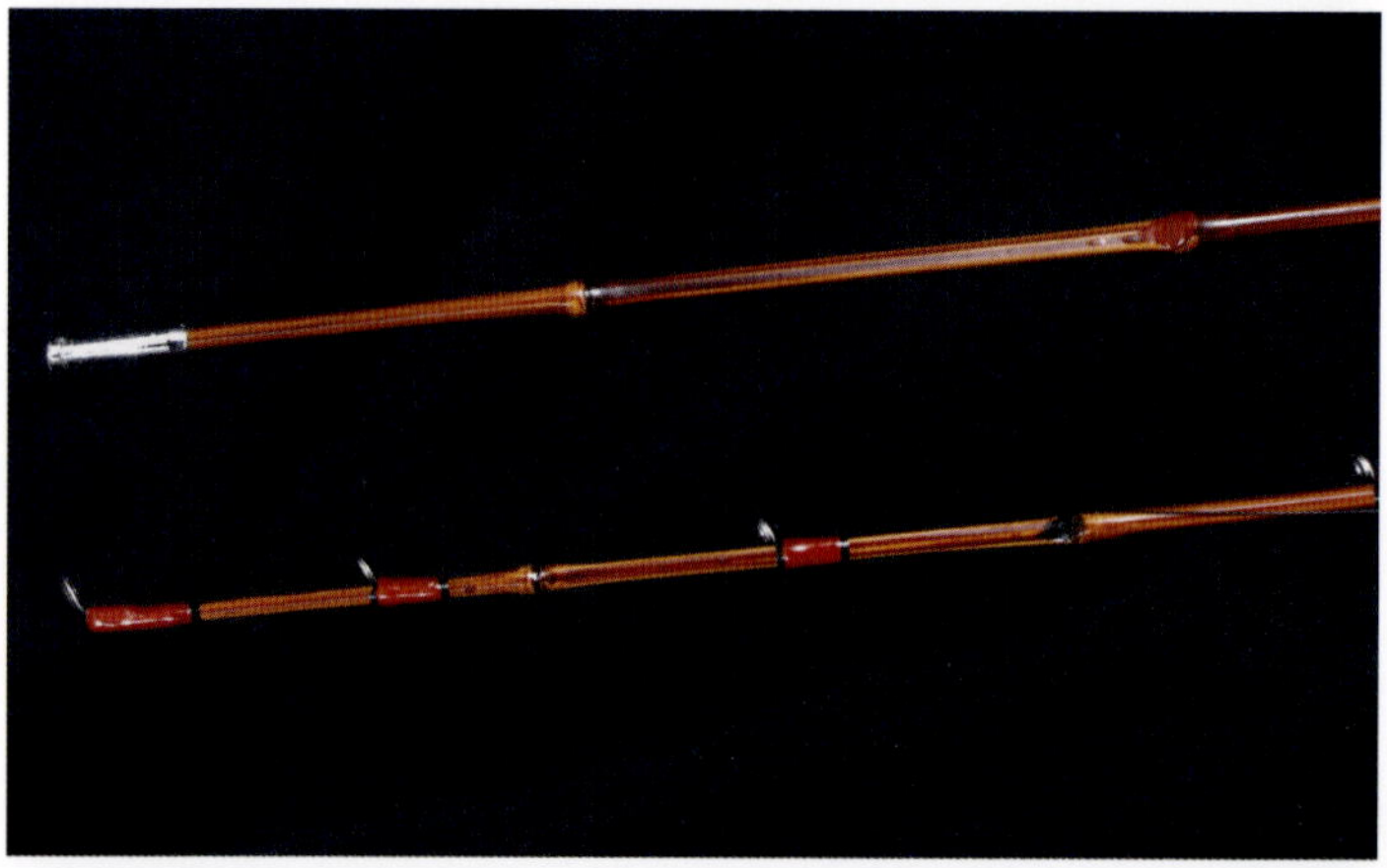

竿治流の節影塗りは切れ味がよいグラデーション。一方の外通し水雷竿にはクロダイのヘチ竿に使われるマイクロガイドを採用

竿忠

［変わり竿］

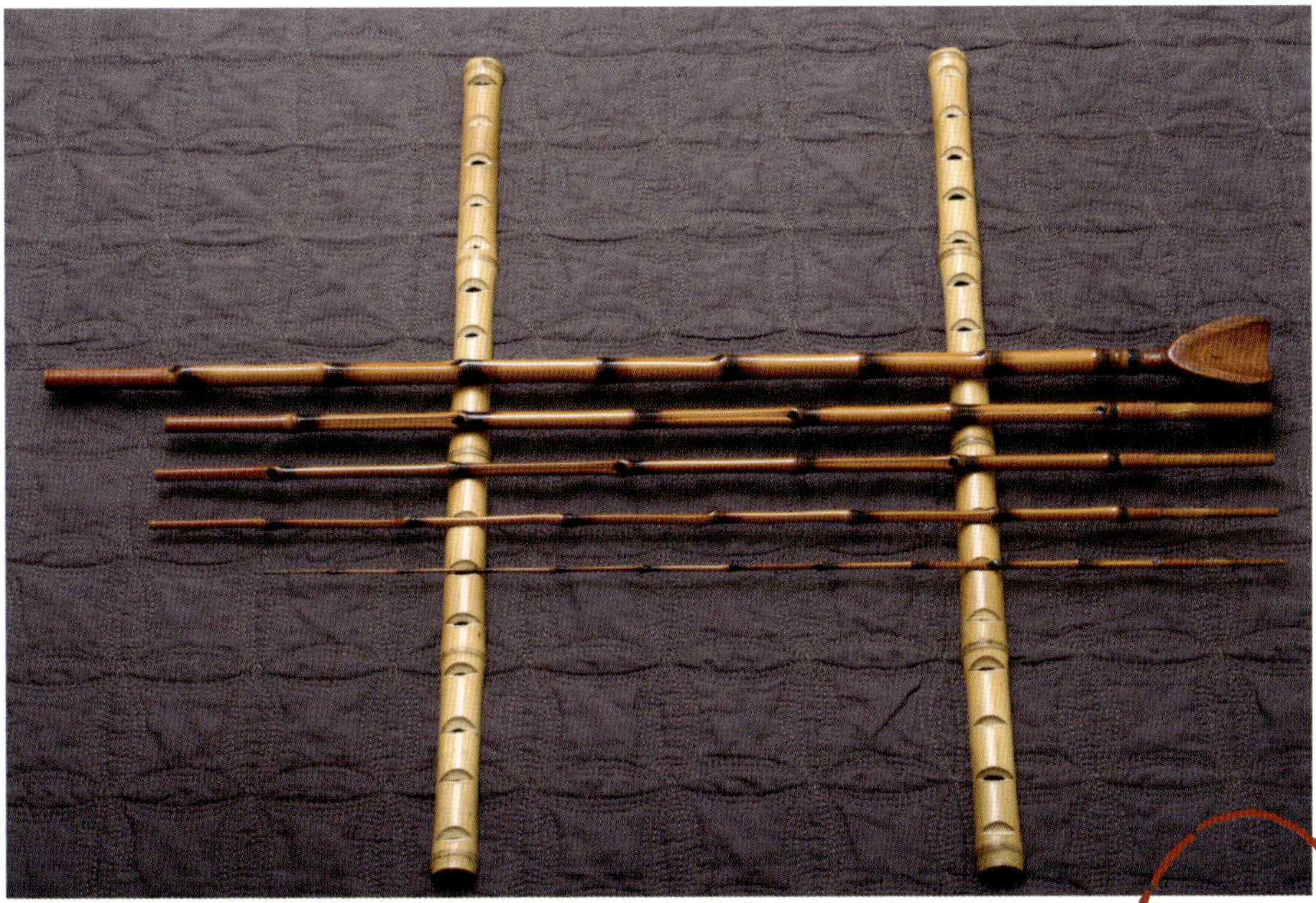

◉初代竿忠
尺8寸元5本継ぎ／中通し印籠継ぎの総布袋竹竿

筋引き塗りと節影塗りの絶妙な組み合わせ

初代竿忠はイト巻きを竿尻の肘当ての裏に隠し、遠目にはマブナなどの小継ぎ竿で釣っている姿を装う粋な細工を施した

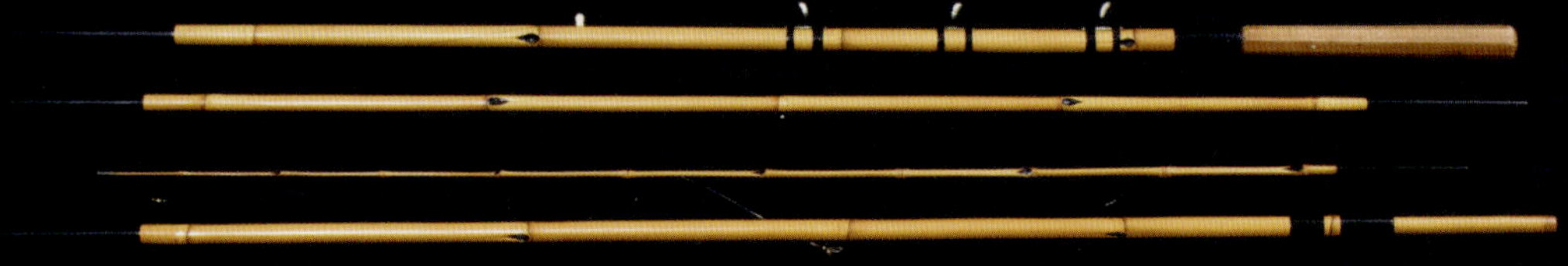

◉竿銘なし(小久保作)
3尺4寸元3本継ぎ／中通し並継ぎの矢竹竿。
東京中日スポーツ紙釣り欄の主幹だった故・高崎武雄さんの形見竿で、
竿師は懇意にしていた八王子の小久保作と聞いている

小久保作

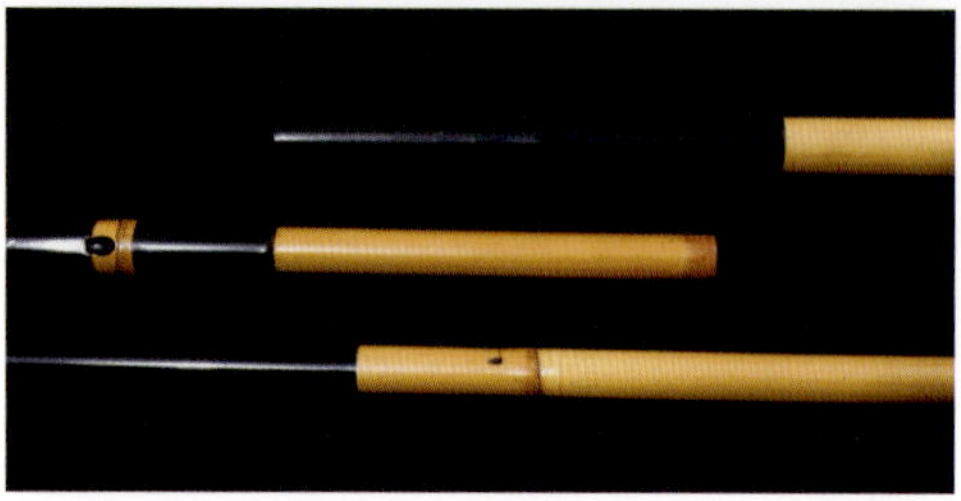

全長を伸ばす継ぎ竿は追い継ぎではなく、3尺4寸元の中継ぎが付属している点が珍しい。この中継ぎはイト巻きが手元近くから離れない工夫として、中通しにせず印籠継ぎで直接手元竿に継ぎ、もう1つは手元に重心がきて持ち重りしないように、木製の握りが付けられている。高崎さんが考案した実験竿か

竿しば

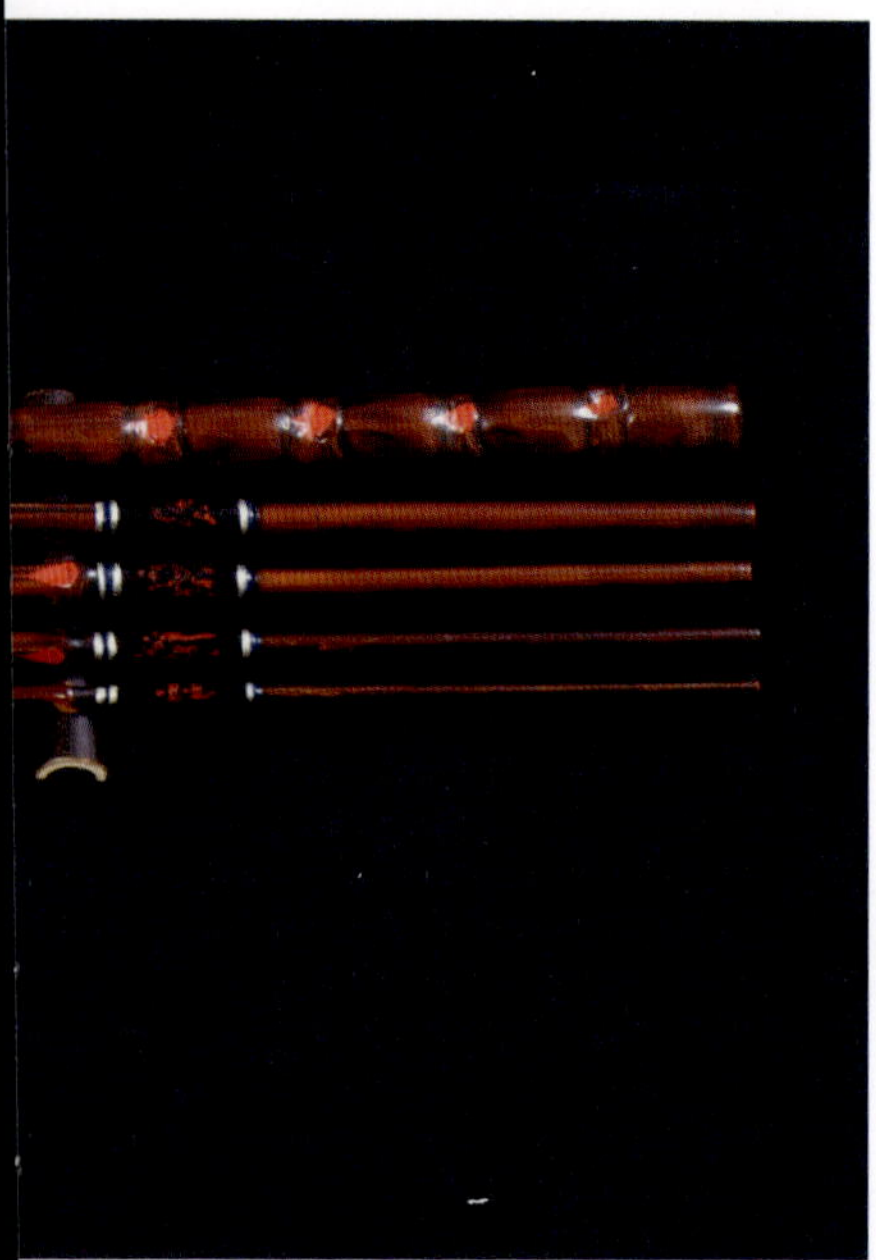

赤の虫食い模様を中心に集めた竿しば塗りと節影塗りのコンビネーション

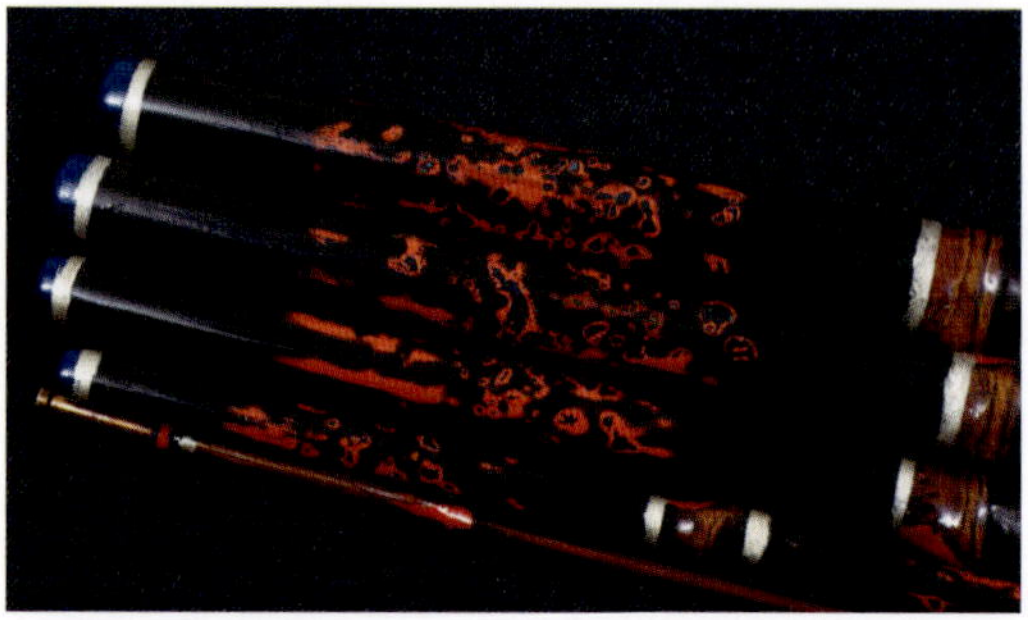

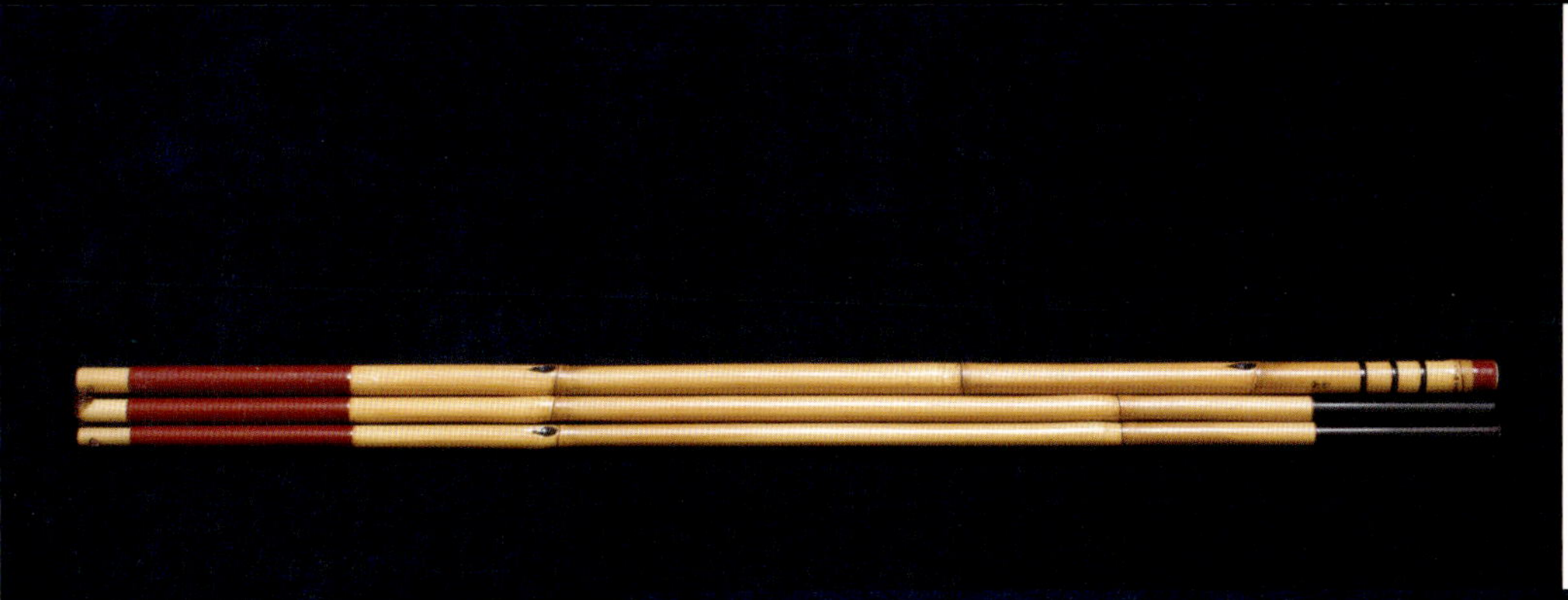

◉**竿中**
2尺元6本継ぎの小継ぎ／3本仕舞い　並継ぎの矢竹竿

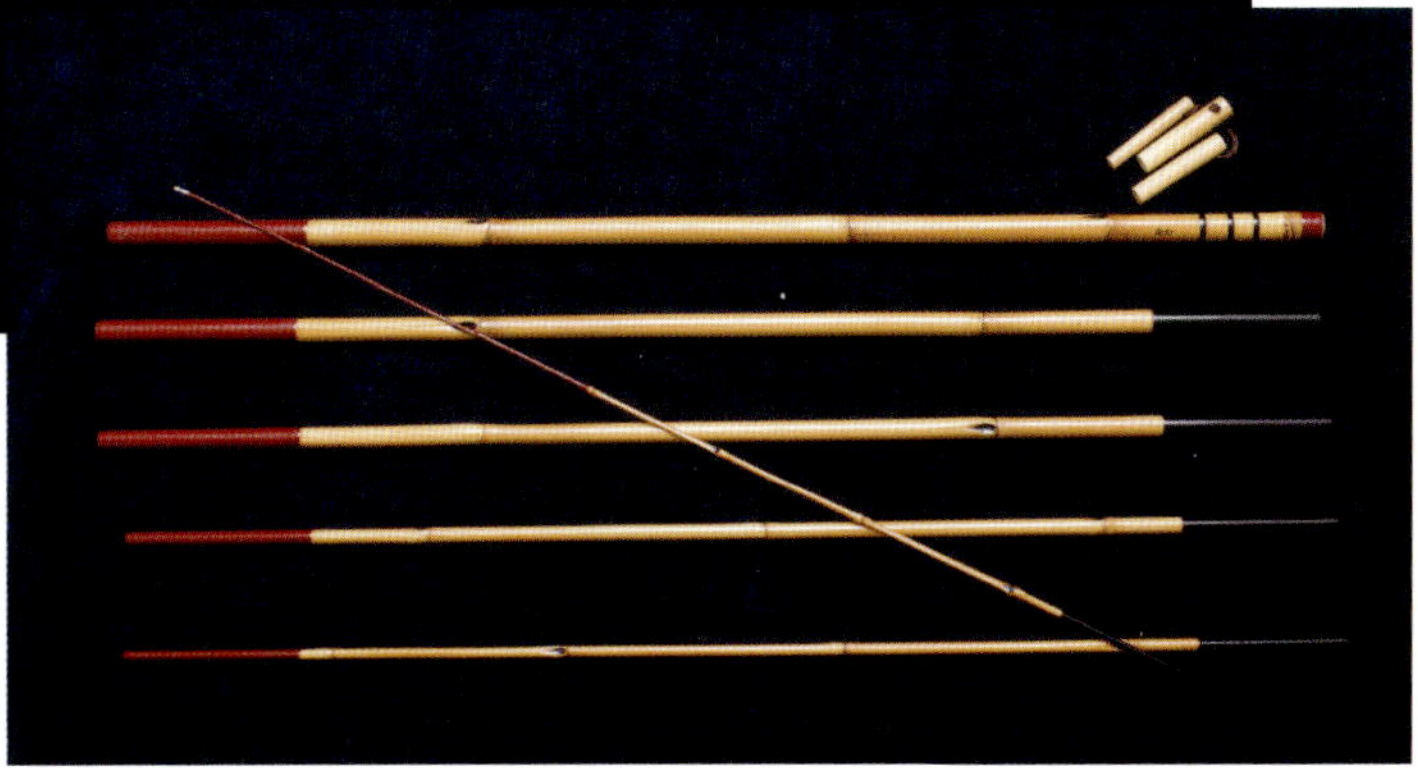

竿中

マブナ釣り仕様の削り穂だとオモリ負けして小突きにくいため、ハゼ中通し竿と同じく布袋竹の穂先を採用したハゼの陸っぱり専用竿

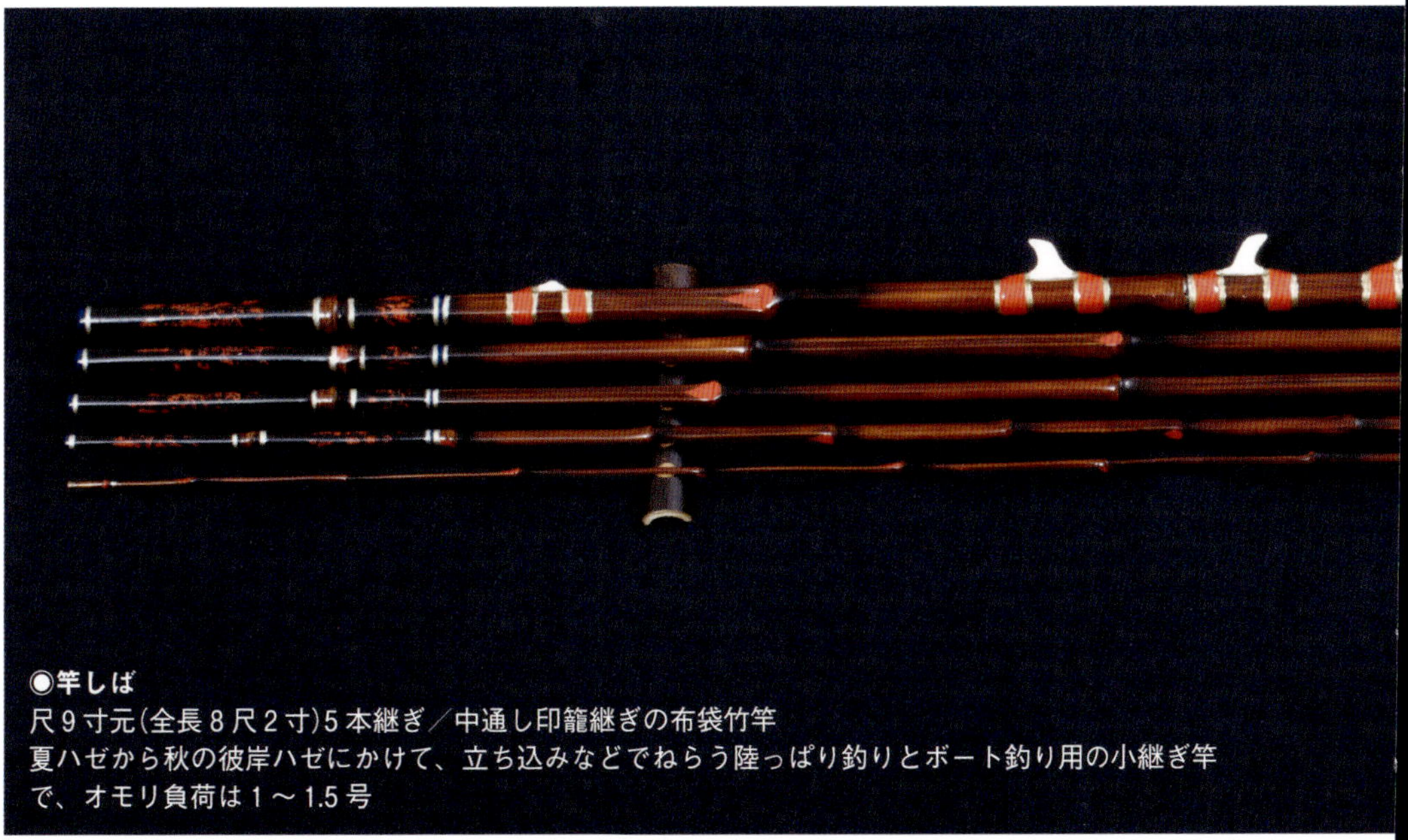

◉**竿しば**
尺9寸元(全長8尺2寸)5本継ぎ／中通し印籠継ぎの布袋竹竿
夏ハゼから秋の彼岸ハゼにかけて、立ち込みなどでねらう陸っぱり釣りとボート釣り用の小継ぎ竿で、オモリ負荷は1～1.5号

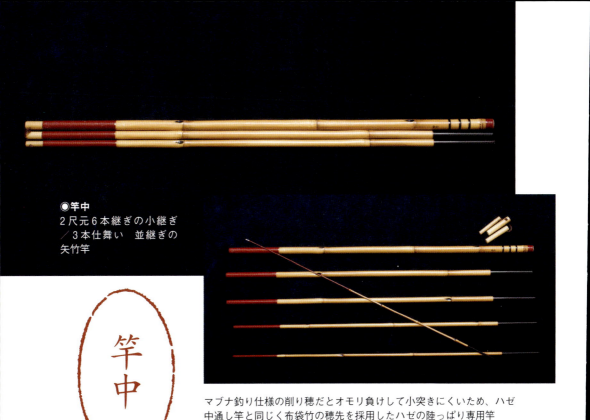

皮《かわ》剥《はぎ》竿

カーボン竿の時代に今なお根強い和竿ファンがいるカワハギ釣り。近代の横浜竿を代表するカワハギ竿には、武骨な美しさがある。好感度のセミクジラ穂先と強靭な竹材の組み合わせに、さすがのエサ取り名人カワハギもたちどころに御用。

丸節の弱点を補うクジラ穂先

邦昌作

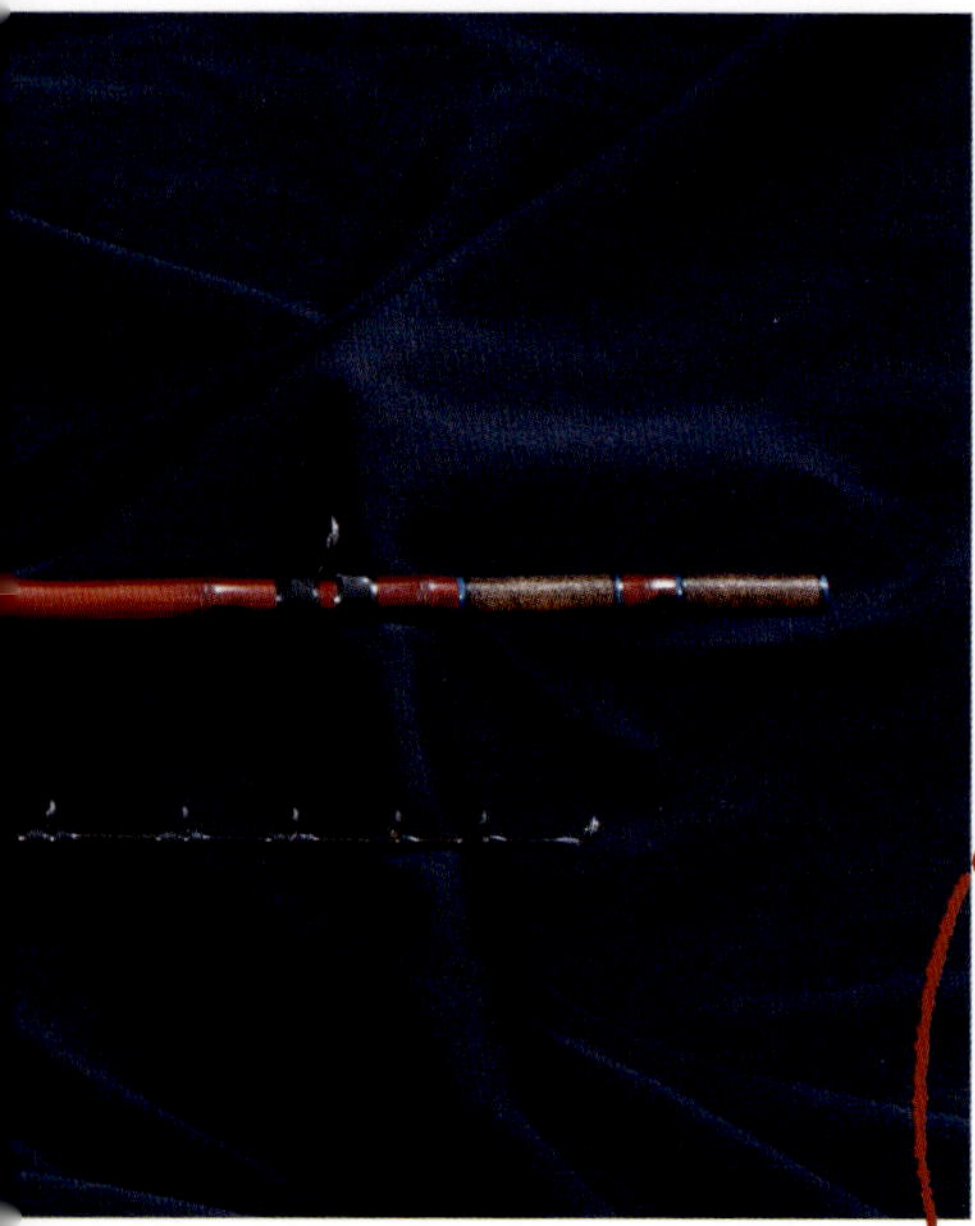

◉邦昌作
2尺6寸元2本継ぎ(全長5尺)のカワハギ竿／セミクジラ穂先の布袋竹竿

古くから東京湾を中心に、関東エリアでは相模湾から伊豆半島、近年はさらに西日本方面でも熱を帯びてきたカワハギ釣り前線。そのせいか、カワハギ釣りには郷土色豊かな地元テクニックは特に見当たらず、東京湾から発信され続ける釣法がベースになっていることがユニークな点といえよう。

　東京湾で長年愛されてきたカワハギ竿は、明治初期、神奈川県横浜地先で使われていた漁師竿の〝横浜竿〟が元祖。趣味の釣り竿として発展したカワハギ竿の誕生は、より後年のことになる。

　横浜竿は、古くから横浜界隈に多く自生していた丸節という名の竹材で作られた。ところが総竹の丸節竿は先端部が破損しやすい。そこで穂先素材として目をつけたのが、当時誰もが持ち歩いていたちょうちんの柄に使われたクジラのヒゲだった。

　クジラのヒゲは板状の繊維で構成されている上アゴ内部の器官だそうで、弾力性に富む長所から、「クジラ穂先」として組み合わせる竿作りが

金の山立て研ぎ出し塗り。変わり塗りの模様は和竿職人の個性が生きる

カワハギ竿は印籠継ぎが多く、肘当ての形状や素材も独創的だ

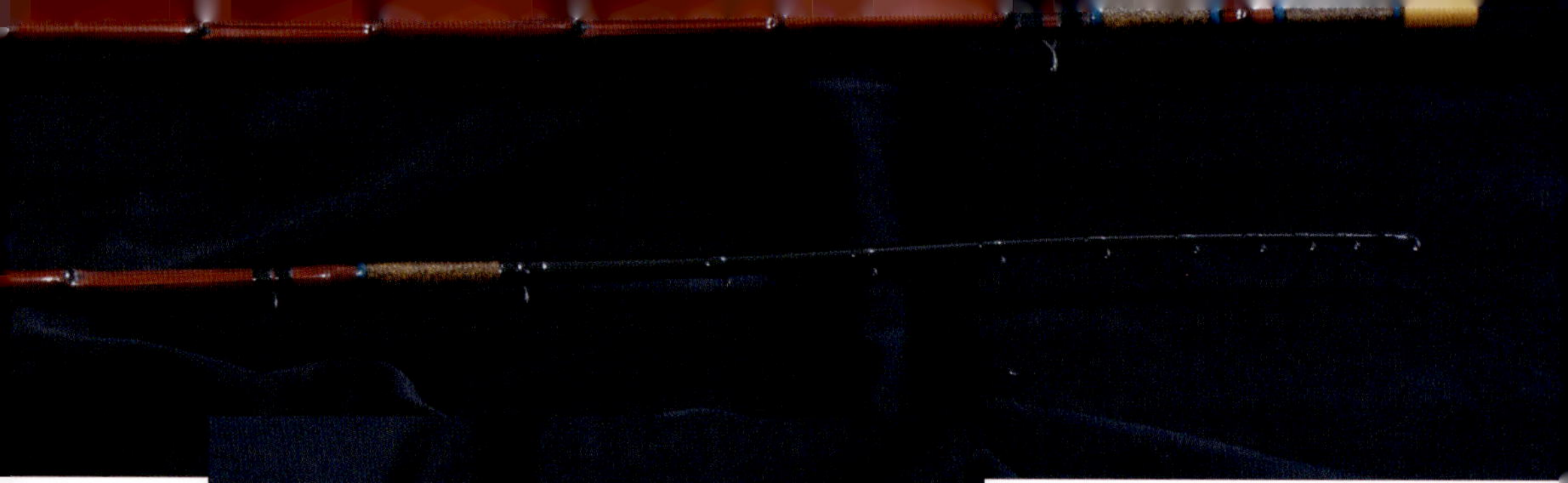

両軸受けリール以前には、下向きにセットする片軸受けリール全盛時代もあった

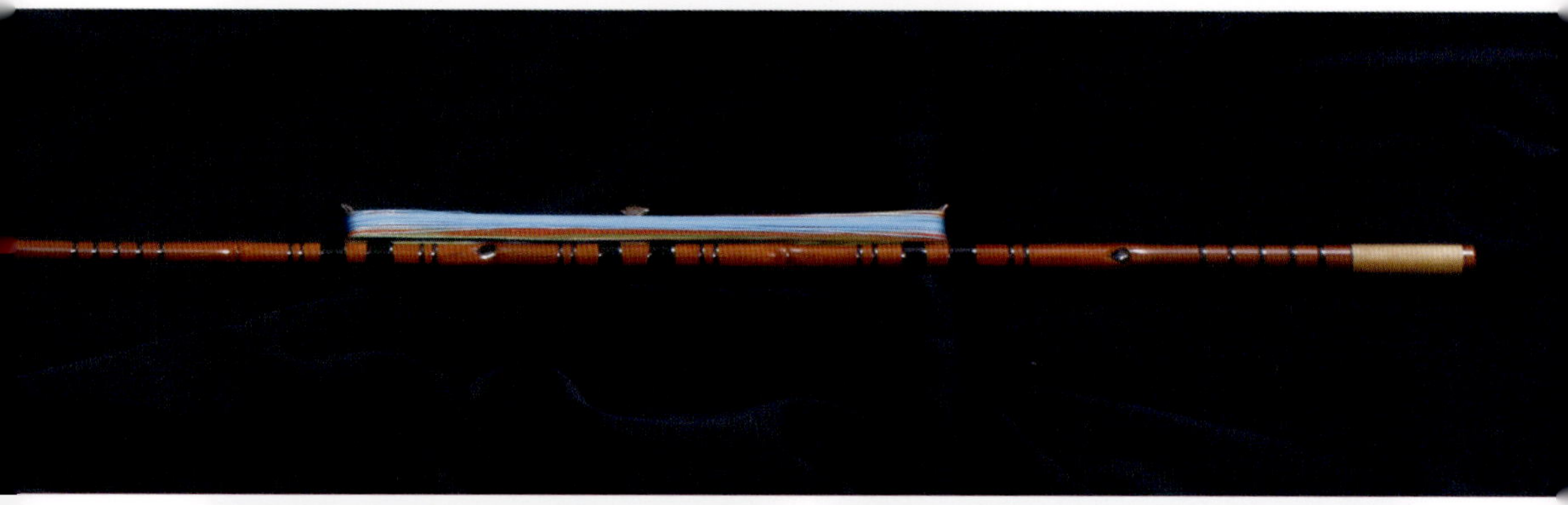

穂先から手元まで筋巻きを配した美しいデザイン

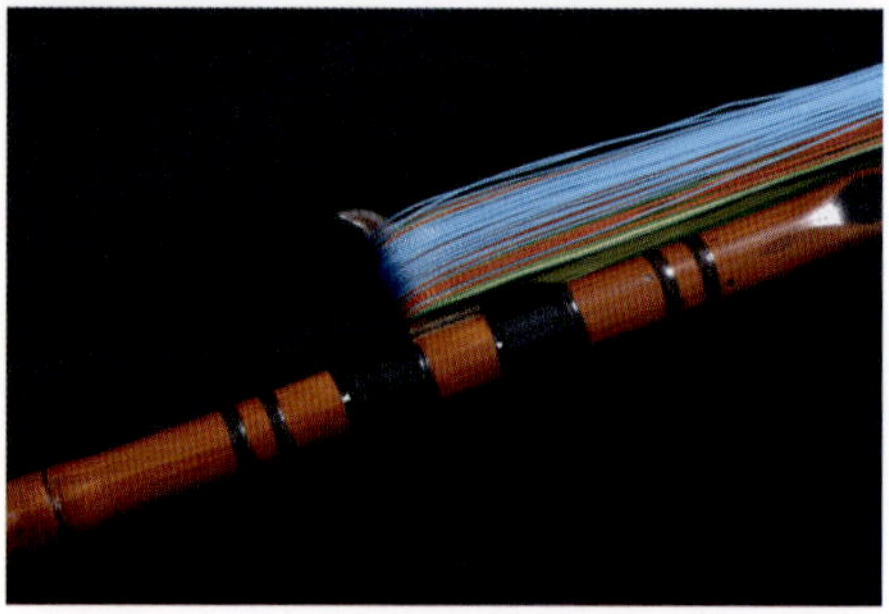

イト巻き幅は30cm。手繰りやすくさばきやすいダクロン系のミチイトが巻いてある

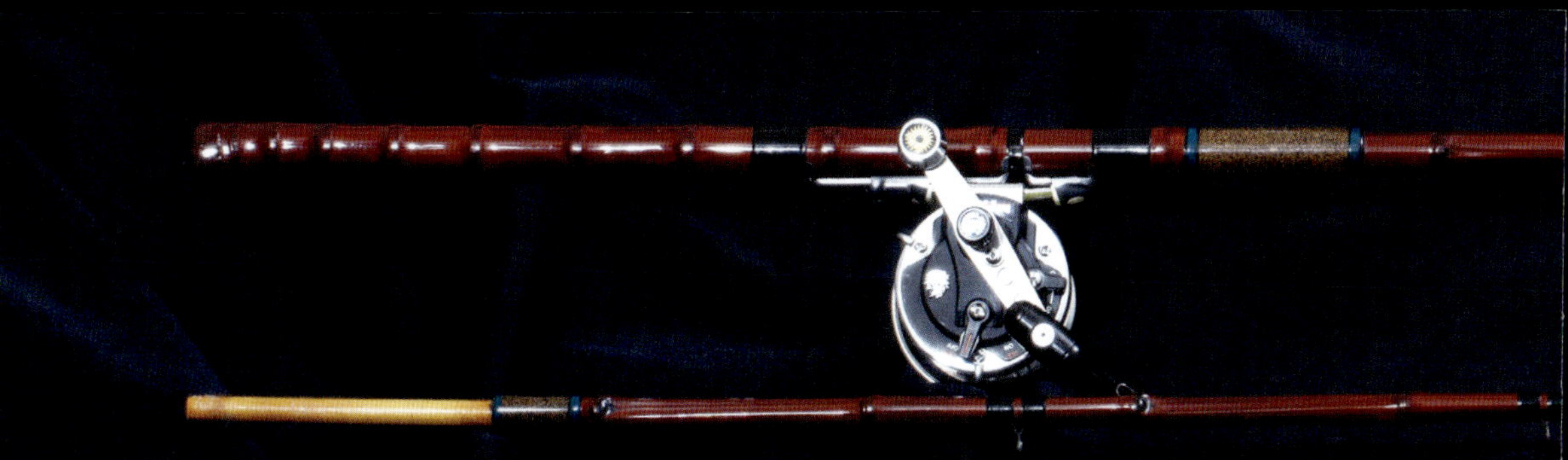

◉**邦昌作**
3尺7寸元2本継ぎ(全長7尺)のカワハギ竿/セミクジラ穂先の下向きリール式布袋竹竿
邦昌作のトレードマークでもあった、鎌首のように湾曲したセミクジラの穂先をご覧あれ!

横浜竿の1つの原型になっている。

和竿作りに使われるクジラ穂先は、セミクジラとイワシクジラの2種類。しなやかな反発力でアタリ感度がよいセミクジラのほうが圧倒的に人気が高い。ただし、釣り人にとっては購入価格も数段上がる点が大きな悩みかもしれない。

現代におけるカワハギ竿は携帯性がよい2本継ぎが大半。竹材には丸節とともに布袋竹もよく使われ、グラス穂先の竿も増えた。

また、カワハギ竿の全長はひと昔前まで7尺(約2・1m)前後が主流だったが、近年は両軸受けリールの小型軽量化に伴い、バランスを考慮してか全長5〜6尺(約1・5〜1・8m)の短竿が好まれる傾向が強い。

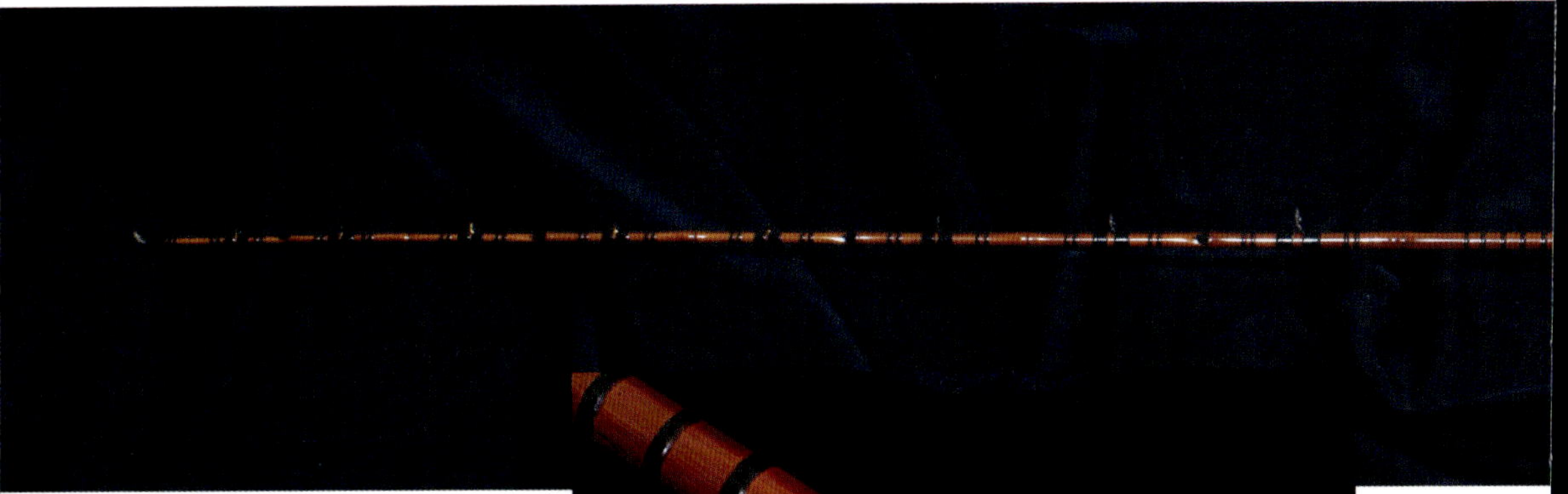

◉**邦昌作**
5尺1本物のカワハギ手ばね竿/総丸節竿

竿尻には滑り止めの乾漆塗りがワンポイント!

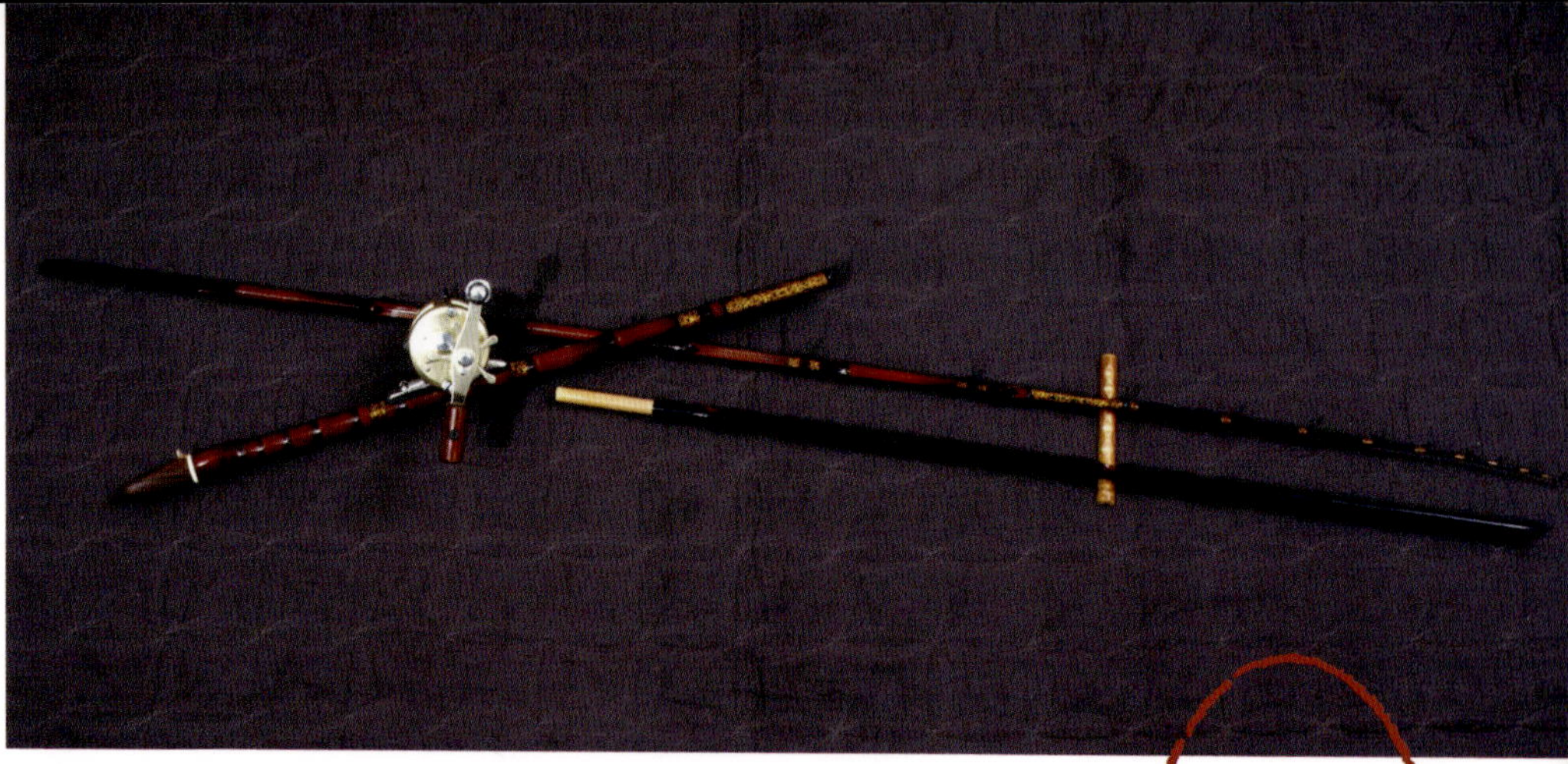

◉邦一
4尺元＋握り手元1尺9寸のカワハギ竿／セミクジラ穂先の布袋竹竿

邦一

金箔研ぎ出しと胴中の節影塗りの組み合わせは豪華絢爛！

邦一の焼き印は釣りもの別などによって枠付き、枠なしが使い分けられる

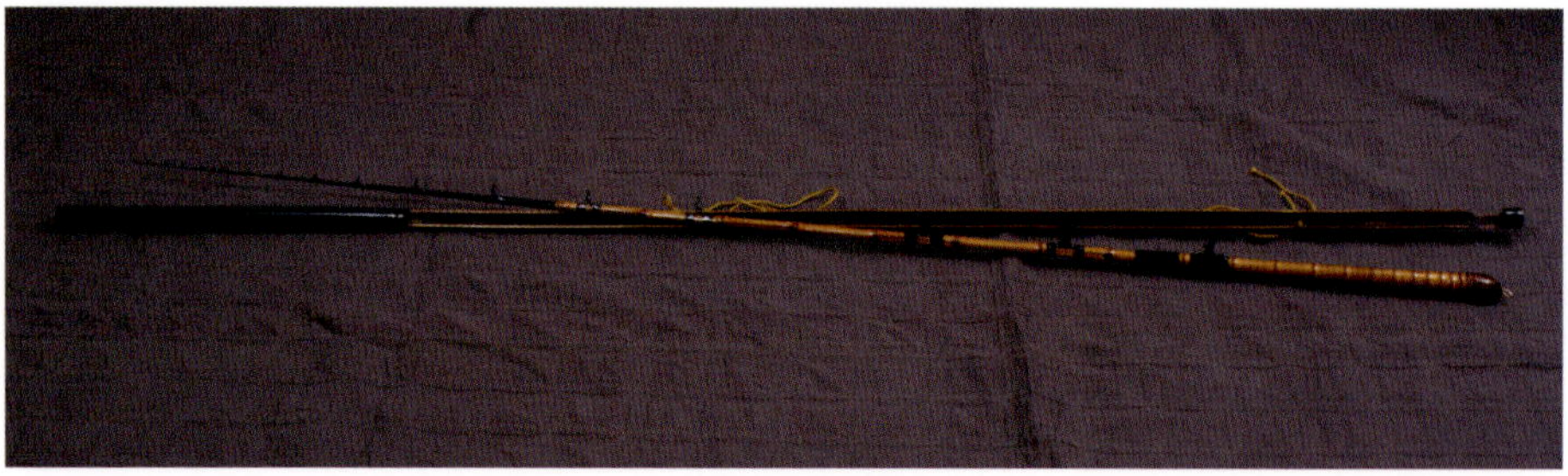

◉邦一
4尺9寸1本物の手ばねカワハギ竿／グラス穂先の布袋竹竿

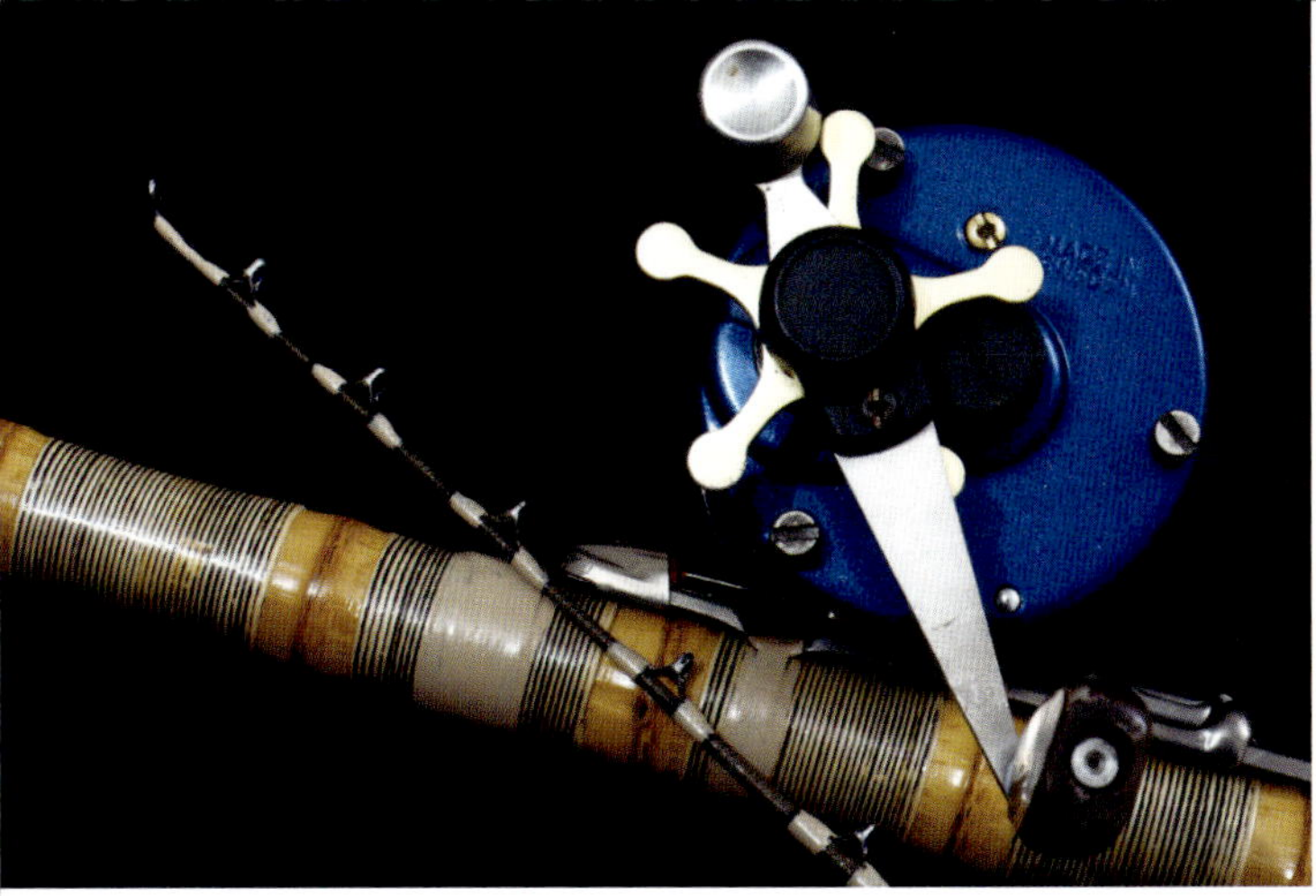

節高が低い小節の丸節を選び、総籐巻きで仕上げてある

肘当ては唐木として知られる紫の鉄刀木(たがやさん)。その名のとおり素材は硬く、木目も美しい

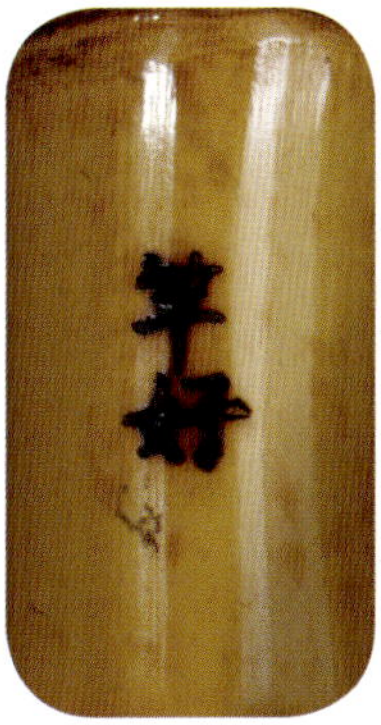

枠なしタイプの焼き印

竿好

◉竿好

2尺8寸元2本継ぎのカワハギ竿／グラス穂先・淡竹手元の丸節竿・クリスタルガイド

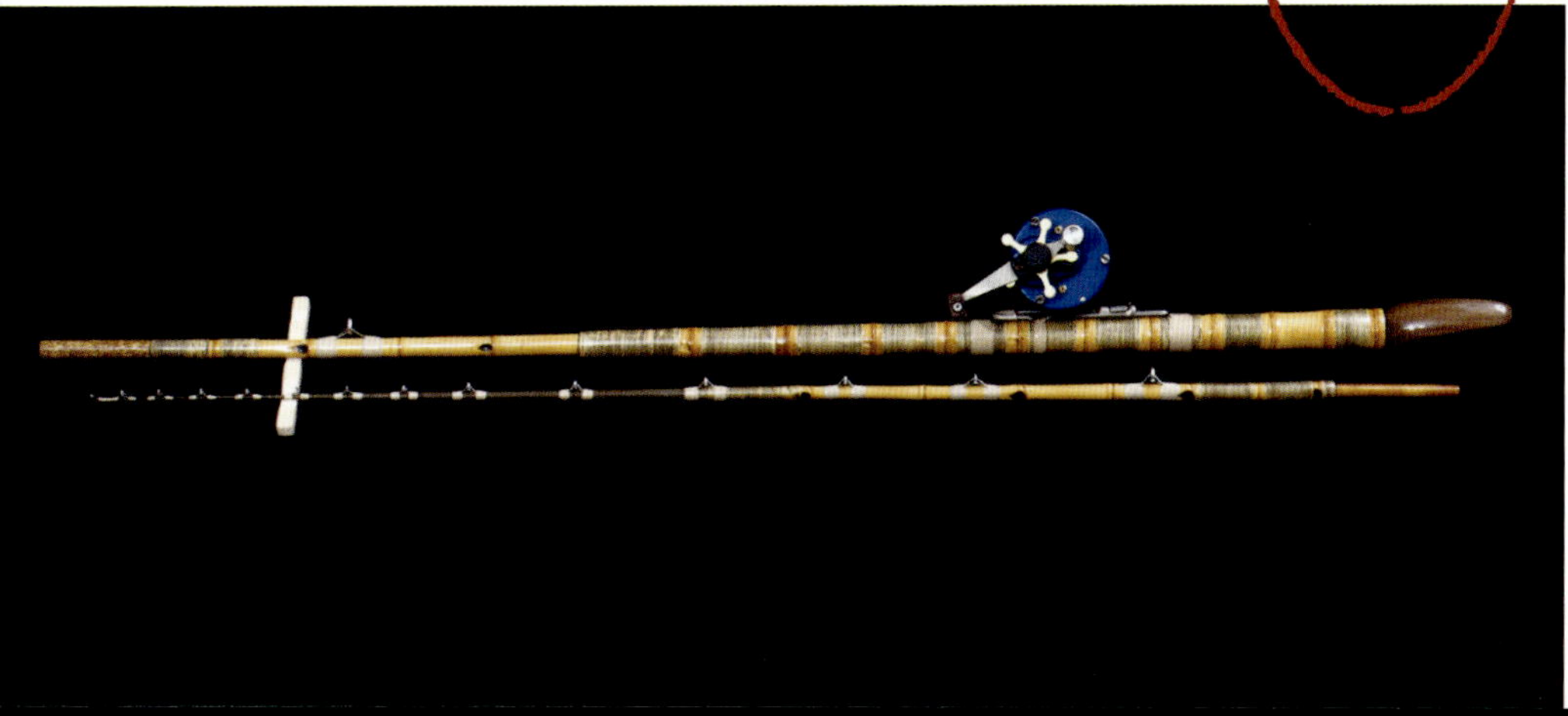

白《しろ》鱚《ぎす》竿

ハゼ竿と同じく江戸和竿の伝統を色濃く受け継ぐ中通しシロギス竿。浅場に乗っ込んできたキスを効率よく釣りあげる目的で、超長竿を駆使した跳ね込み釣りで釣果を伸ばした逸話も残る。近年は横浜竿の流れをくむ外ガイド式リール竿が主流になっている。

現在の主流は外ガイド竿

邦一

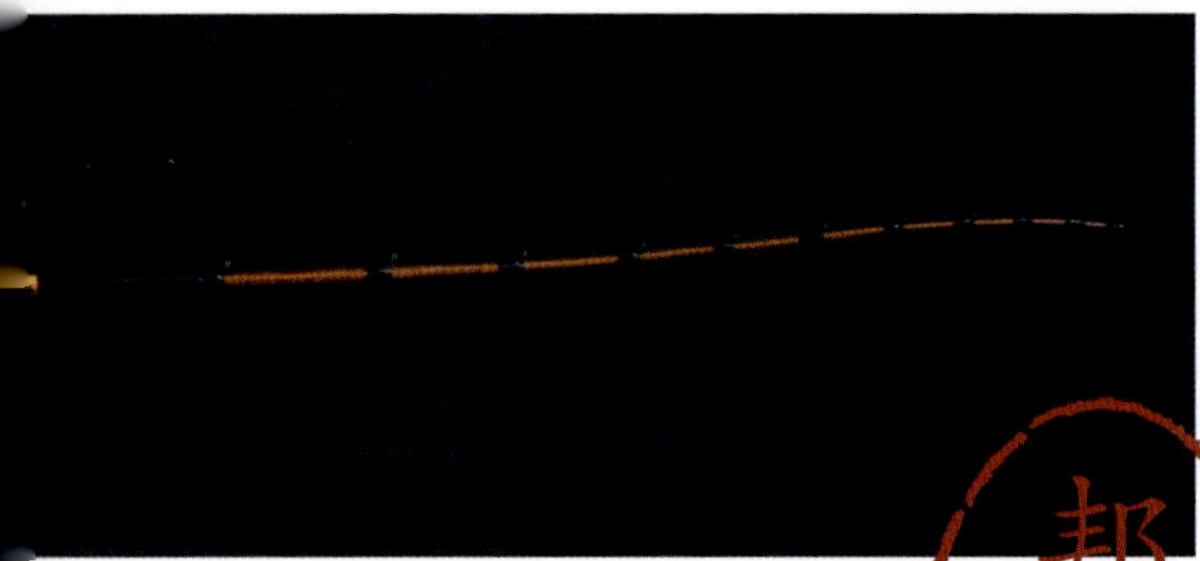

邦昌作

［外ガイド竿］

船の小もの釣りを代表するターゲットといえば、一番手はシロギスだ。シロギス釣りが盛んな東京湾や相模湾では、船長が操船してくれる乗合船や仕立船とともに、手前船頭のボート釣りも人気がある。

現在のシロギス竿はほぼ100％近く、小型スピニングリールとコンビを組む外ガイド式のリール竿。カワハギ竿とともに横浜竿の流れをくむ船釣り用遊漁竿と考えてよいだろう。このため以前はセミクジラ穂先が多用されてい

◉邦一
4尺1寸元＋握り手元尺1寸のリール竿／グラス穂先の布袋竹竿

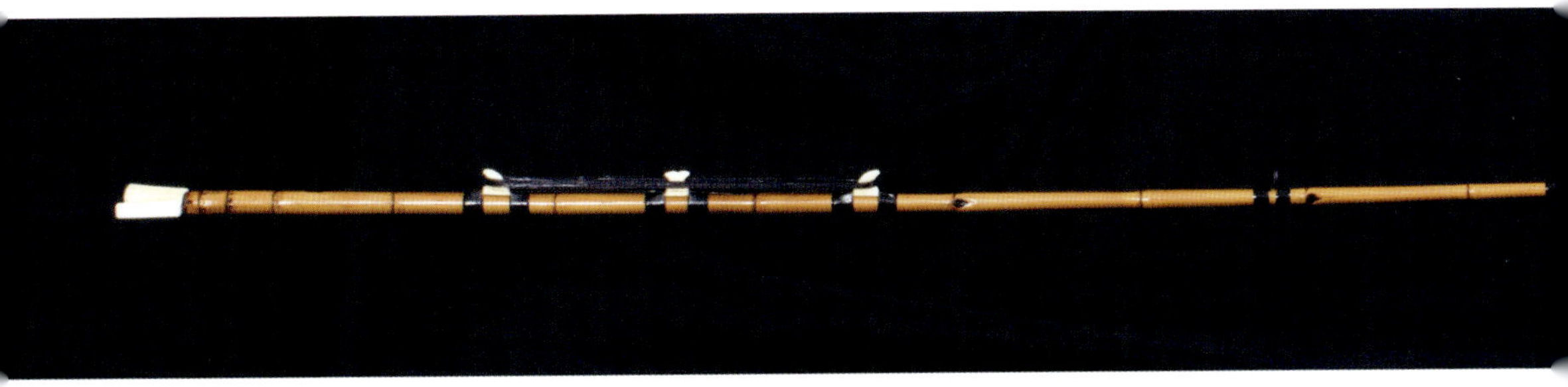

◉邦昌作
3尺7寸1本物のイト巻き付き手ばね竿／セミクジラ穂先の丸節竿
シャクリ竿のフォルムに似た手繰り竿。セミクジラ穂先独特の鎌首の形が出ており、竿尻には象牙製の肘当てが付いている

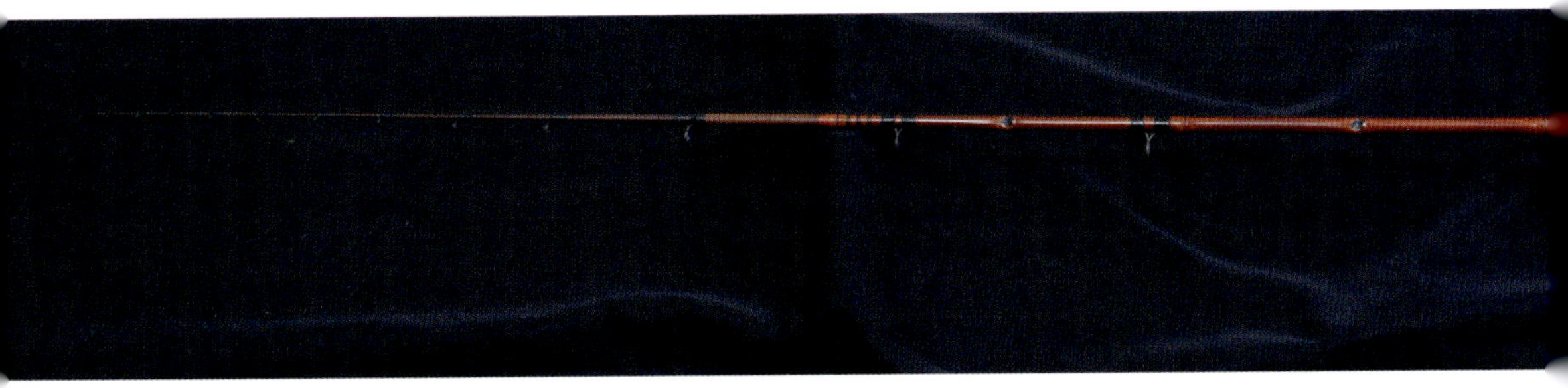

◉邦昌作
4尺5寸1本物のリール竿／グラス穂先の丸節竿

邦一のグラス穂先の布袋竹竿は白の乾漆塗りと節影塗りの組み合わせ

たが、近年は竹材の丸節または布袋竹はそのままで、グラス穂先のリール竿が主流になっている。

外ガイド式シロギス竿の基本スタイルは、全長5～6尺（約1・5～1・8ｍ）の先調子2本継ぎで、オモリ負荷は10～15号が浅場用、20号が深場用を目安にするとよい。最近では1本物の竿や、竿本体と握り手元に分かれるワン・アンド・ハーフ竿も多く、繊細な穂先に仕上げた8：2調子の極先調子竿も好まれている。

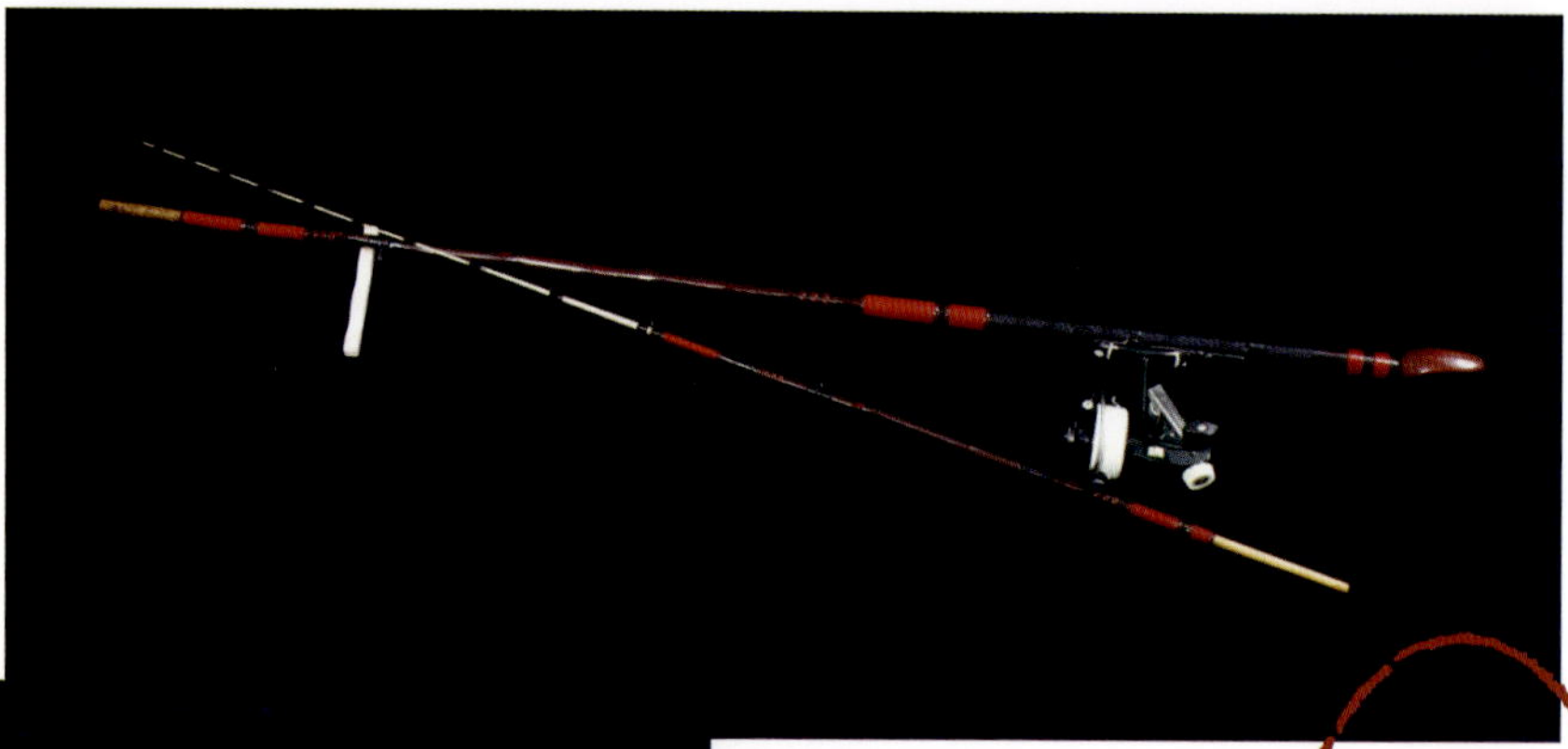

竿好

◉**竿好**
3尺1寸元2本継ぎのリール竿／グラス穂先の布袋竹竿

赤の乾漆塗りと木地蝋（きじろ＝木地呂）漆の総塗り

小舟の練り釣りで活躍した中通し竿

横浜竿系統の外通しガイド式シロギス竿に対して、江戸和竿では、長い伝統からハゼ竿と同じ構造のシロギス中通し竿が誕生した。5月連休明けの初夏から梅雨時7月にかけて、産卵のため浅場に回遊してきたシロギスねらいで、主に小舟の練り釣りで使う。

シロギス中通し竿の見た目は、ハゼのそれに瓜二つ。手元近くにあるイト巻きからミチイトを繰り出し、小さな突起部品のつまみを通って鳩目穴から竹材内部に入り、最後は穂先先端部に取り付けてある先金からミチイトが出てくる。

相違点はどこなのかというと、一番は穂先の竹材である。ハゼの中通し竿には布袋竹の穂先が用いられるのに対して、シロギスは穂先から手元まで総矢竹で切り組む並継ぎ竿が定法。淡竹の握り手元を継ぎ足す手法は使われるが、布袋竹竿や印籠継ぎ竿はごくまれだ。

シロギス中通し竿の全長は2間（約3・6ｍ）の長竿が中心となり、2間半（約4・5ｍ）や3間（約5・4ｍ）もの超長竿を操る猛者もいた。前述したように浅場ねらいのシロギス釣りだから、無駄にミ

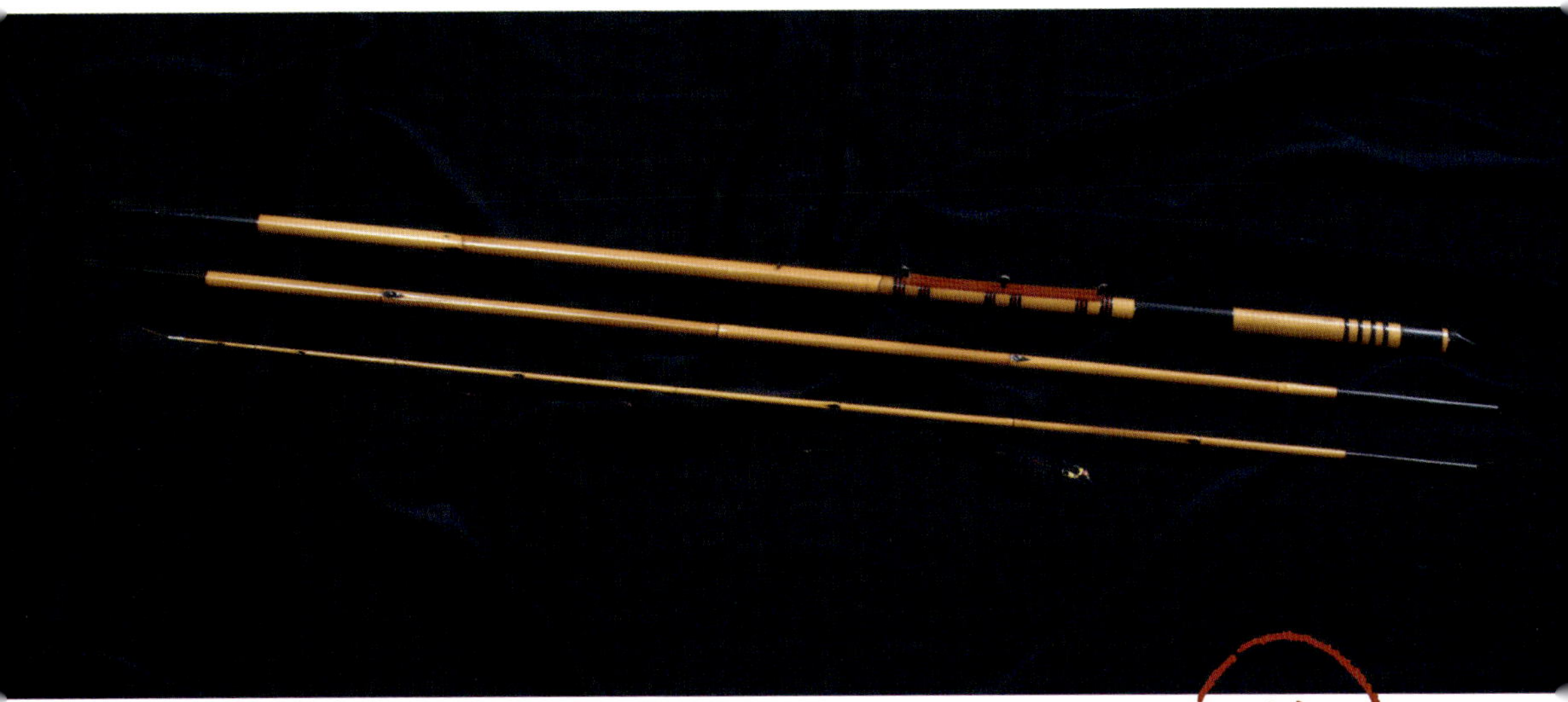

◉竿かづ
4尺元3本継ぎ（全長10尺）の中通し竿／総矢竹竿

竿かづ

［中通し竿］

◉竿かづは複数の竿銘や焼き印を使い分けた

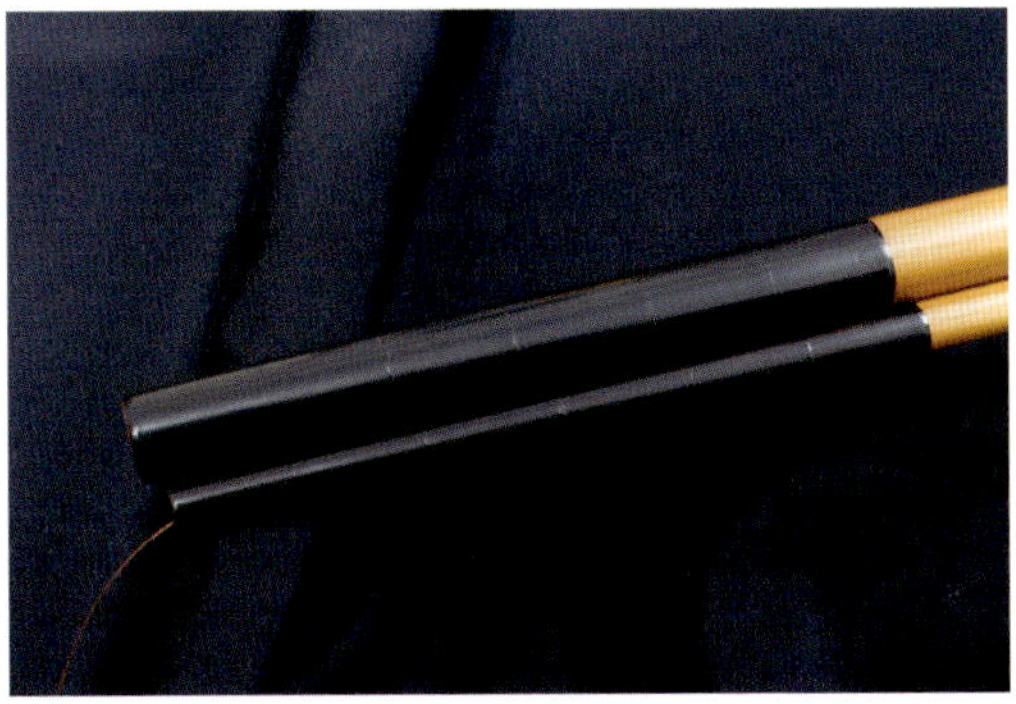

口塗りは蝋色の磨き、筋引き塗り

チイトを手繰らず、一気に跳ね込み釣りで能率アップという魂胆も見え隠れしている。

切り寸法は3尺3寸（約99㎝）元を定寸とし、4本継ぎだと2間竿の計算。体力に不安な釣り人や強風用の予備竿には9尺（約2・7ｍ）から10尺（約3ｍ）の短めもよく、追い継ぎ竿を注文することも多い。

また、潮通しがよいシロギス釣り場は水深が浅いからといって、汽水域中心のハゼ釣りのように軽いオモリでは通用しない。そこでシロギス中通し竿のオモリ負荷は5〜7号と大きくなるのだが、竿全体のバランスは、シロギス特有の強い突っ込みアタリと引き味が伝わると、胴に向かってじわりと円弧を描く軟らかめの先調子に仕上がっている。

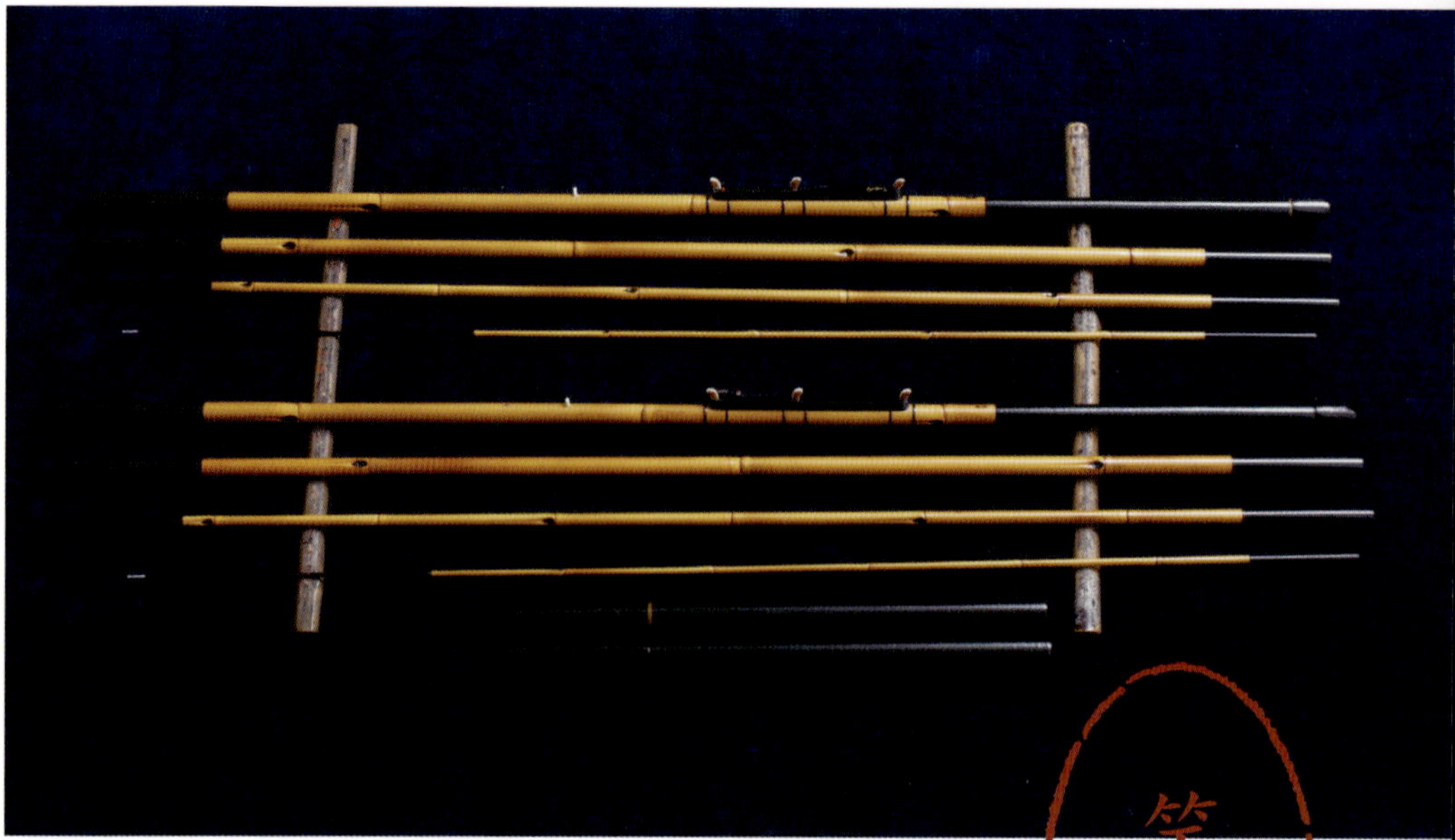

◉竿勝
3尺3寸元4本継ぎ（全長2間）の中通し対竿／総矢竹竿・追い継ぎ1尺5寸

竿勝

竿幸

◉2代目竿幸
3尺3寸元4本継ぎ（全長2間）の中通し竿／総矢竹竿・追い継ぎ2尺5寸元

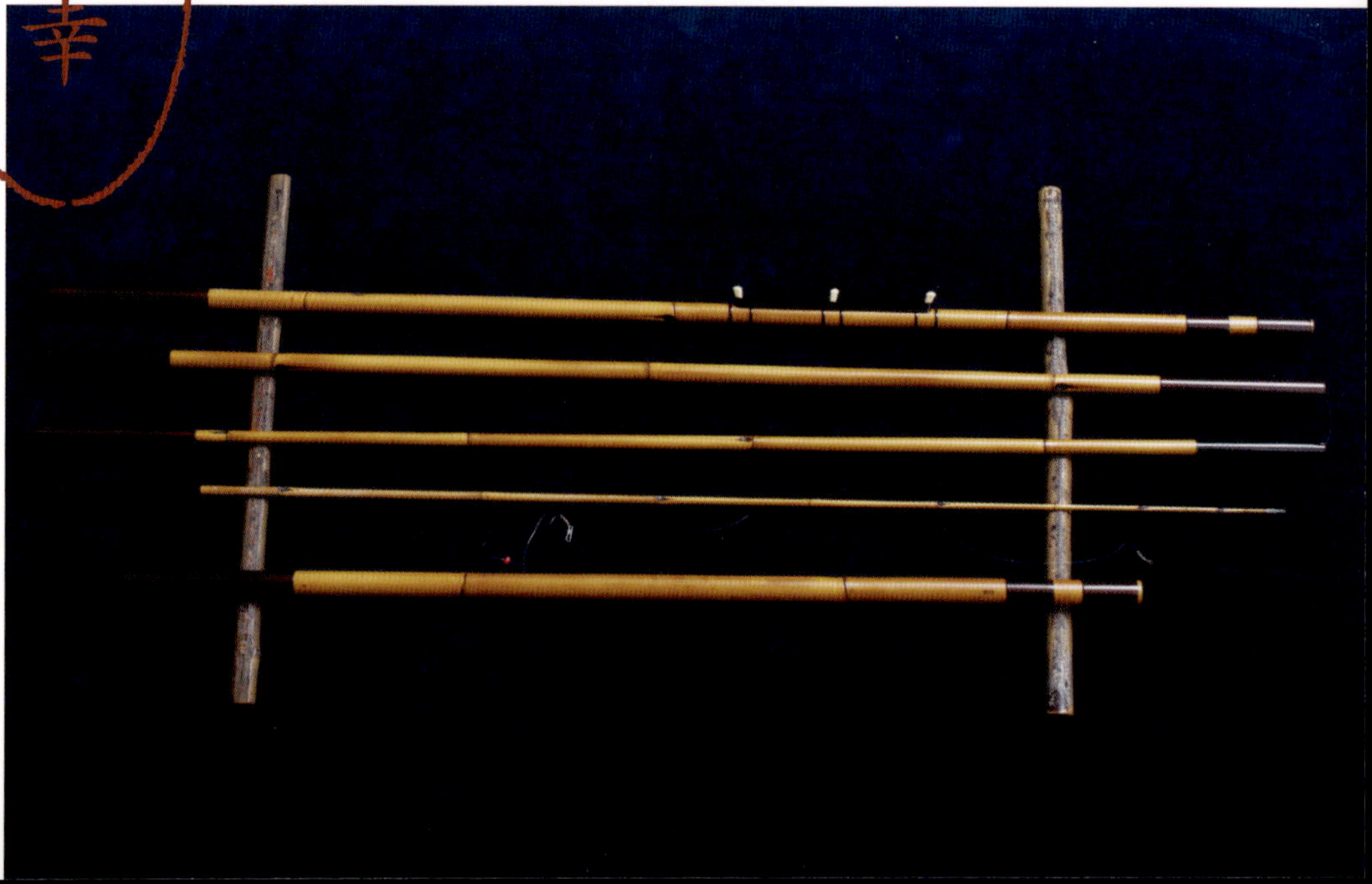

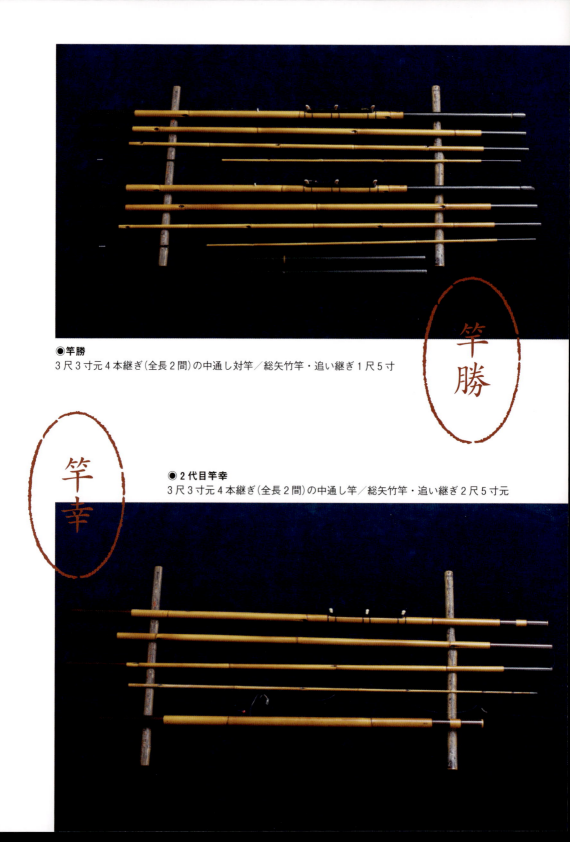

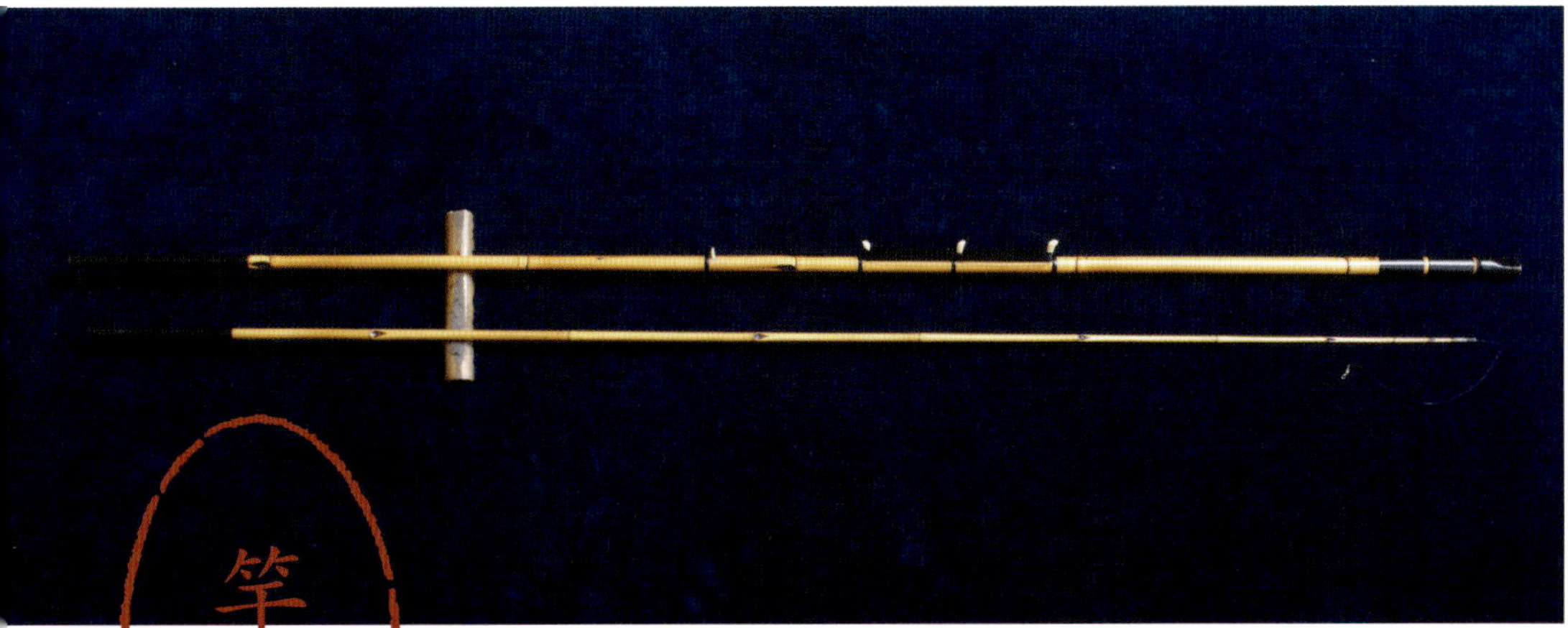

竿治

◉ 4 代目竿治

3 尺 3 寸元 2 本継ぎ（全長 6 尺）の中通し竿／総矢竹竿

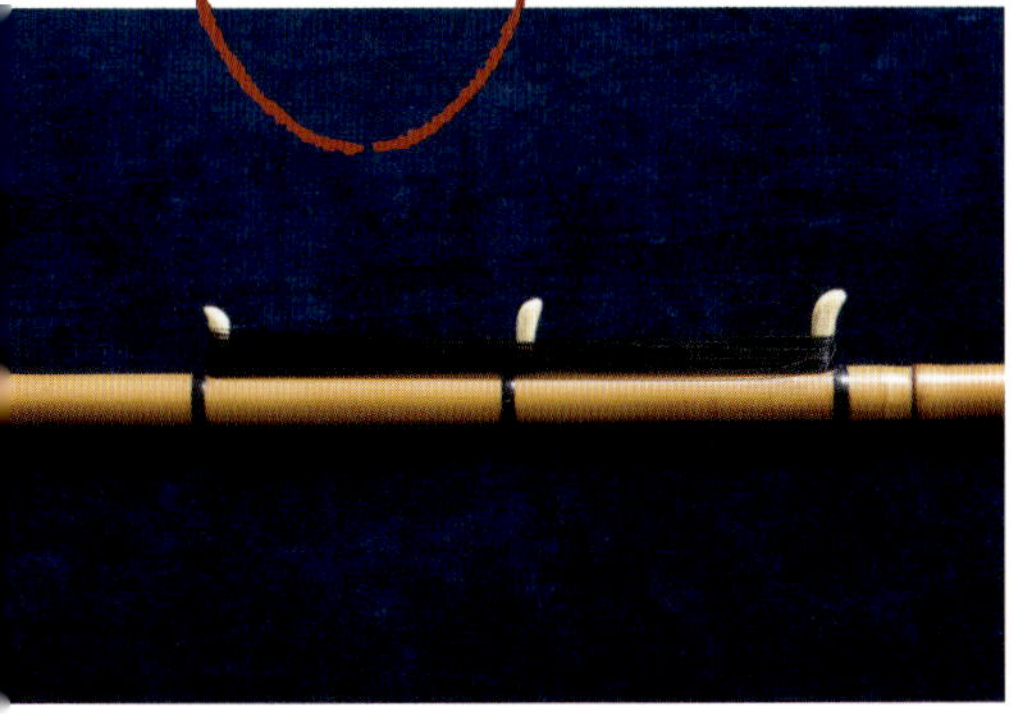

長竿が主力のシロギス中通し竿としては、ハゼの水雷竿に匹敵する奇襲用の短竿。象牙製イト糸巻きは前方の 1 本が折れ、形が違う既製品に差し替えてあるのは残念！

（右項上）手元竿の竿尻にある切れ込みは、折りたたんで収納するときのイト掛け用。また手元竿と追い継ぎには筋引きの合印が付いている

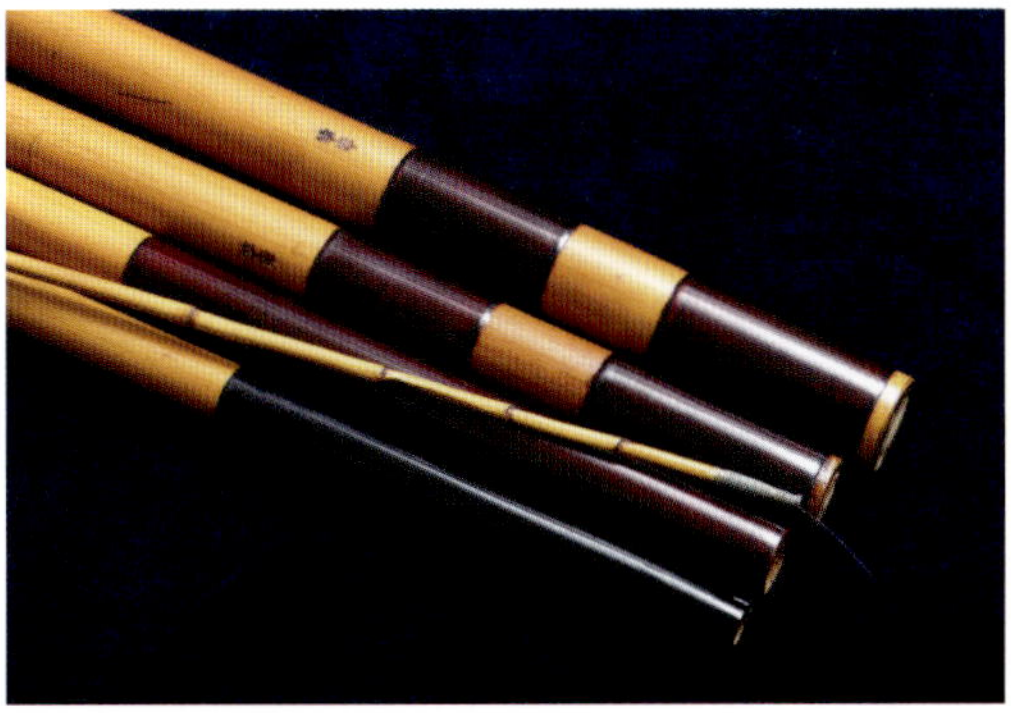

（右項下）枯れた透き漆塗りが控えめな美を添える！

黒鯛のヘチ竿

堤防上で1本の杭と化したクロダイヘチ釣りファンが立ち並ぶ姿は、東京湾沿岸独特の光景。大きな玉網を背負い一心不乱に海面近くのイトの変化をのぞき込み、木製タイコ型リールをセットした細身のヘチ竿を巧みに操る。

防波堤の釣りで発達した専用竿

神奈川県側は川崎新堤に始まり野島防波堤、千葉県側では五井防波堤や木更津防波堤など、東京湾の湾奥各所には、沖堤とも呼ばれる防波堤が設置されている。

　それらの防波堤専用ともいえるクロダイ竿がある。横浜竿の1つの分野と位置付けてもよいだろう。

　堤防周辺に生息するクロダイは、主にコンクリート壁や、海底に積まれた基盤の捨て石周りに集まってくるエビやカニなどの甲殻類、貝類などを食べている。その習性を利用して堤防際をねらう釣り方から、クロダイのヘチ竿という名称が生まれた。

　このほか、潮に乗せてエサを送り込む釣り方からフカセ竿、仕掛けをゆっくり落として誘うテクニックから落とし込み竿の呼び名もある。

　クロダイのヘチ竿は外ガイド式リール竿で、コマの愛称を持つ銘木で作った木製タイコ型リールと組み合わせて使うのが基本。全長7尺（約2・1ｍ）から8尺（約2・4ｍ）の2本継ぎが主流になっている。

　ひと昔前までは横浜竿の基本に倣ってクジラ穂先の丸節竿も見受けられたが、現代のヘチ竿は主にグラス穂先が使われている。丸節や布袋竹の竹材を切り組み、握り手元として淡竹の根掘りを継いでいる作品も多い。

　クロダイのヘチ竿の顕著な特徴としては、極限と思えるほど細く削り上げたグラス穂先が挙げられる。先端部だけがペナペナと軟らかい8：2調子や9：1調子と呼ぶ極先調子に整え、穂先の下部から穂持ちにかけては一変して強靭な硬い調子に仕上げる。この2段調子によって、クロダイは穂先の違和感なくエサを食い込み、釣り人は次の瞬間、硬い口元に鋭くハリ先を刺し貫くことができる。

　また、初夏から晩秋まで続く防波堤のクロダイ釣りシーズンが終わると、同じヘチ竿を使った落とし込み釣りやブラクリ釣りで、冬から春にかけて、アイナメやクロメバル、カサゴといった根魚をねらう釣り人も多い。

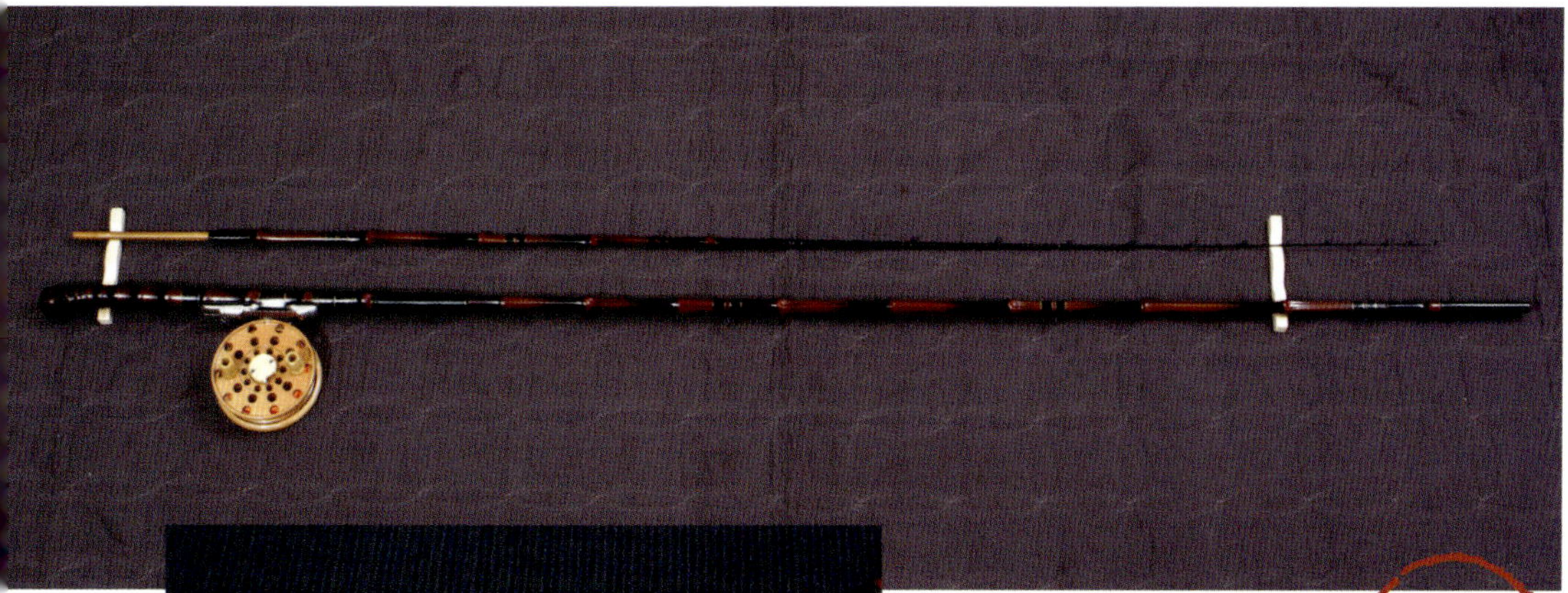

邦一

◉邦一
4尺1寸元2本継ぎのヘチ竿／グラス穂先の布袋竹竿

根掘りの手元は肘が乗せやすい絶妙なカーブを描いている

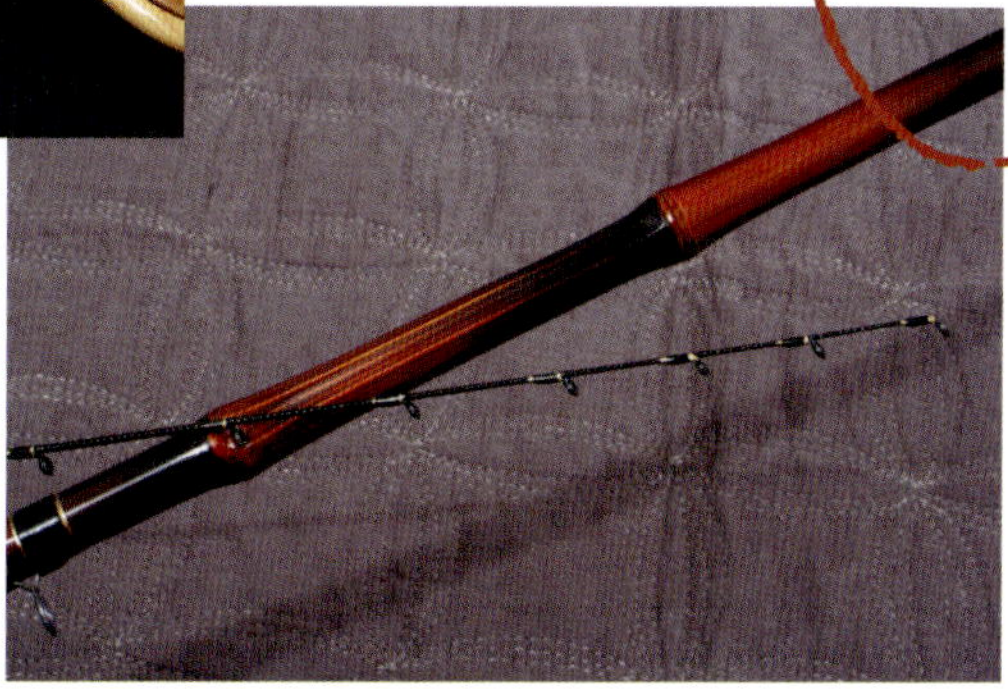

最新モデルの極小ガイドが並ぶ極先調子の穂先。胴漆には節影塗りが施してある

邦昌作

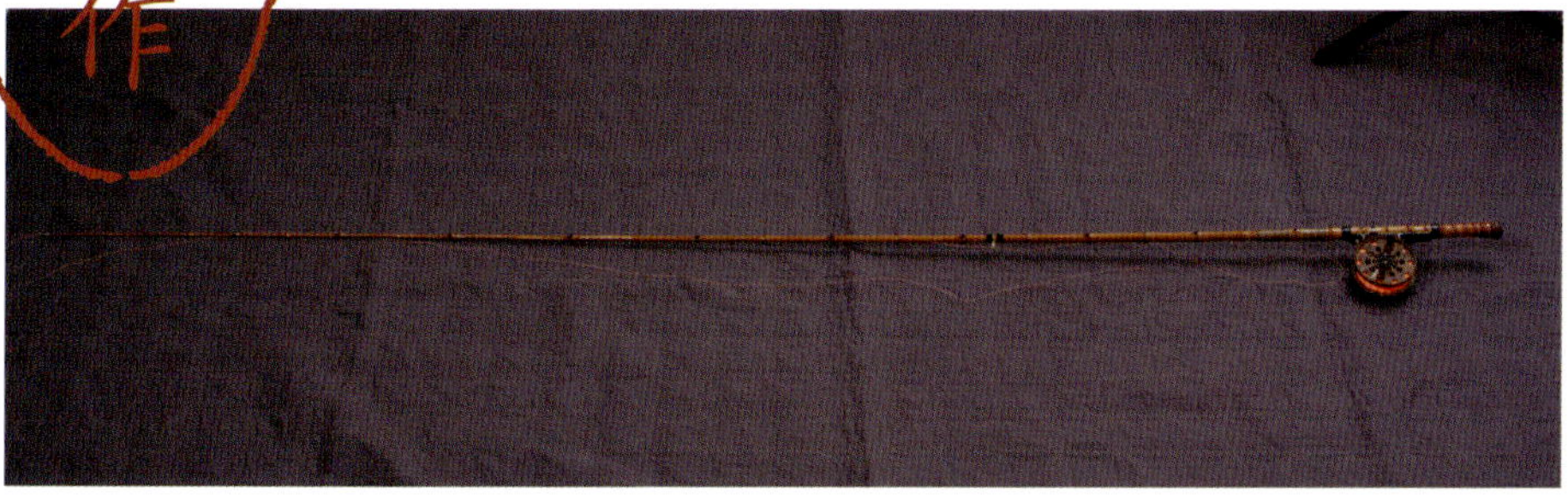

◉邦昌作
6尺7寸1本物のヘチ竿／中通し式の布袋竹竿
邦昌作としては珍しい中通し竿で、手元ガイド先の鳩目穴から穂先先端部の先金まで、竹の内部をミチイトが通っている

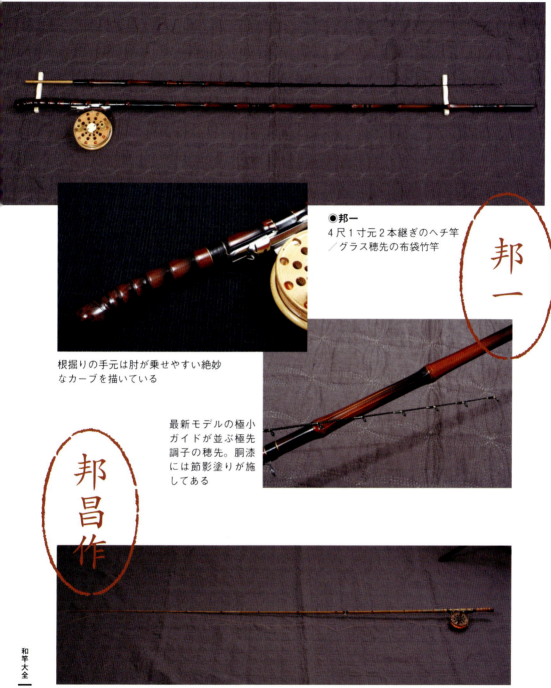

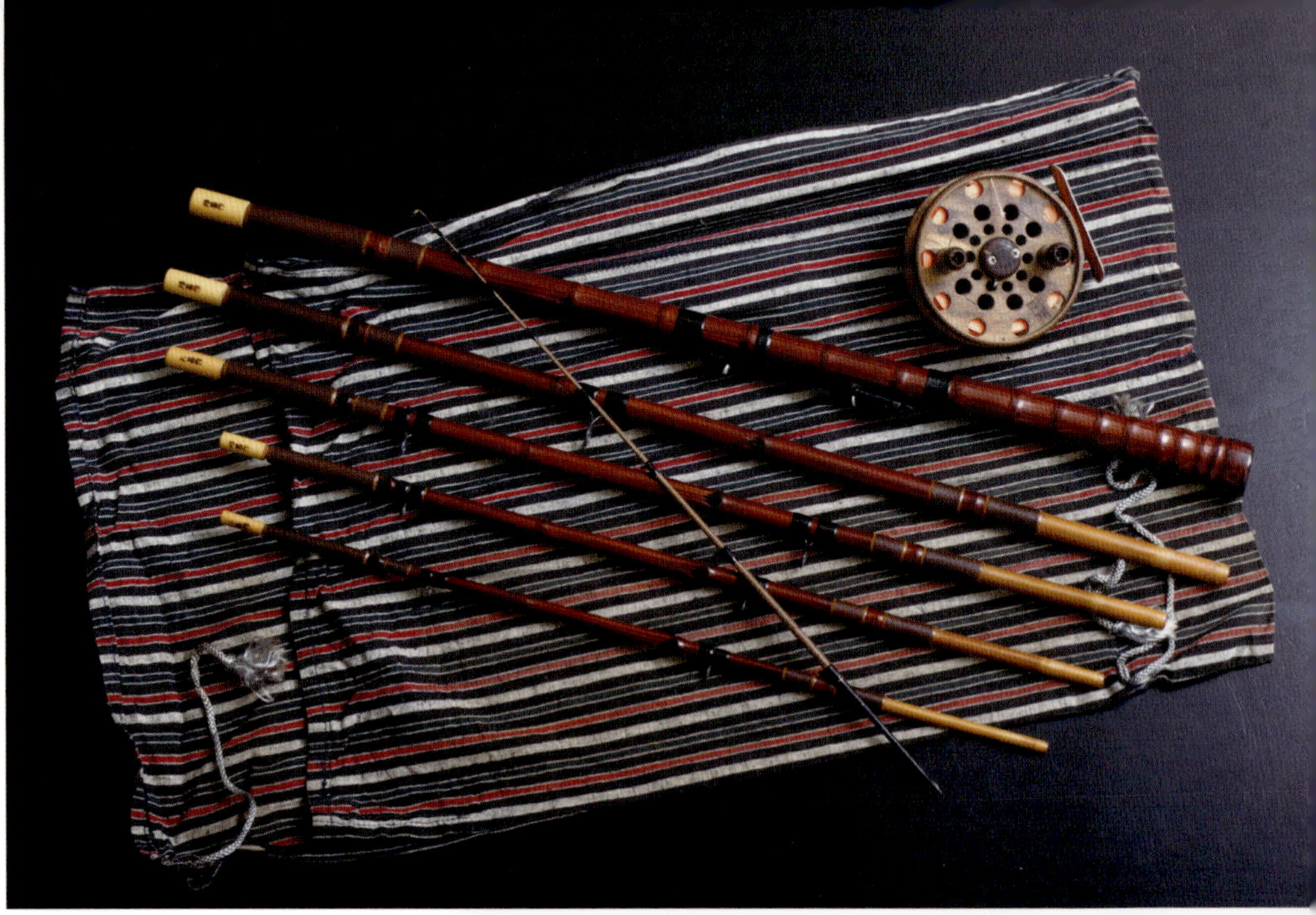

◉邦昌作
尺7寸元6本継ぎの小継ぎヘチ竿／
グラス穂先・淡竹手元の布袋竹竿竹

口塗りは弁柄の乾漆塗り

印籠継ぎで仕立てた、
現代流にいえば旅行
用パックロッド

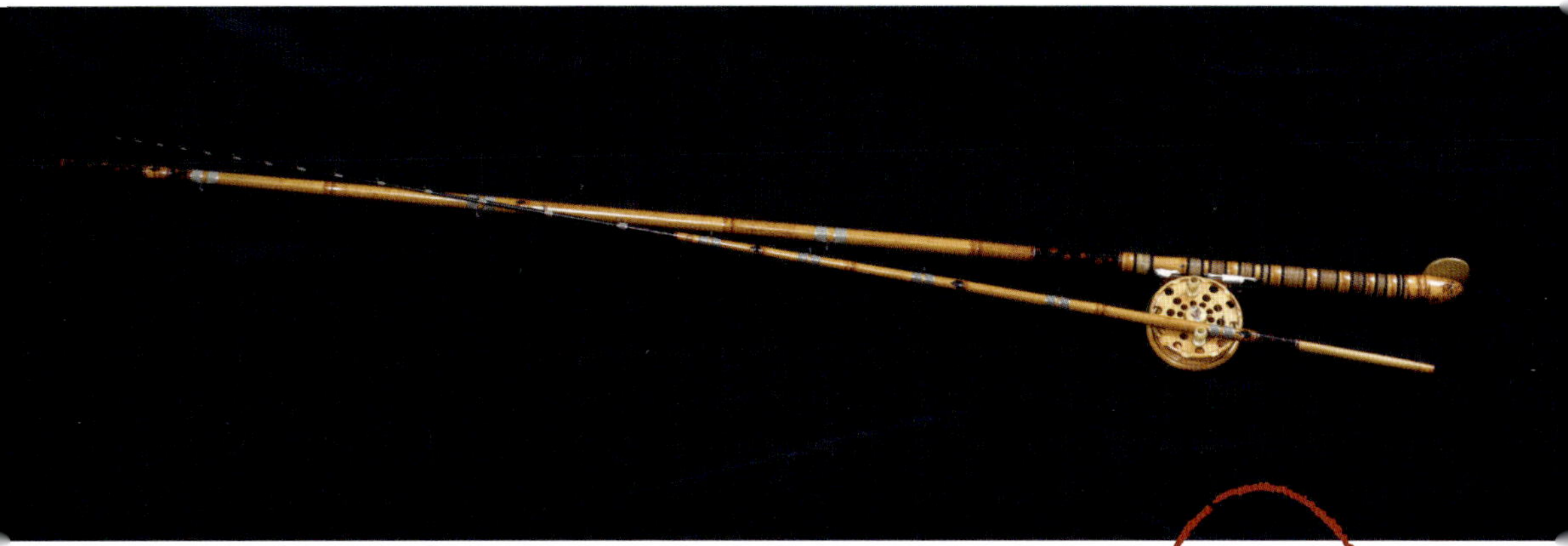

◉汐よし
4尺4寸元2本継ぎのへチ竿／グラス穂先の丸節竿

汐よし

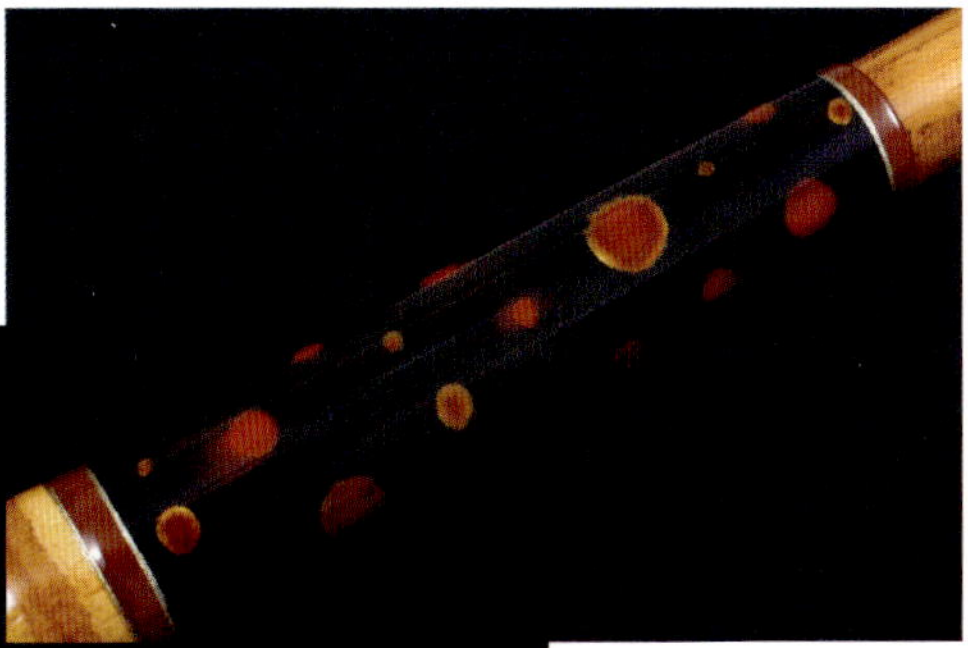

汐よしの新作、油滴(ゆてき)塗りが美しい

籐巻きの握り手元には独特のフォルムをした肘当てが印象的

横浜マイスター汐よしが長年使い続けてきた焼き印

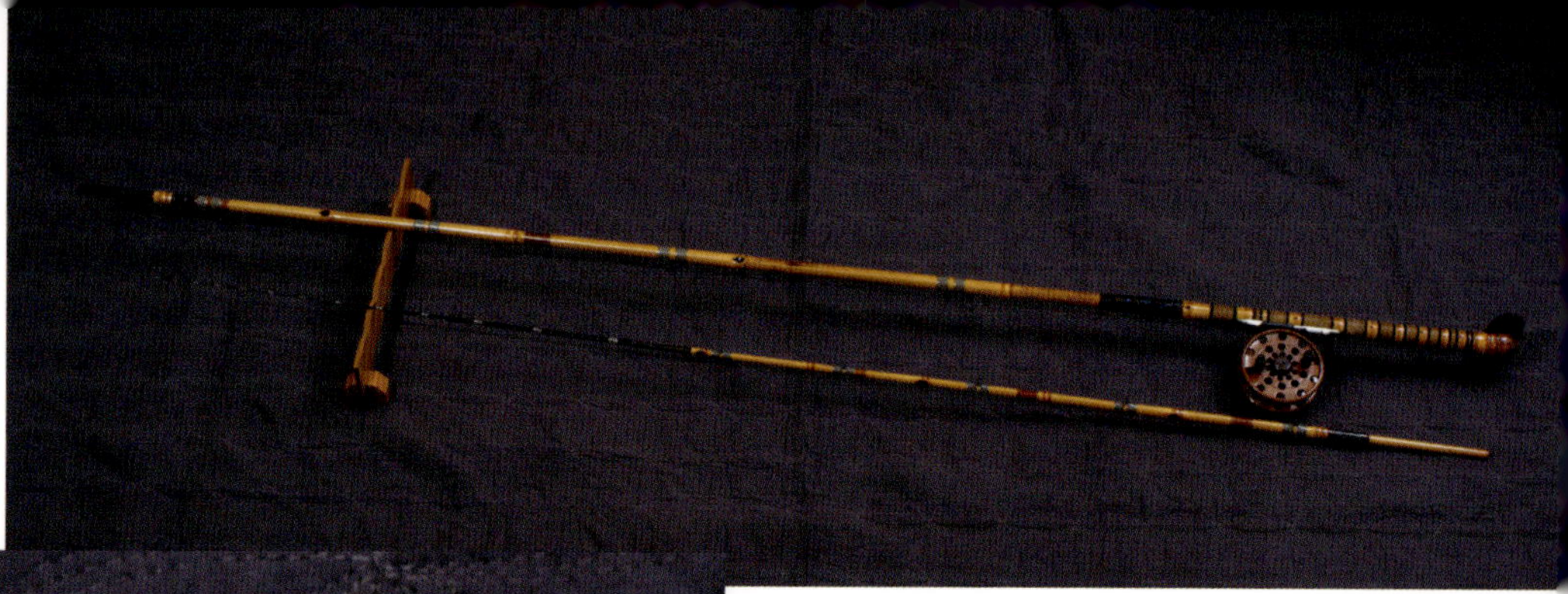

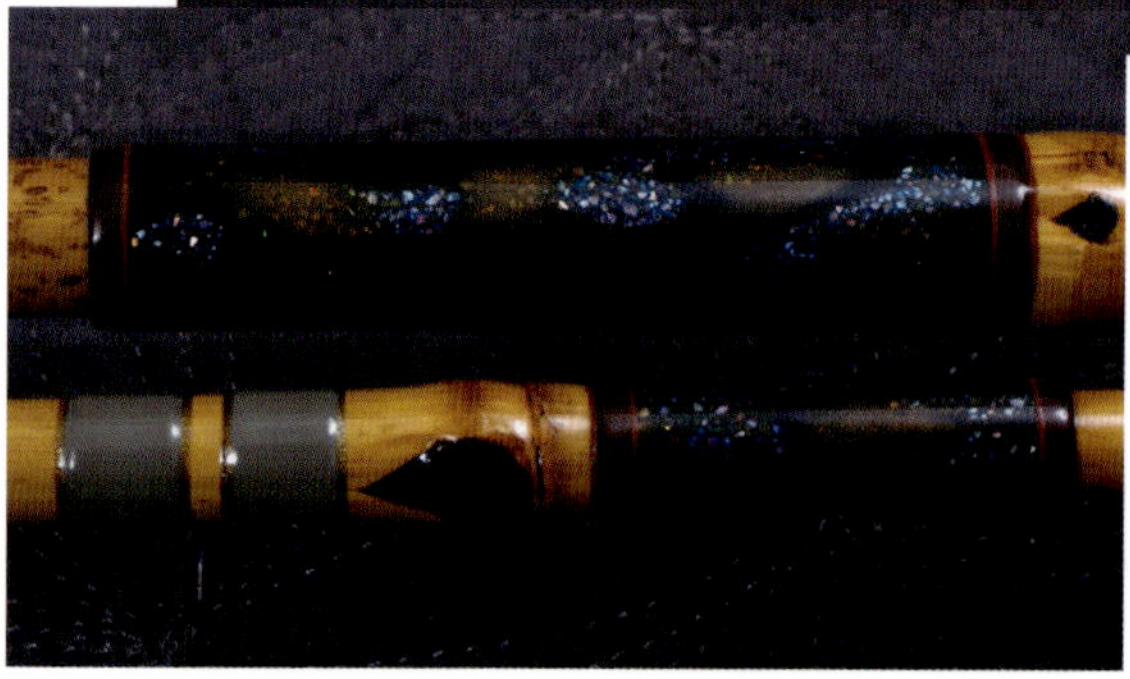

◉汐よし
5尺1寸元2本継ぎのヘチ竿
／グラス穂先の丸節竿

青貝の研ぎ出し塗りは大
人気の口塗り

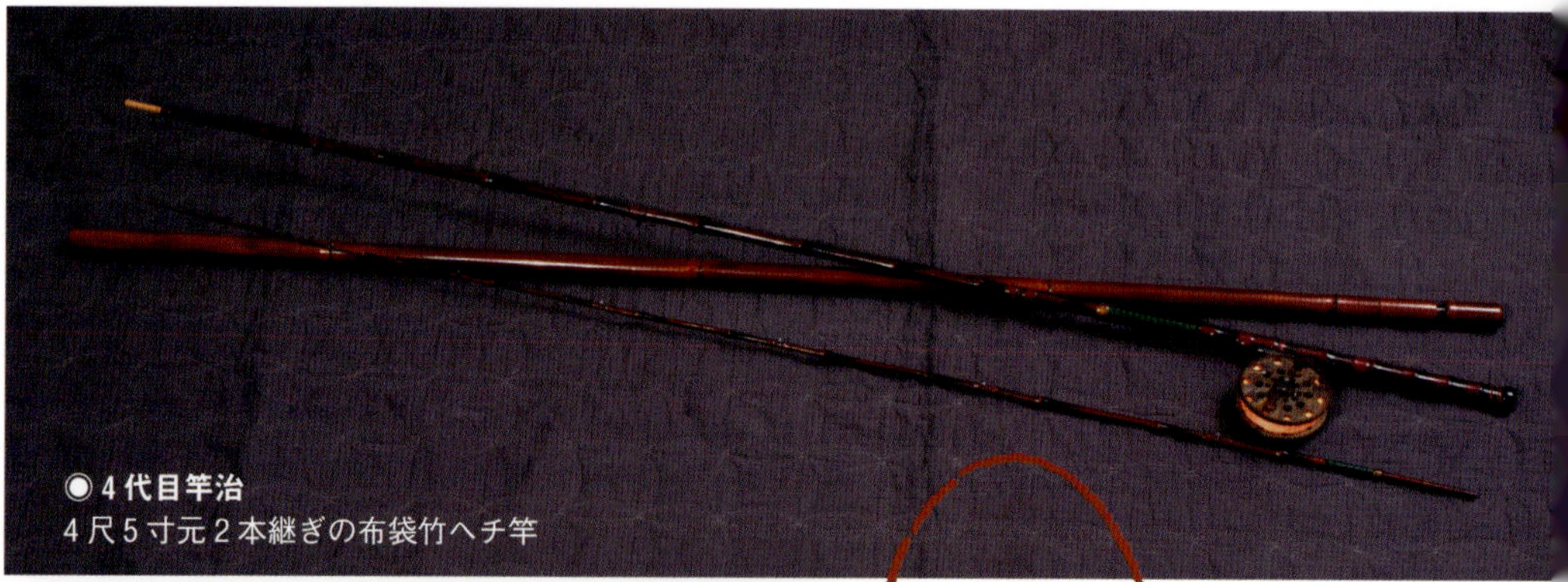

◉4代目竿治
4尺5寸元2本継ぎの布袋竹ヘチ竿

竿治

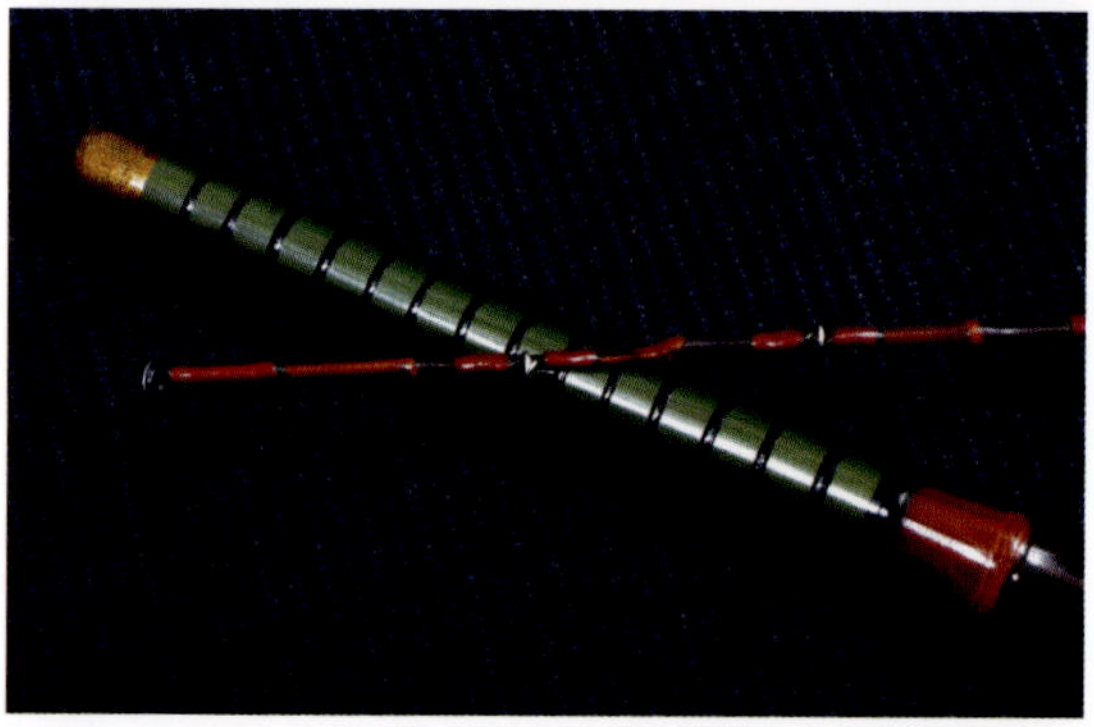

竿治の変わり塗りを代表する団
十郎の口塗り。穂先にはスネー
クガイドが取り付けられている

◉正哲作
4尺8寸元2本継ぎのヘチ竿／セミクジラ穂先・淡竹根掘り手元の布袋竹竿

正哲作

別誂竿には「極上」の冠印が付く

横浜竿に倣ったセミクジラ穂先はヘチ竿にも優秀

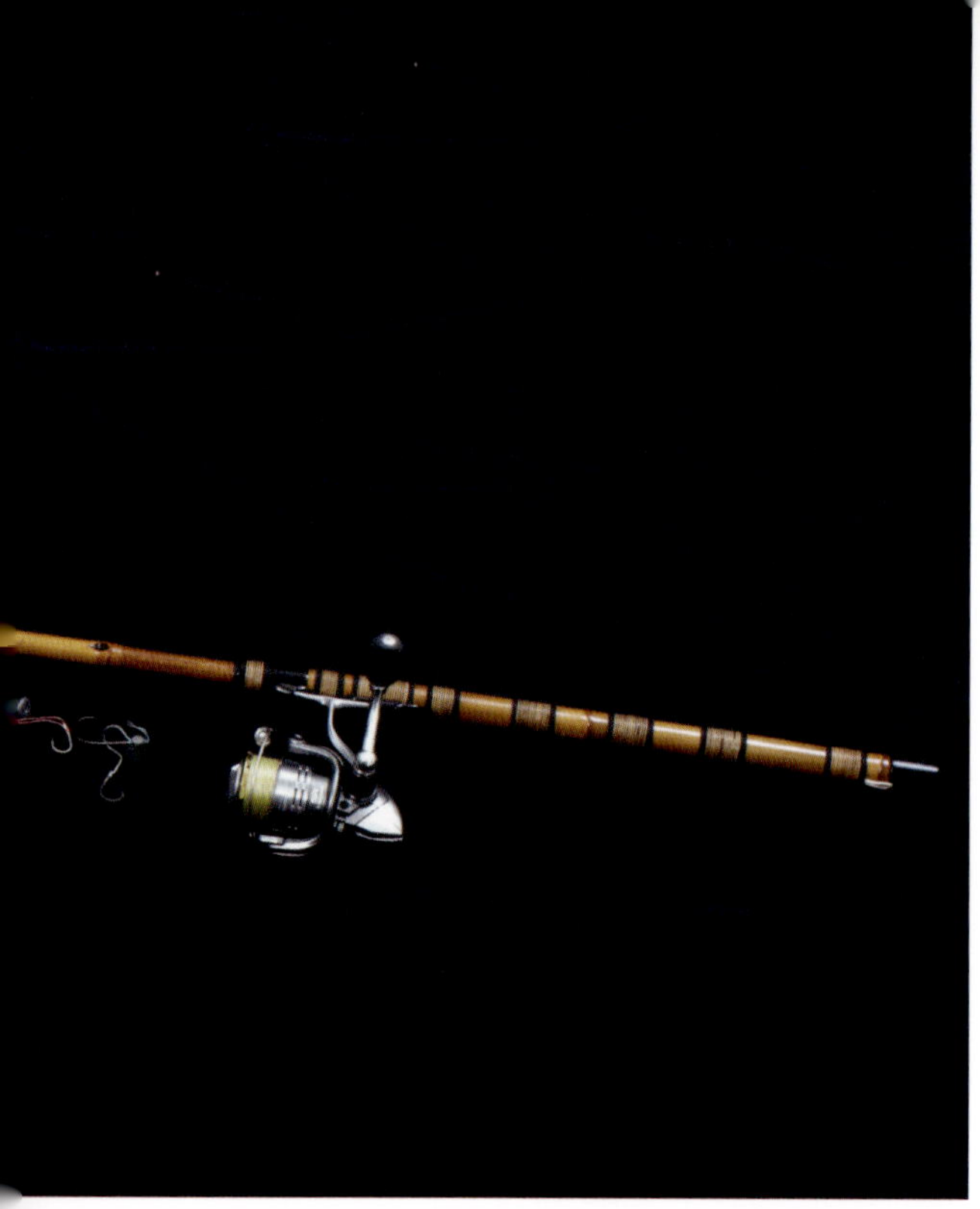

真《ま》鯛《だい》竿

シャクリ竿の変遷

古くから生きエビエサを使うシャクリ釣りに愛用されてきたマダイ竿を総称して「エビタイ竿」と呼ぶ。東京湾の遊漁釣法は鴨居式の冠が付くリール竿とともに発展。一方、内房式や南房式のシャクリ釣りには現在もイト巻き式手ばね竿が主役を務める。

本項で取り上げるマダイ竿は、生きエビを使った通称「エビタイ」のシャクリ竿に絞る。東京湾の主要エビタイ釣り場は、旧第3海堡周りから大根にかけての浦賀水道と、浦賀水道をまたいだ竹岡沖から上総湊沖にかけての内房エリア、さらに湾口に位置する南房洲崎沖は大ダイ釣り場として有名だ。

浦賀水道をねらうマダイ釣りの拠点は、観音崎に近い鴨居港が知られており、多くの一本釣り漁師が活躍した。その漁法は、立て釣りと呼ぶ手釣りで、のちにマダイ専門の釣り船が始まると横浜竿を源とするシャクリ竿が導入されるようになり、鴨居式シャクリ釣りと呼ばれてきた。

その第一歩は、少人数の仕立て船用に作られた鴨居式一つオモリマダイ竿である。全長5尺（約1・5m）伸び程度の1本物に仕立てたイト巻き付き手ばね竿で、立て釣りに準ずるタイテンヤ仕掛けのシンプルな道具立てが特徴だ。

そして大人数が乗り込める乗合船がスタートすると、小型の両軸受けまたは片軸受けリールを装着する鴨居式シャクリマダイ竿が登場してくる。

一つオモリの手ばね竿とは違って、オモリ2号の豆テンヤと組み合わせたオモリ25～30号の鋳込みテンビン

汐よし

仕掛けを操る鴨居式シャクリ釣りには、全長7～8尺（約2・1～2・4m）2本継ぎの頑丈な竿が必要。鴨居式シャクリ釣りとはいっても、実は上下動のシャクリ操作はほぼない。

◉汐よし
4尺8寸元＋握り手元1尺5寸の最新モデルの鴨居式一つテンヤマダイ竿／グラス穂先の丸節竿

握り手元は滑り止め効果が高い籐巻き仕上げ。一緒に添えたテンヤは親バリをフトコロからひねり潰され（下）、ハリ先を折られ（上から2番目）、東京湾の大ダイのすさまじさを物語る。しかし、一つテンヤマダイ竿はびくともせず！

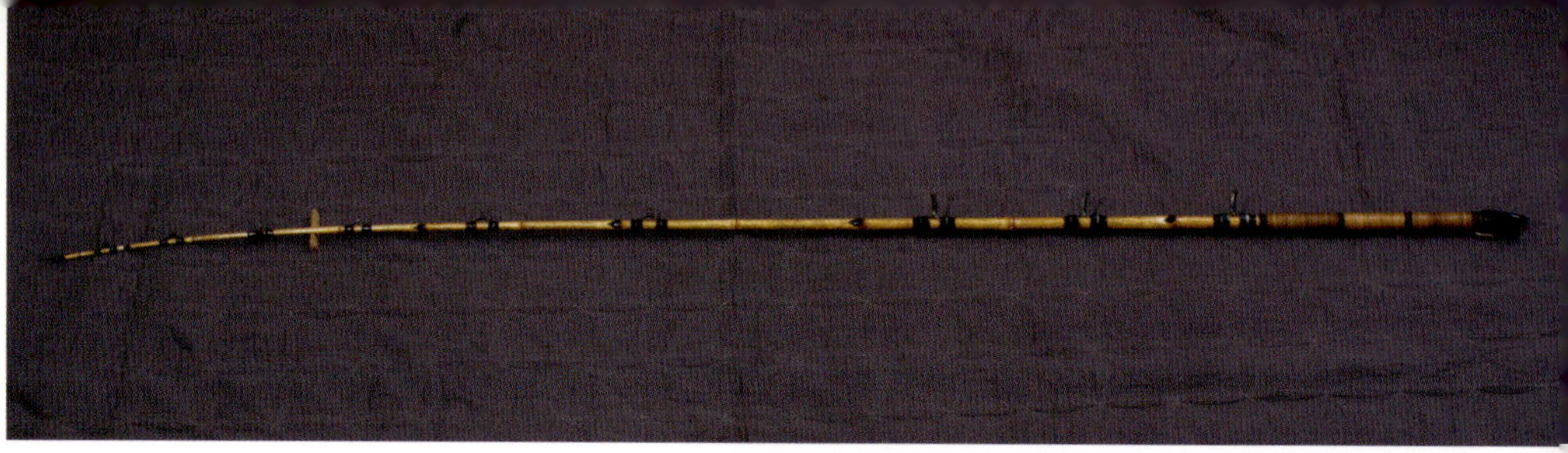

◉汐よし
5尺1本物の南房洲崎用手ばねシャクリ竿／丸節竹

無理のないテーパーを施した1本物。紋の模様が美しい丸節を使っている

肘当て下には尻手ロープ用チチワが付いている

釣り場と竿のスタイル

さらに、最新スタイルのエビタイ竿として開発されたのは、鴨居式一つテンヤマダイ竿だ。簡単にいえば、外房大原から茨城県大洗にかけて大人気の一つテンヤマダイ竿の和竿バージョン。

その作りは繊細なグラス穂先に丸節竹を組み合わせた伝統の横浜竿スタイルで、浦賀水道のエビタイ釣り場で大活躍している。

一方、竹岡沖から上総湊沖にかけて、内房エリアのシャクリ釣りには今も昔もイト巻き付きの手ばね竿が使われており、南房洲崎沖の大ダイ釣りにも愛用されている。

内房&南房エリアは中オモリにロングハリスを介して生きエビを装着したタイテンヤを結び、上下に大きなシャクリを繰り返すため、全長4〜5尺（約1・2〜1・5ｍ）の短竿が扱いやすい。また、鴨居式一つオモリ竿を含む手ばねのシャクリ竿は、とてつもない大ダイが掛かったとき、いつでも竿を海中に放り投げてやり取りができるように、竿尻には尻手ロープが結べる細工がしてある。

◉**邦昌作**
4尺元2本継ぎの鴨居式シャクリマダイ竿／グラス穂先の布袋竹竿

赤の乾漆塗りに、邦昌作には珍しい胴中の拭き取り

邦昌作

イト巻きは丈夫な金属製をチョイス。手ばね竿仕様のため、大きく竿をあおってミチイトをつかむ際、穂先が折れにくいようにセミクジラ穂は長めに取り付けてある

◉**邦昌作**
2本とも5尺5寸1本物
上が鴨居式シャクリマダイ用手ばね竿、
下は鴨居式一つオモリマダイ用手ばね竿／セミクジラ穂先の布袋竹竿

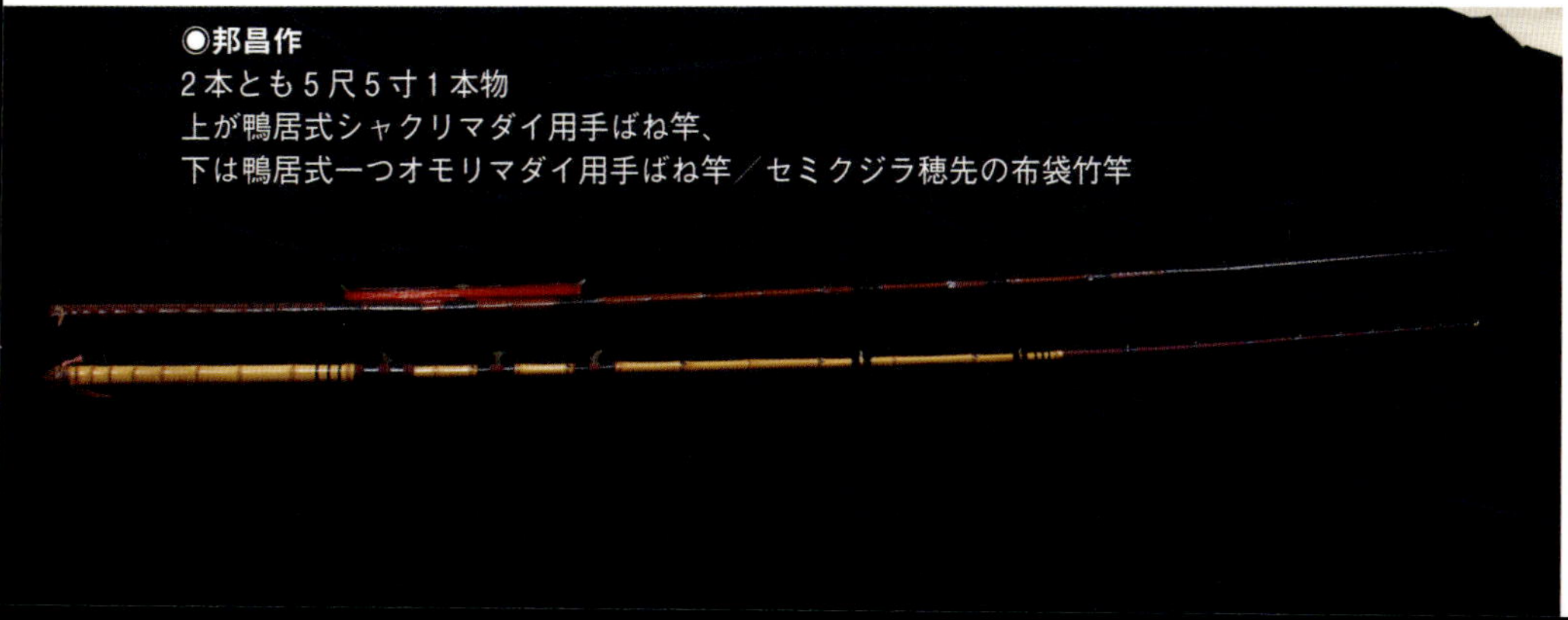

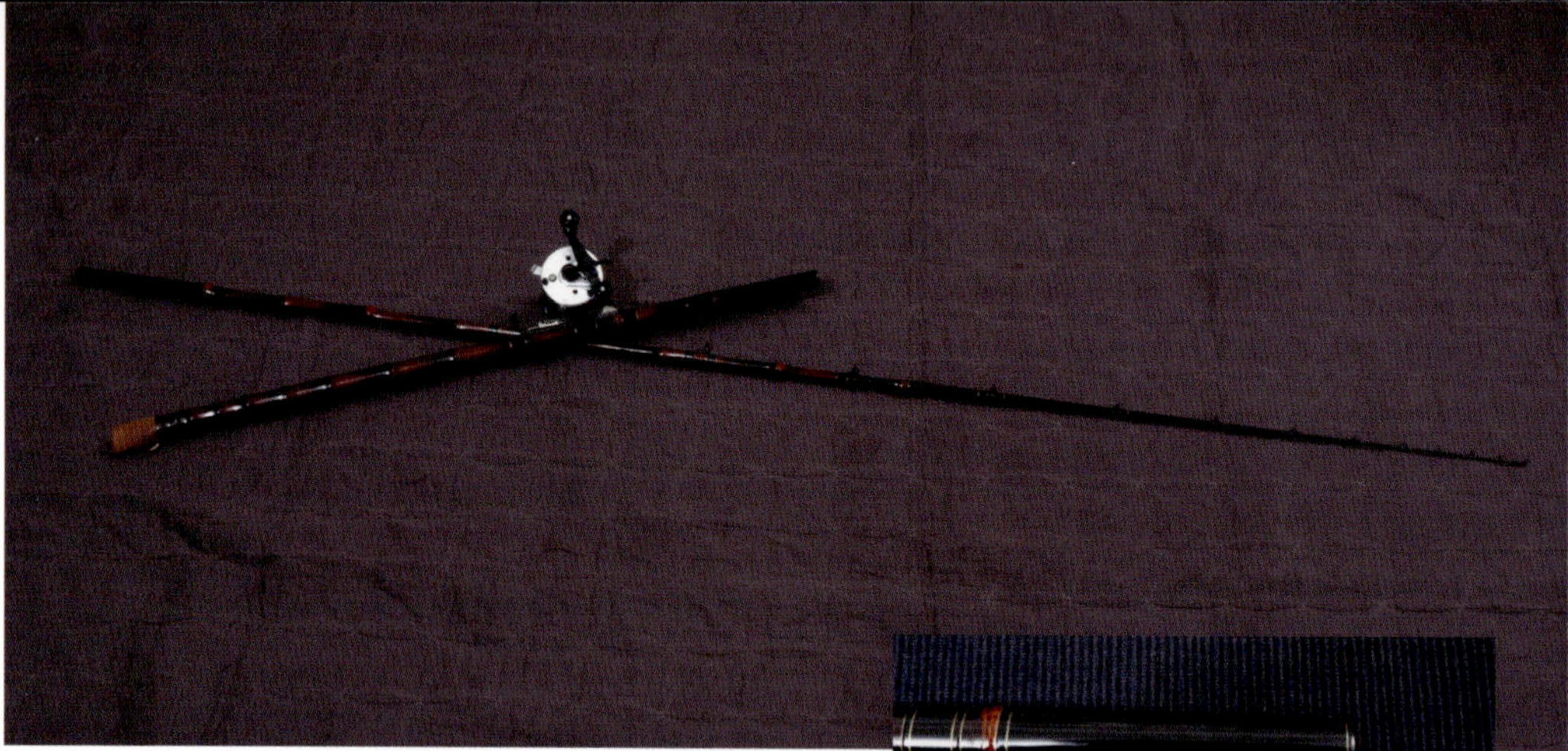

◉邦一
4尺9寸元＋握り手元2尺4寸の鴨居式シャクリマダイ竿／グラス穂先の布袋竹竿

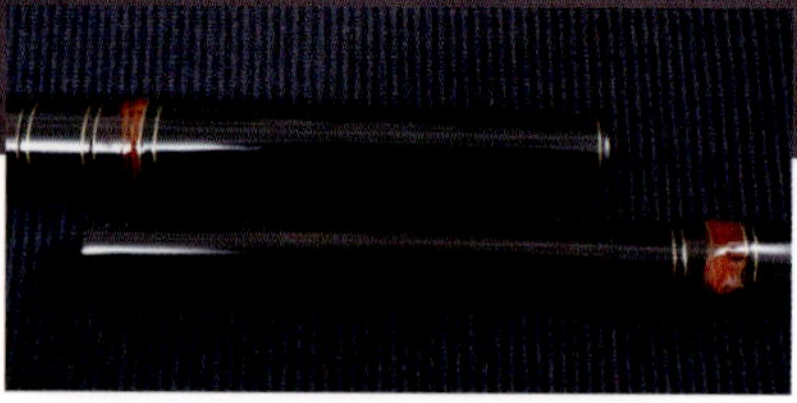

塗師仕事は蝋色の口塗りと節影塗りのコンビ！

竿のホールド感がよい脇ばさみ式の肘当てを採用し、尻手ロープ用のチチワも付いている

邦一

ガイド類は最新タイプを装着してありPEラインにも当然対応する

竿好

黒の乾漆塗りと握り手元の籐巻きに仕上げてあり、ワン＆ハーフ継ぎ仕様

◉竿好
4尺7寸元＋握り手元2尺の鴨居式シャクリマダイ竿／グラス穂先・淡竹手元の丸節竿

東作本店

竿全体に梨子地粉塗りが
ちりばめられている

◉ 6 代目東作
4 尺 1 本物の内房式シャクリ竿／セミクジラ穂・
淡竹手元の布袋竹竿

竿治

◉ 4 代目竿治
5 尺 1 本物の内房式シャクリ竿／グラス穂先の布袋竹竿

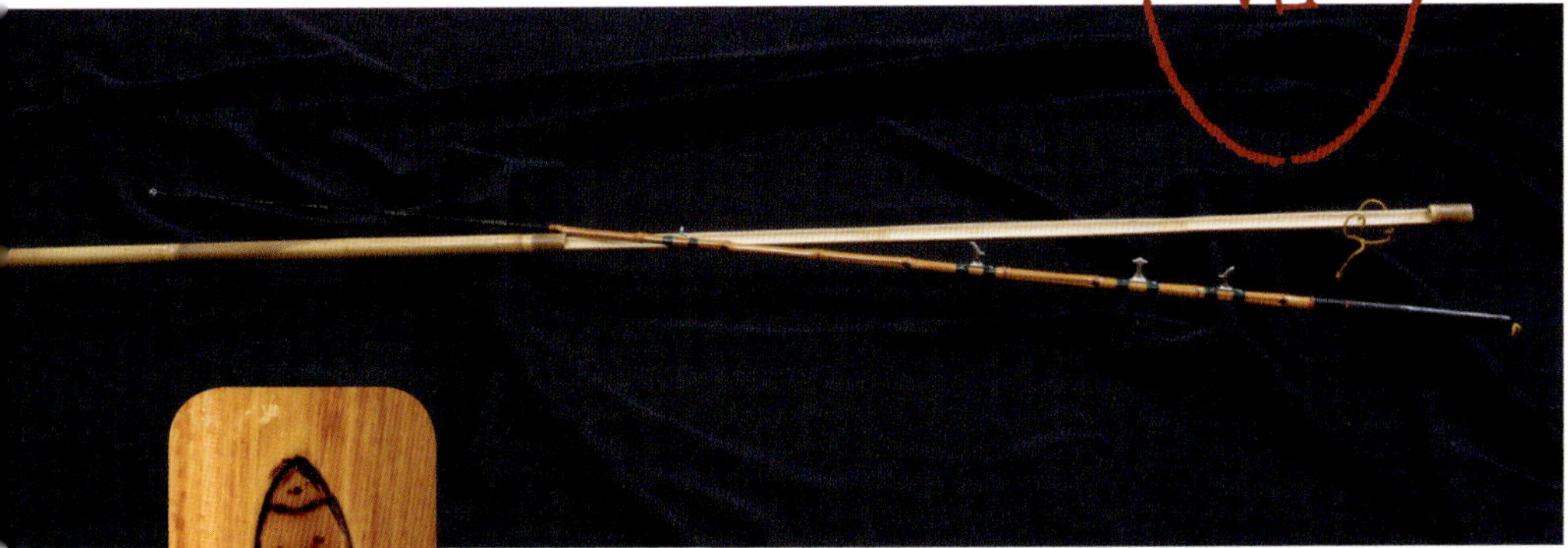

既製品のお店物用に押される
「サカナ治」の焼き印

鱸《すずき》竿・真《ま》鯒《ごち》竿

マダイ釣りと同様に、漁師の釣りを原点とするスズキとマゴチ釣りには、横浜竿が活躍する。丸節の竹材を主軸にした軽量級のイト巻き式手ばね竿は腕の延長として、アタリをはじめこと細かな潮況を伝えてくれる。

イト巻き式手ばね竿が基本

東京湾で、三浦半島の観音崎と内房の富津岬を結ぶ線より奥まった内湾では、生きエサでねらうスズキとマゴチ釣りが昔から身近な船の大もの釣りとして定評がある。

特に横浜から金沢八景にかけての船宿が得意にしており、そこで使われるスズキ&マゴチ竿は横浜竿の流れを汲む。その元祖は漁師竿だ。

スズキ&マゴチ用の横浜竿はセミクジラやグラスを穂先とし、丸節か布袋竹を継いだイト巻き式手ばね竿が基本だ。形状はマダイのシャクリ竿と似通っているが、シャクリ釣りはエビエサを跳ね上げるようにアピールを繰り返すのに対し、スズキ&マゴチ釣りは潮にエビエサを乗せ、ねらいを定めた水深で食ってくるチャンスを待つ釣り方だから根本的な違いがある。

セミクジラ穂先の継ぎ目とイト巻き下には渋味がある青貝塗り（汐よし）

2つの釣りの要諦は

生きエサでねらう東京湾のスズキ釣りは、船頭が指示する海面からのタナ（宙層の深さ）に合わせることが第一。ヒロ（尋＝約1・5m）単位で指示されるため、スズキ竿の全長は同じ5尺（約1・5m）の手ばね竿を基準にしている点がキーポイントだ。

そして、3本並ぶイト巻き（杭とも呼ぶ）は25cm幅が定寸。これには理由があって、ひと巻き50cm、3巻きで1ヒロ＝1・5mの計算が成り立つ。すなわち、竿の全長で瞬時に1ヒロが計れると同時に、指示ダナの変化にも合わせやすいことが大きな利点である。

一方のマゴチ釣りは、海底からのタチ取りでねらう釣り方だ。同等のスズキ竿が流用できるが、じっくりと食い込ませるハゼの生きエサを使う場合には、6：4調子に近い軟らかめの長竿を好む釣り人もいる。

また、最近では穂先と竹材が同じでも、小型両軸受けリールを組み合わせたリール竿が増えたことを付け加えておく。

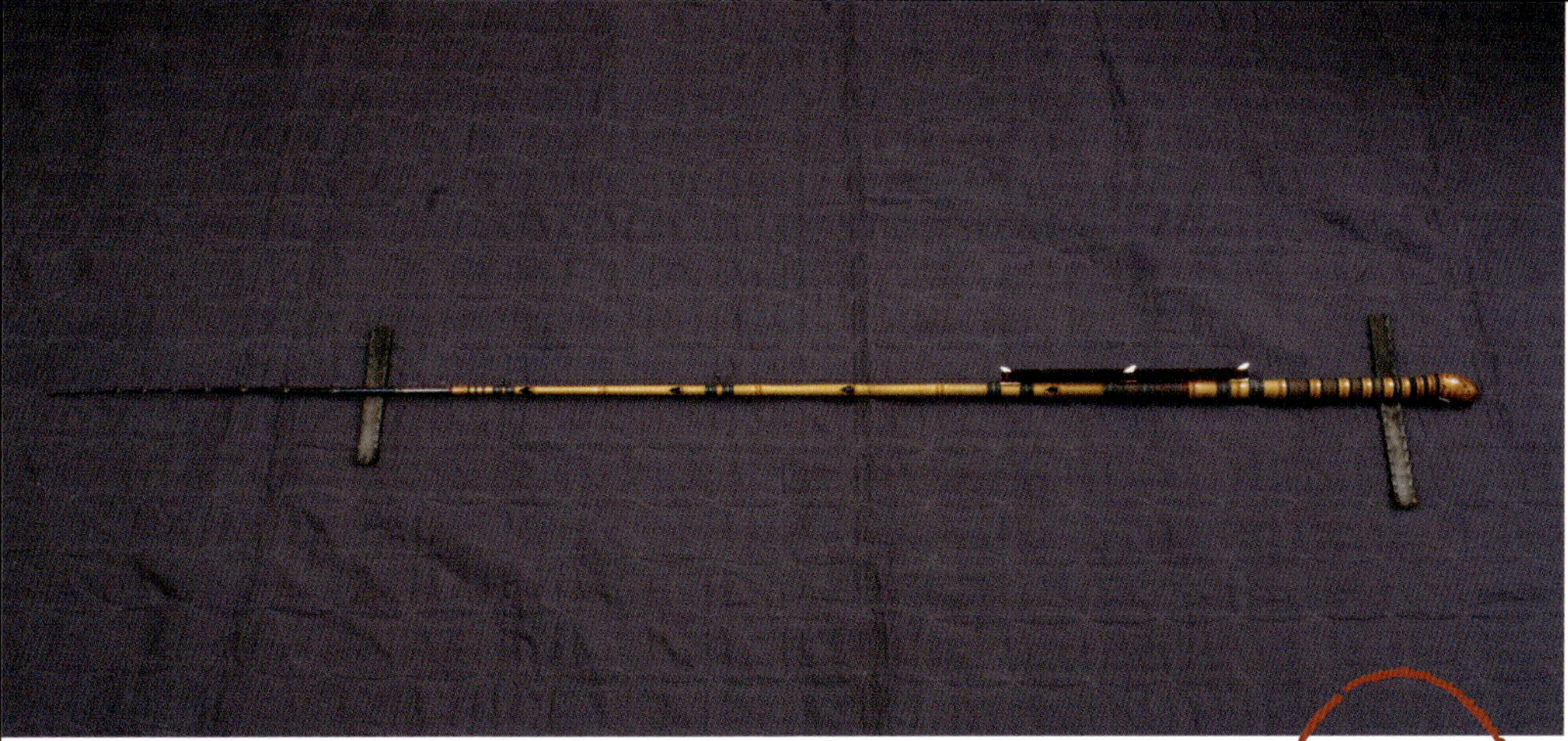

◉汐よし

4尺8寸1本物のスズキ＆マゴチ兼用手ばね竿／セミクジラ穂先の丸節竿

汐よし

5尺竿は象牙製肘当て付き、5尺5寸竿は根掘り竹

邦昌作

邦昌作の焼き印2態

◉邦昌作

スズキ＆マゴチ兼用の手ばね竿2本
上＝5尺1本物　セミクジラ穂先の丸節竿
下＝5尺5寸1本物　セミクジラ穂先の布袋竹竿

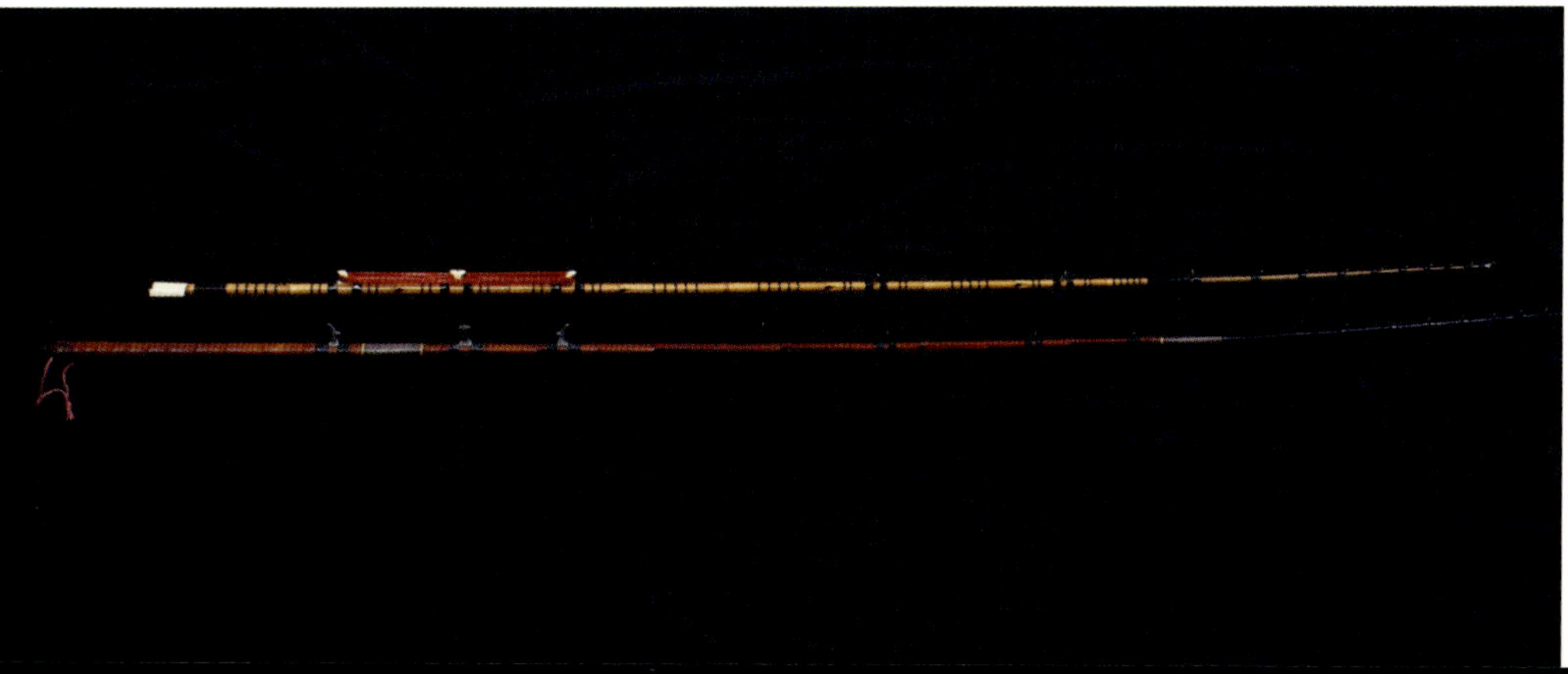

その他の船竿

平成の年号に変わるまでの頃、町の釣具店には魚種別の船竿がまだ残っていた。なかでも東京湾の浅場ターゲットではマコガレイの小突き釣りにアイナメのブラクリ釣り、対の手ばね竿を操る夜アナゴ釣りが人気を博した。

人気の浅場用船竿各種

海の船釣りは四季を通じて多種多彩なターゲットに出会える面白さと、釣りたての魚が手に入る食の楽しみもあって、和竿の種類は数多い。

主だった船竿を集めた中で新時代を象徴するのは、東京湾のショウサイフグ釣りに使われる通称「湾フグ竿」だ。独特の形状を見てお分かりのとおり、湾フグ竿は横浜竿を得意とする和竿師が力を注いでおり、カットウ釣りのほかに食わせ釣り用がある。カットウ竿は、8：2調子の極先調子に鋭く削ったグラス穂先と、丸節、布袋竹を継いだ全長5尺（約1・5m）前後の短竿が主流になっている。

一方、外房一帯から鹿島沖など、茨城県まで好釣り場が広がるヒラメ釣り専用の手持ち竿は、古くから人気が続く和竿の1つ。それとは別に、ヒラメ竿と同じくオモリ50～80号を背負える万能タイプのドウヅキ竿もあって、アジやサバ、イサキの中層魚を対象にしたコマセ釣りには幅広く使われた。

沿岸域の浅場をねらう船竿もにぎやかだ。春告魚と呼ばれるクロメバルは、相模湾の三浦半島西岸地区ではカタクチイワシの生きエサを使ったイワシメバル釣りが盛んだ。ここでは食い込みを重視した全長3mもある軟調子長竿が好まれる。

東京湾湾奥で冬の人気魚だったマコガレイの小突き釣りは、対の2本竿を操る独特の釣り方。数十回小突いた後の聞きアワセで食い込ませるため、柔軟性があるクジラ穂先が最良。高価なセミクジラの代わりに、庶民的な船竿にはイワシクジラの合わせ穂先を使う場合も多かった。

マコガレイ釣りとともに、冬から春にかけて最盛期を迎えるのはアイナメのブラクリ釣りだ。4～6号のごく軽いブラクリオモリを軽くキャストして広範囲を探る釣り方には、グラスやセミクジラの穂先を組み合わせた横浜竿が威力を発揮した。

これらの浅場用船竿の大半は、古くはイト巻き付きの手ばね竿を使っていたが、その代表格といえば夜アナゴ釣りの小突き竿。全長3尺（約90cm）以内の短竿が多く、対の

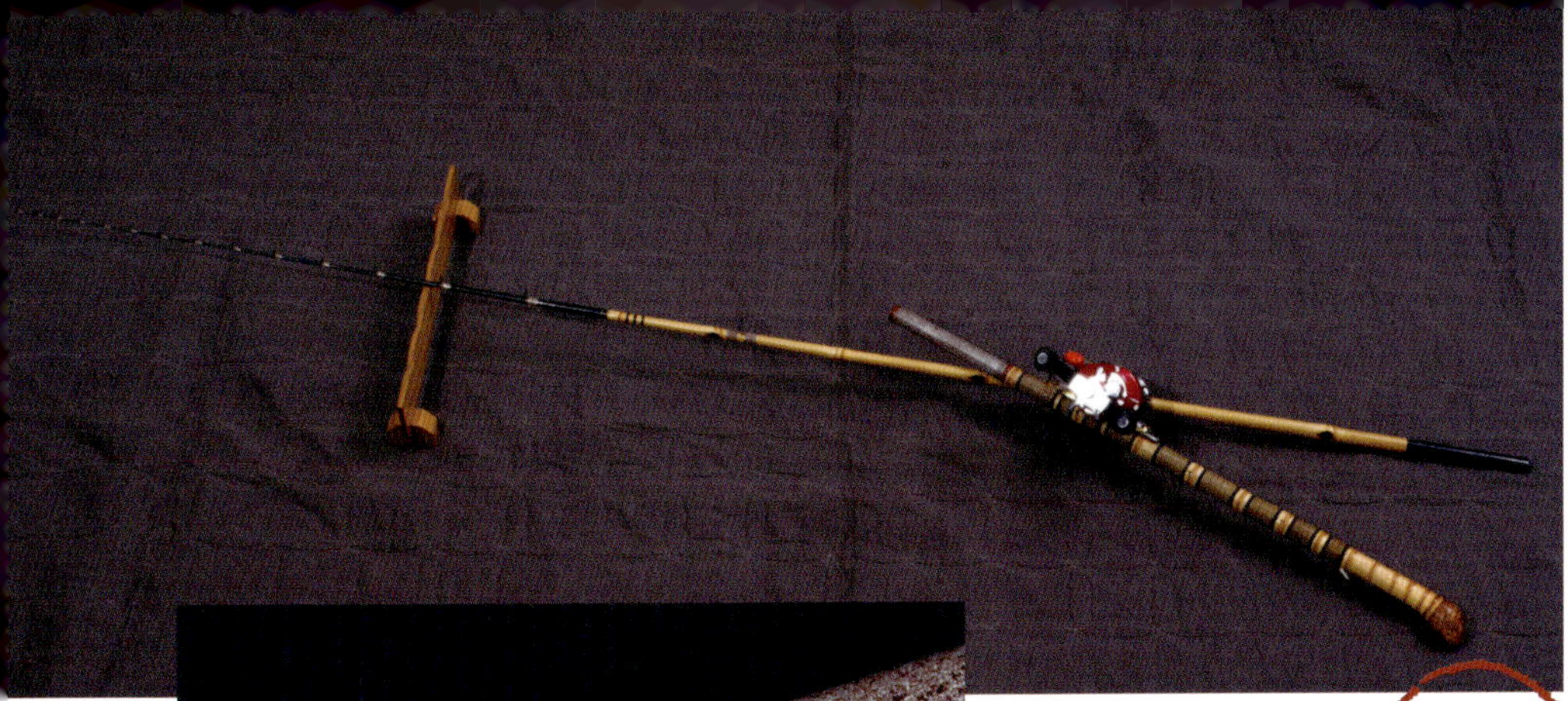

汐よし

◉汐よし
4尺7寸元＋握り手元尺9寸の湾フグのカットウ竿／グラス穂先・根掘り手元の丸節竿

口塗りには石地塗り、握り手元は滑り止めを加味した籐巻き仕上げ

邦一

金銀の筋巻きをあしらった青の乾漆塗り

◉邦一
4尺元＋握り手元尺6寸の湾フグのカットウ&食わせ兼用竿／グラス穂先・根掘り手元の布袋竹竿

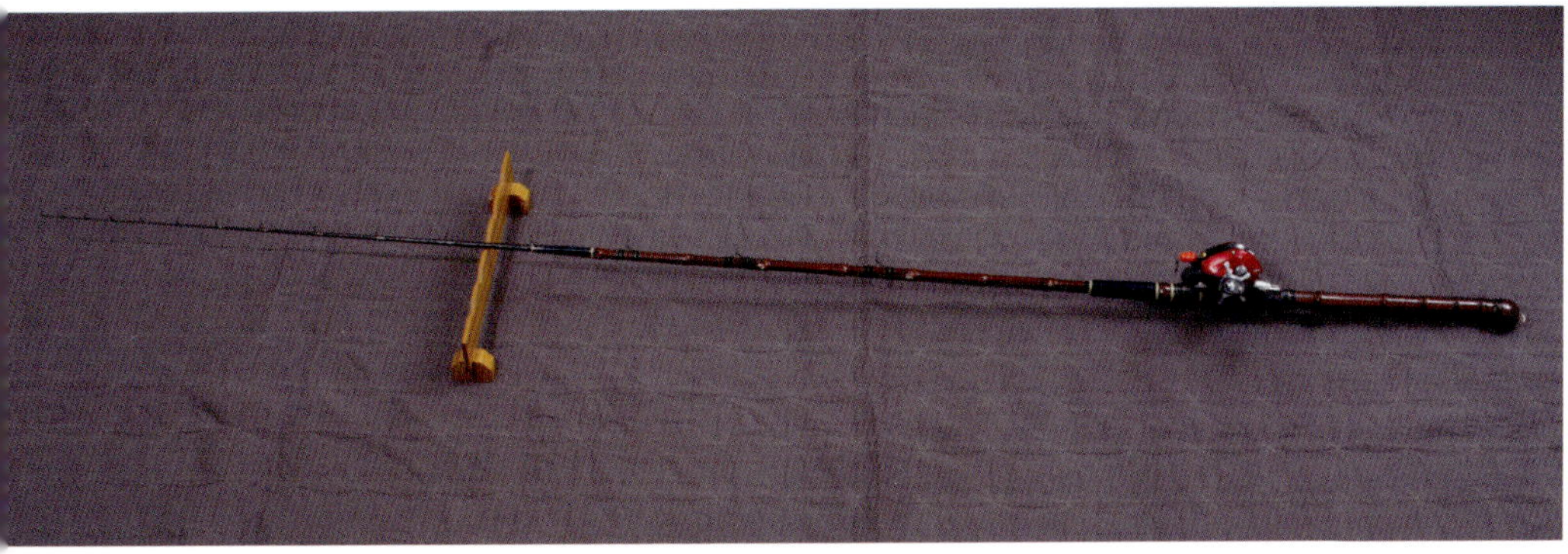

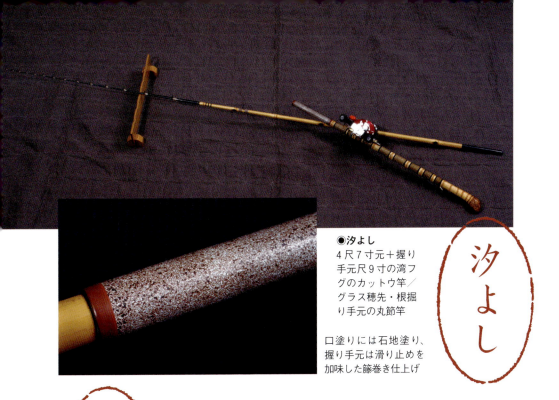

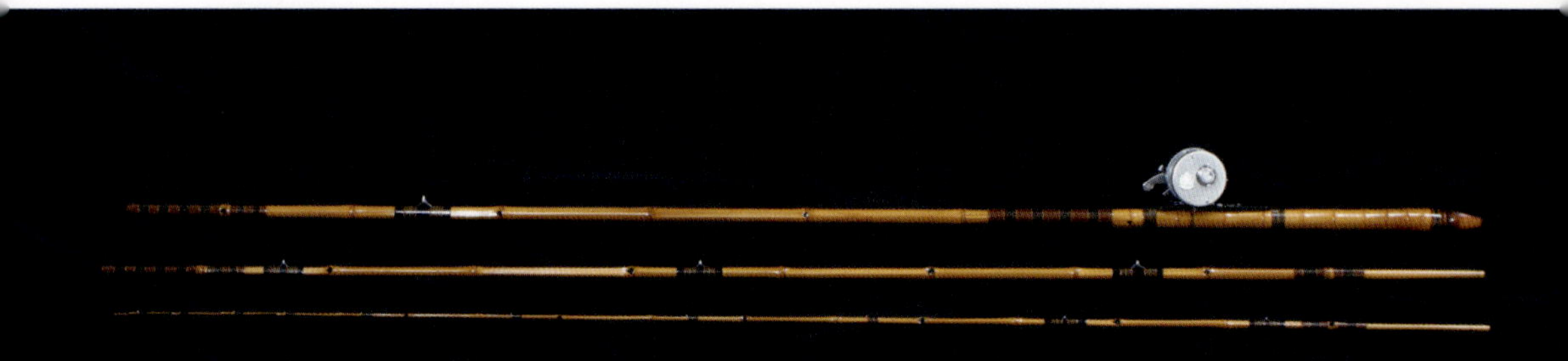

◉6代目東作
4尺元3本継ぎのイワシメバル竿／布袋竹穂先・淡竹根掘り手元の印籠継ぎ竿

東作本店

研ぎ出し2色の同返し塗りは6代目が描く変わり塗りの真骨頂

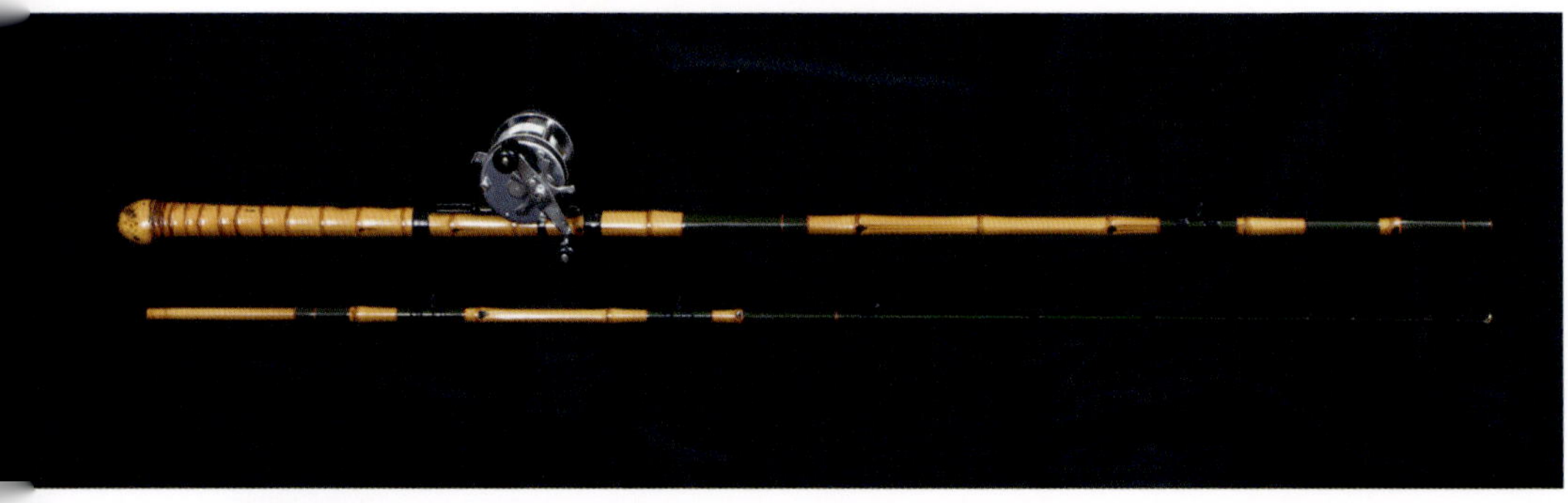

◉東作本店
3尺4寸元2本継ぎの湾フグの食わせ竿／グラス穂・淡竹根掘り手元の印籠継ぎ布袋竹竿

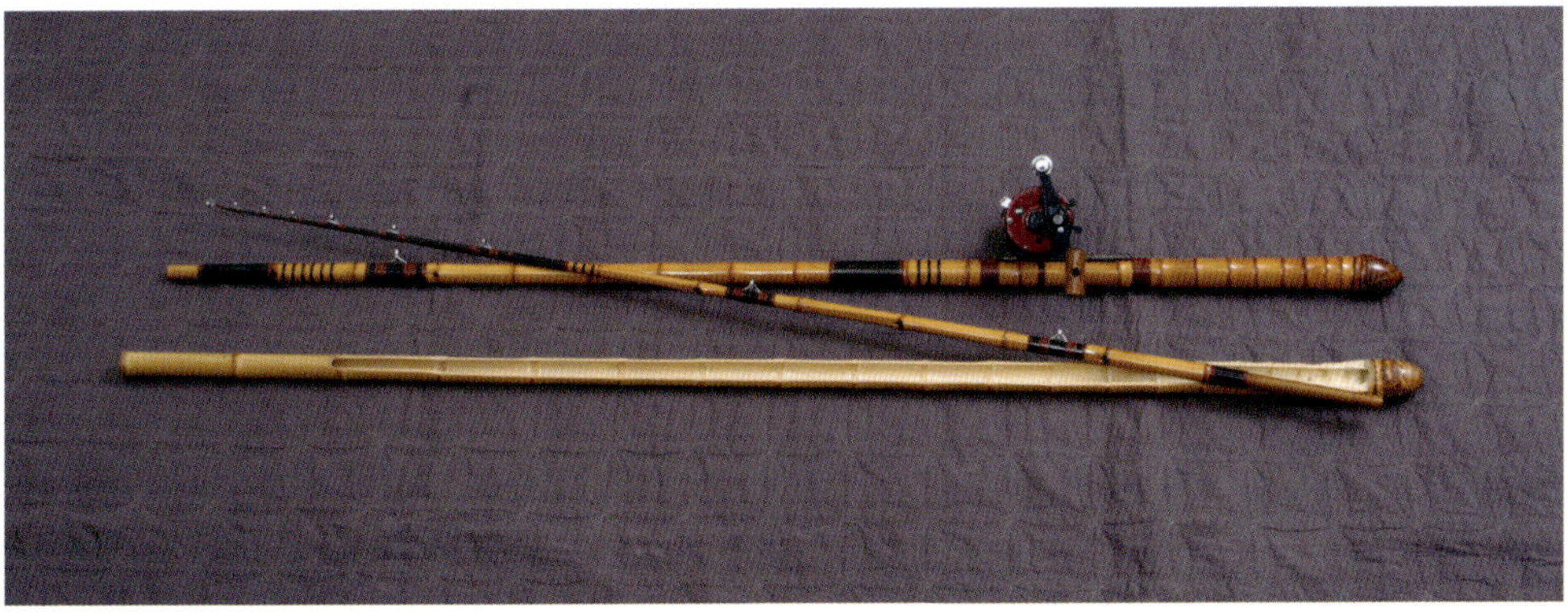

◉晴作
3尺8寸元2本継ぎのヒラメ竿／クジラ穂・淡竹根掘り手元の印籠継ぎ布袋竹竿

2本竿で小突き釣りを楽しむのが正統派だ。

そして、数十年も前の昭和30〜40年だろうか、面倒なミチイトの手巻きを解消する目的で、アイデア釣り具として回転式イト巻きの手ばね竿が登場した。

ところが一方では、船小もの用リール竿のリールシートに取り付けられる脱着式イト巻きなるものもあったのだから、釣り人が考え付くことは本当に面白い。

晴作は本書で変わり塗りの見本を提供して頂いた寿晴の旧名

山立て研ぎ出し塗りは控えめな模様

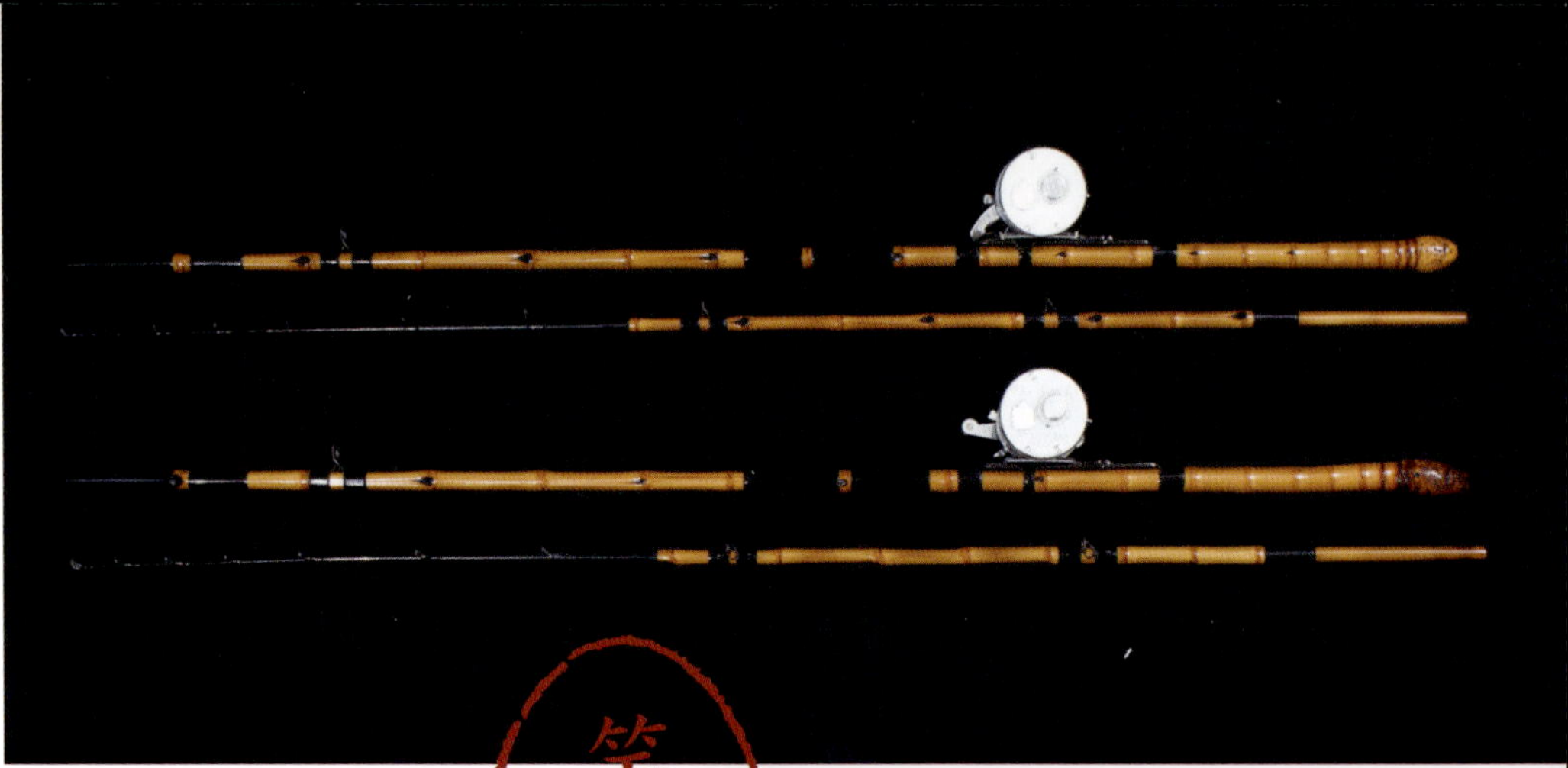

竿しば

◉竿しば
3尺元2本継ぎ2本組のマコガレイ小突き竿／イワシクジラ穂先・淡竹根掘り手元の布袋竹竿

要所要所は金の研ぎ出し塗り。40cm を超すビールビン級の大型アイナメが目標だけに、繊細なグラス穂先に対して胴の張りが強いブラクリ釣り竿

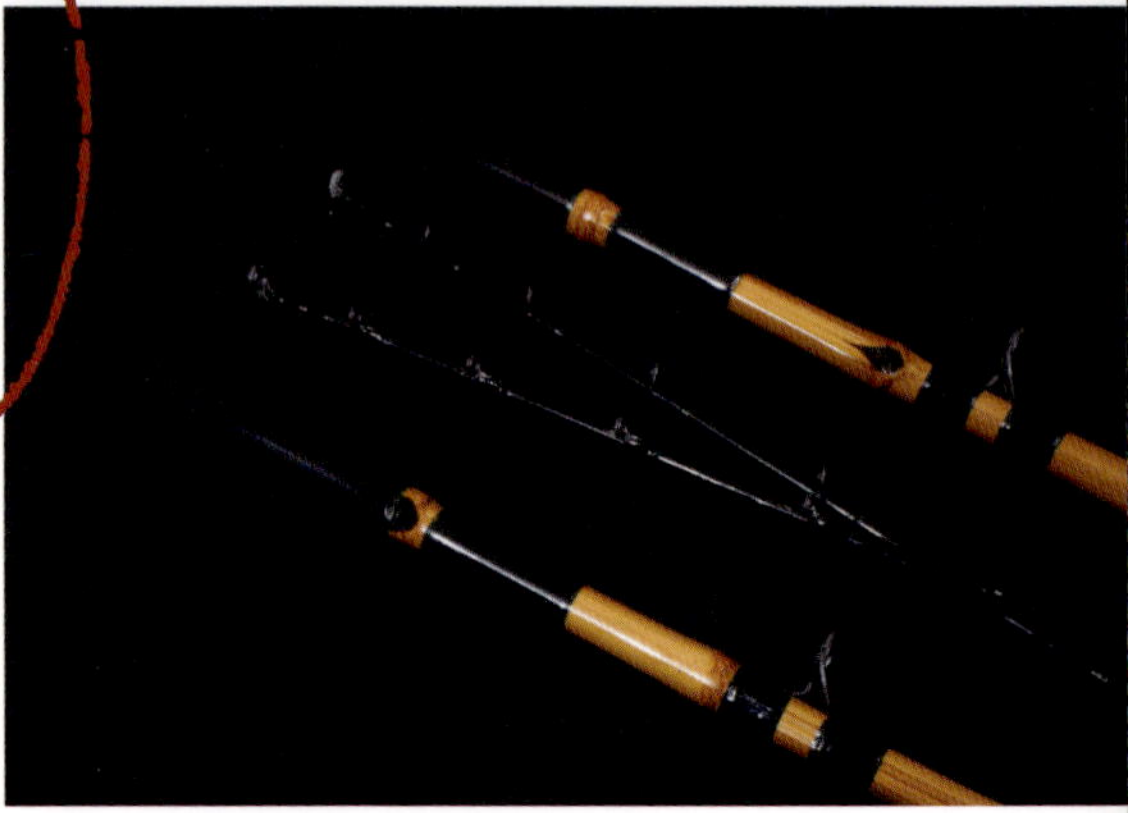

イワシクジラ穂先は張り合わせ工法。セミクジラに比べて価格は安く、折れにくいことが長所

邦昌作

◉邦昌作
3尺9寸元2本継ぎのアイナメ竿／グラス穂先の布袋竹竿

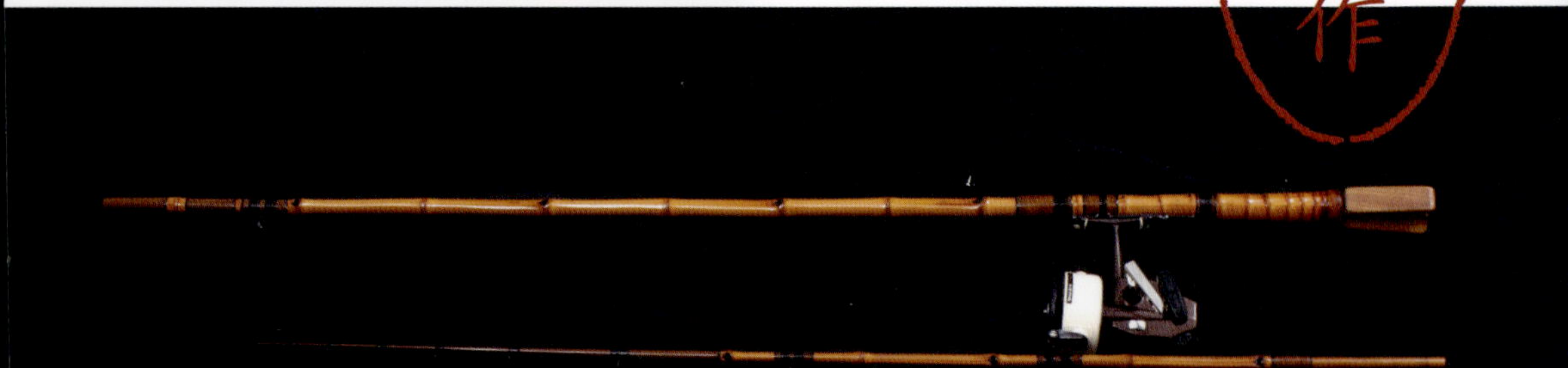

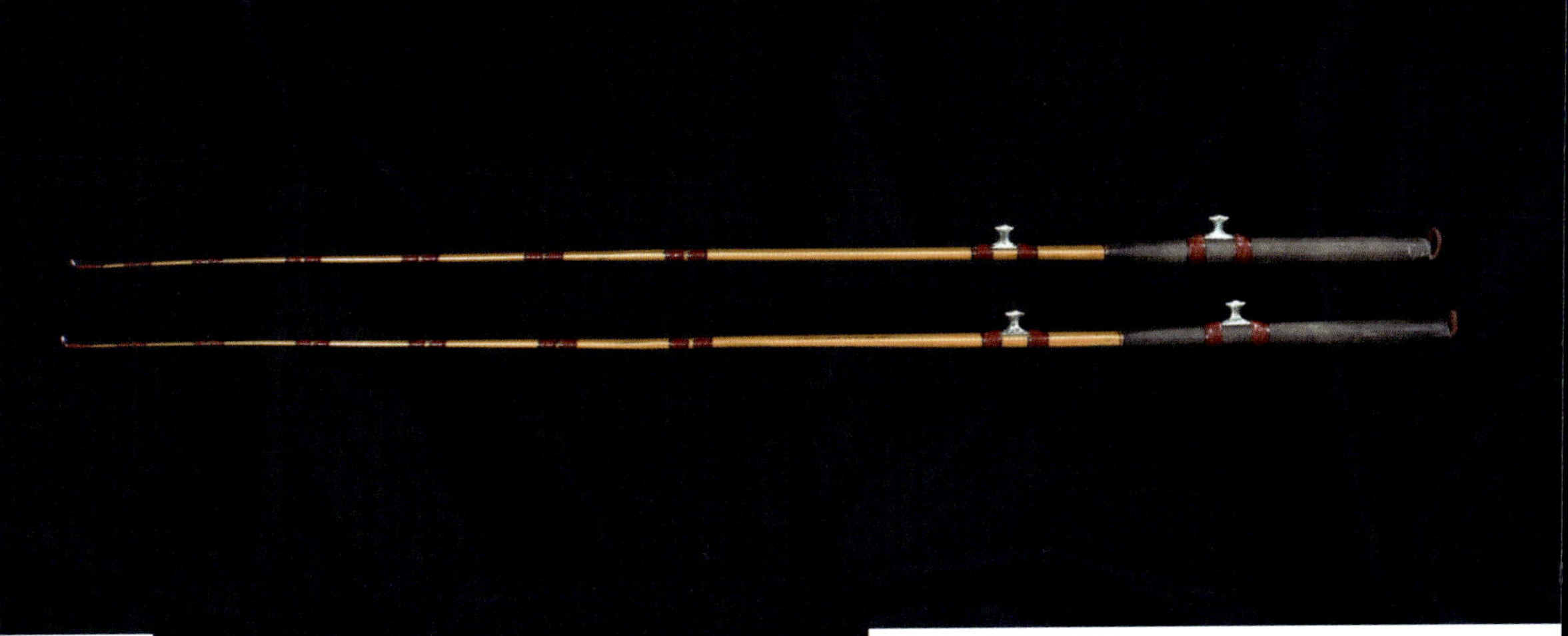

◉無銘竿
2尺5寸1本物2本組
の夜アナゴ小突き竿

漆塗りが施された既製品の夜アナゴ竿。アマチュアの自作竿には剣道の竹刀を削ったものが多かった

昭和の船竿アイデア！

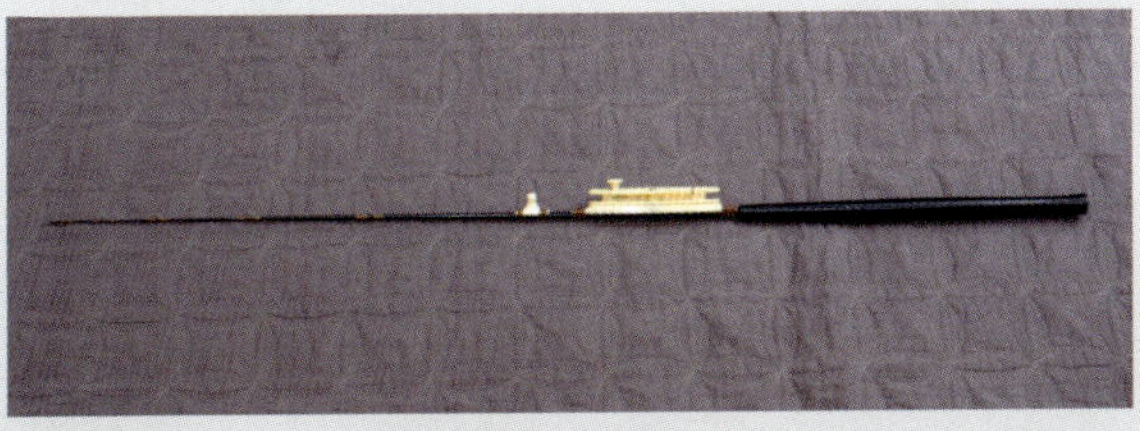

回転式イト巻き付きのグラス製アナゴ竿

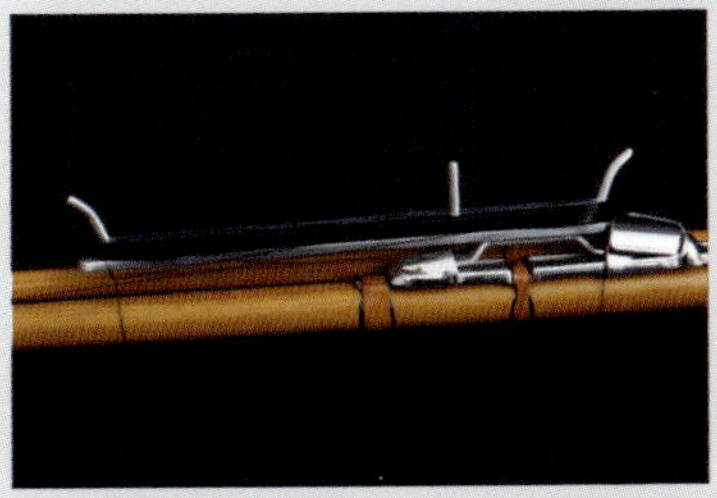

船小もの用リール竿のリールシートに装着できる金属製の脱着式イト巻きがこれ！

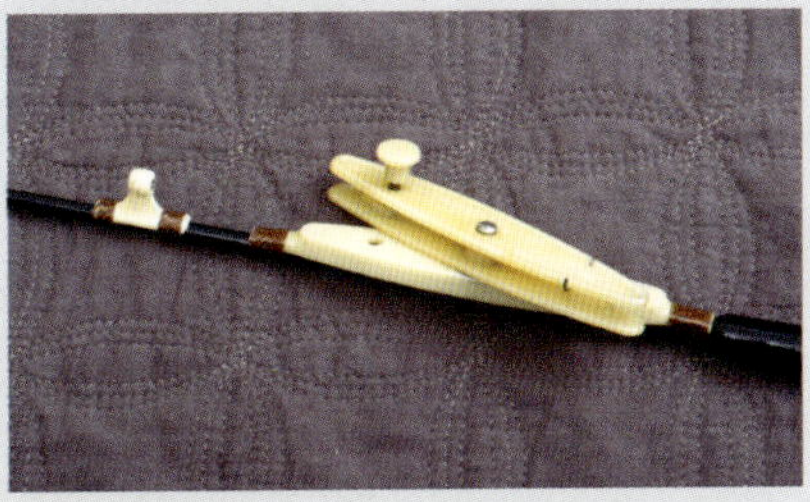

本体を回して魚とやり取りする目的のリールではなく、単なるミチイトの出し入れ用

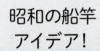

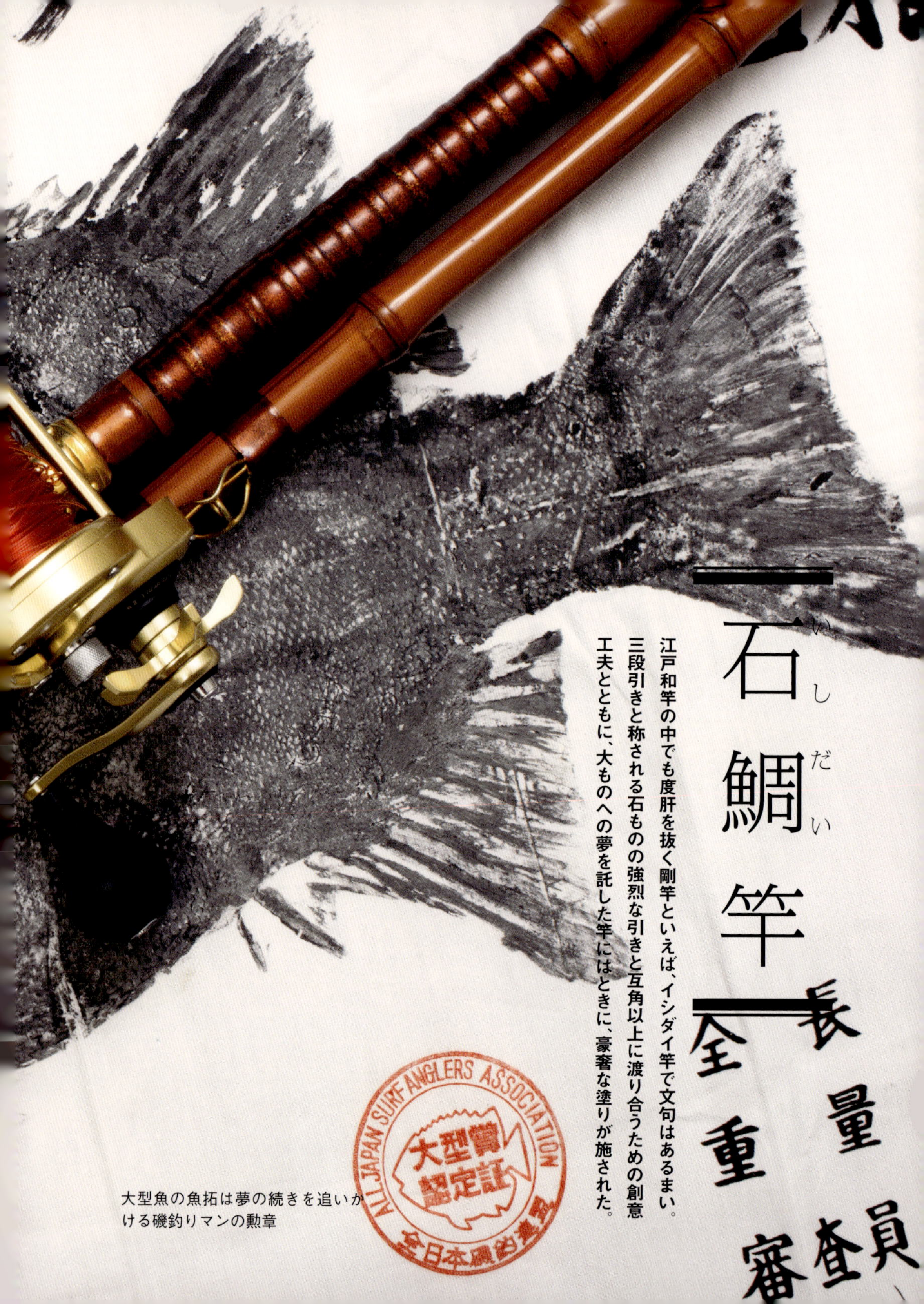

石《いし》鯛《だい》竿

江戸和竿の中でも度肝を抜く剛竿といえば、イシダイ竿で文句はあるまい。三段引きと称される石ものの強烈な引きと互角以上に渡り合うための創意工夫とともに、大ものへの夢を託した竿にはときに、豪奢な塗りが施された。

大型魚の魚拓は夢の続きを追いかける磯釣りマンの勲章

魚名

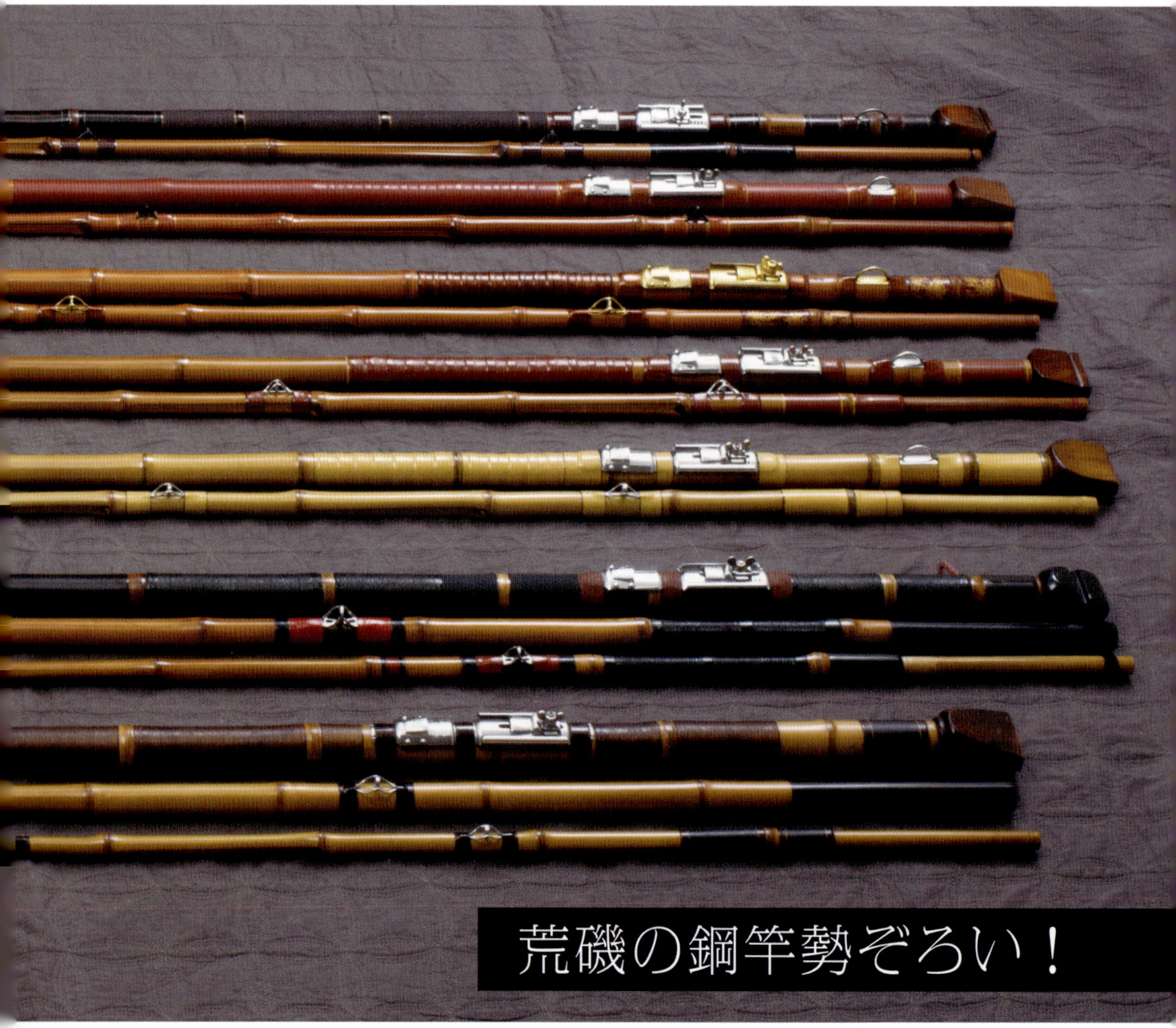

荒磯の鋼竿勢ぞろい！

磯釣りジャンルの中で最も強靭な竿といえば、離島などの荒磯を舞台に、イシダイ・イシガキダイの石ものと力比べを繰り広げるイシダイ竿である。

リールを組み合わせた磯のイシダイ和竿の歴史は、5代目東作『和竿事典』によれば、「日本磯釣倶楽部」が発足した昭和16年に始まったとされる。

30号以上のオモリとワイヤハリス仕掛けのブッコミ釣りでねらうそのスタイルは、従来の和竿作りのコンセプトとは一線を画する未知の領域だった。現代に通じるイシダイ竿が確立されるまでには、想像を絶する労苦があったことがうかがえる。

イシダイ竿の開発を牽引したのは東作一門と、初代竿敏。東作は長岡（輝衛）式と呼ばれる先調子の太竿に基本スタイルを見出し、竿敏は三

上から、瀧澤（たきざわ）、俊貞作、２代目竿敏、竿清、百武作、竿かづ、東作本店

谷（嘉明）式といわれた胴調子の細身竿を追求した。

当初、東作では1本の布袋竹を穂先、穂持ち、2番の3等分に切り分け、淡竹の2年ものを手元に組み合わせた全長3間（約5・4m）の4本継ぎを基本形とした。そして継ぎ口は穂先と穂持ち、穂持ちと2番の2個所は印籠継ぎ、2番と手元は並継ぎを採用することが定法とされた。

長竿の携帯性を考慮した東作に対して、竿敏は総布袋竹3本印籠継ぎから成る独自の細身胴調子竿を完成させる。「柳調子」と自身が称したその竿は、後にイシダイ和竿の主流を形成するに至った。

しかし時代の推移とともにグラス、カーボン化の波が押し寄せる。軽さや強度の点から影響は長竿ほど顕著で、イシダイ竿もその例に漏れな

荒々しい岩場で傷つくのは心配だが、近代のイシダイ竿には和竿師独特の美しい口塗りで仕上げた作品も多い

イシダイ竿の穂先は渡礁の際などに破損しないように、手元竿の石突きを外して内部に収納する細工がしてある。このため４本継ぎのサオは３本仕舞い、３本継ぎだと２本仕舞いにして持ち運べる

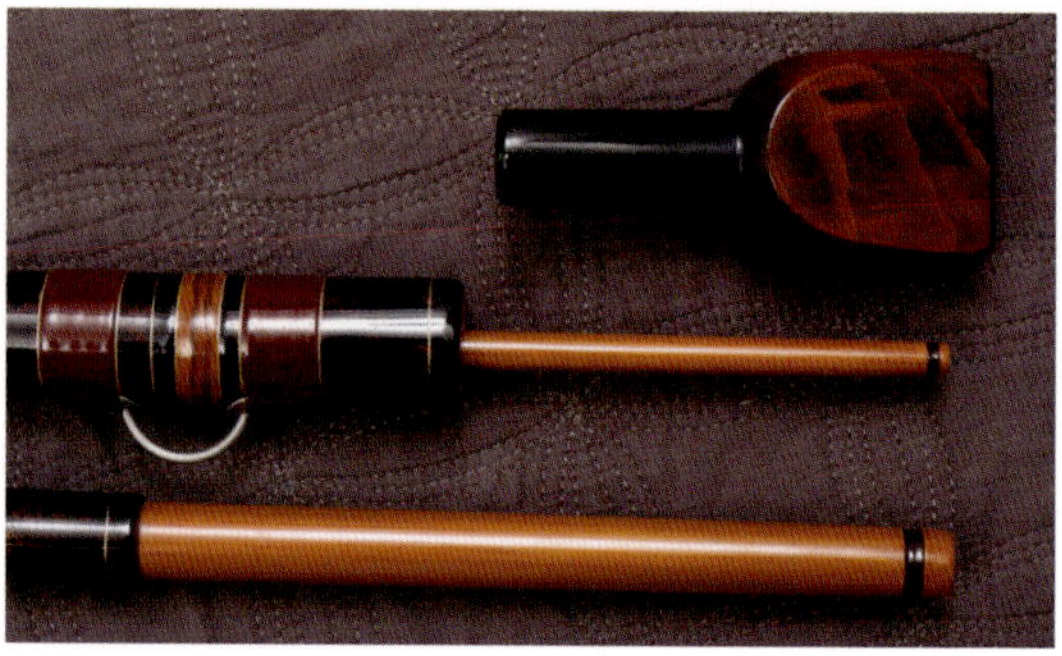

かった。

それでも、今なお和竿を愛し続ける釣り人がいる。漆塗りの美しさもあるが、それ以上に化学繊維にはない、竹ならではの柔軟な弾力性が彼らが和竿を手放さなかった最大の理由だ。

大もの一発に懸ける石ものの釣り。なかでもイシガキダイの老成魚、特大サイズのクチジロの夢を追う釣り人は多い。

3段引きと表現される強烈な石もののアタリは、本アタリで穂先が海面に向かって一気に突っ込む。釣り人はそれを手元竿で受け止めつつ、全身で支えて立ち向かう。竹素材が本領を発揮するのはこのときだ。

余談だが、イシダイ竿を作るには極太竹を火で焙り矯めるのに相当な腕力と体力を要する。そこで東作一門では数多い弟子の中から、背丈が大きな和竿師を選抜したという逸話もある。

そんなイシダイ竿を得意とした和竿師の工房を訪ねた折、全長2m以上もある室が部屋に鎮座していたのが印象的であった。

手元竿の末端に取り付けられた木製の石突きは個性的な形も。また、尻手ロープはイシダイ竿の命綱。古いタイプ（右から２本目）は細引きのチチワだが、近年のものには頑丈な尻手金具が付けられている

ネジ止め固定式リールシートの代表格はオリムピック製「オクトパス No.5」

イシダイ竿にセットされるリールシートは今も昔もネジ止め固定式に限られる。「一般的な跳ね上げ固定式のリールシートは大ものが掛かると、その怪力で置き竿に手を伸ばす間もなく一瞬で後部が壊され、リールがぶっ飛ぶ事故を目にしました」と、石もの釣り一筋の高尾敏さん

オリムピック製「オクトパス No.5」の生産が終わると、和竿師も磯釣りマンも目の色を変えて東奔西走。知人を頼って地方の小さな釣具店まで捜し回ったという逸話も聞く。また、ある和竿師はオクトパス No.5 から型を起こし、鋳造させたそうだ。左２本は純正品、右２本は信頼できる性能の模造品

「初代、2代目と続く竿敏は名実ともに日本一と称されるイシダイ竿師。鬼籍に入った今も他の追従を許さない」（高尾敏・談）

2代目竿敏は魚の引きの強さに柔軟に応じてくれる胴調子を柳調子と呼んだ。胴漆は回数を重ねた手拭きで仕上げた

口塗りは金箔入り極上塗りの研ぎ出し仕上げ。金箔入り極上塗りのイシダイ竿は初代竿敏と同じく、生涯1本のみの貴重な作品

竿敏

◉ 2代目竿敏
1間伸び（約2m）元3本継ぎ、3間の総布袋竹ザオ

「瀧澤は威風堂堂の作風とともにイシダイ竿で一世を風靡。しかし後継者を得ず、やむなく廃業した」(高尾敏・談)

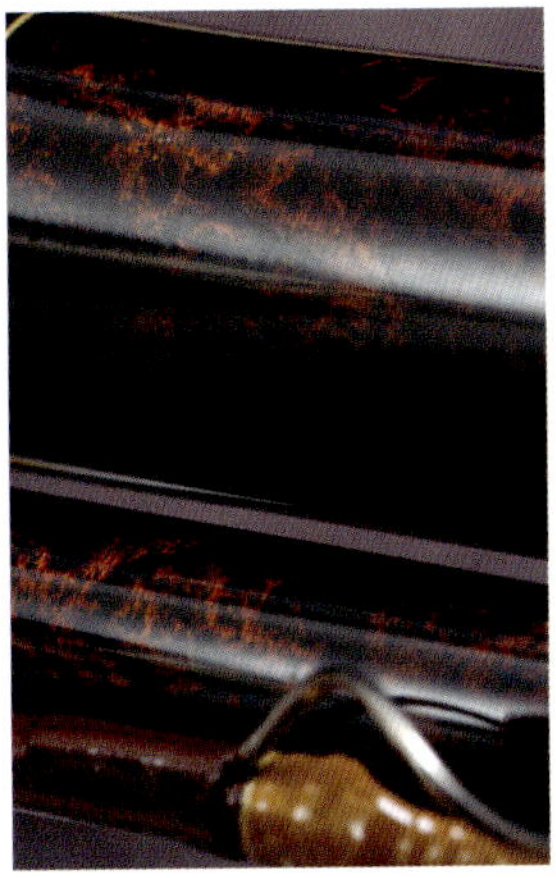

巧妙な研ぎ出しで金赤の色合いを浮き上がらせた塗師仕事。瀧澤は自身の竿の胴調子を「食い込み調子」と名付けた

瀧澤

◉瀧澤

1間伸び(約2m)元3本継ぎ、3間の総布袋竹竿。布袋竹は1本取りをし、2番と手元を生かして穂先だけを組み替えてある

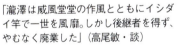

俊貞作

「4代目東作の高弟、東俊の2番弟子である俊貞作は、ある時一念発起して1本取りから竿敏流の選別した竹材の切り組みに切り替えた」
（高尾敏・談）

◉俊貞作
1間伸び（約2m）元3本継ぎ、3間の総布袋竹竿

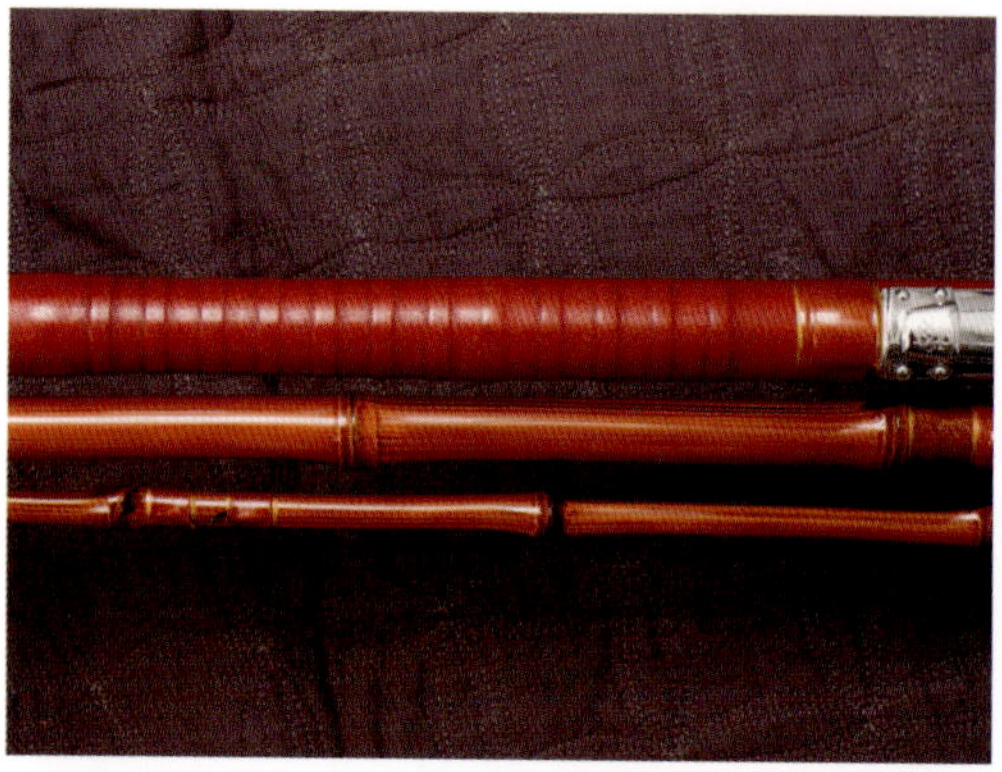

手元竿のリールシート上部は朱石目塗りが鮮やか

口塗りは津軽唐草塗り。胴漆は刷毛塗りで仕上げてある

◉東作本店
継ぎ口破損防止用の口金を施した4尺8寸元4本継ぎのイシダイ竿

金ラベルＢ１級の小判東作。東作一門では腕力・体力を要するイシダイ竿の製作に背丈が大きな和竿師を選抜したという逸話も残っている

東作本店

布袋竹は１本取りとし、淡竹の手元竿を組み合わせた東作定法の秀作である

百武作

「2代目竿敏に惚れ込んだ百武作は、仙台市の居酒屋割烹『阿古』の親方でもある。2代目竿敏の仕事道具は百武工房で保管陳列している」(高尾敏・談)

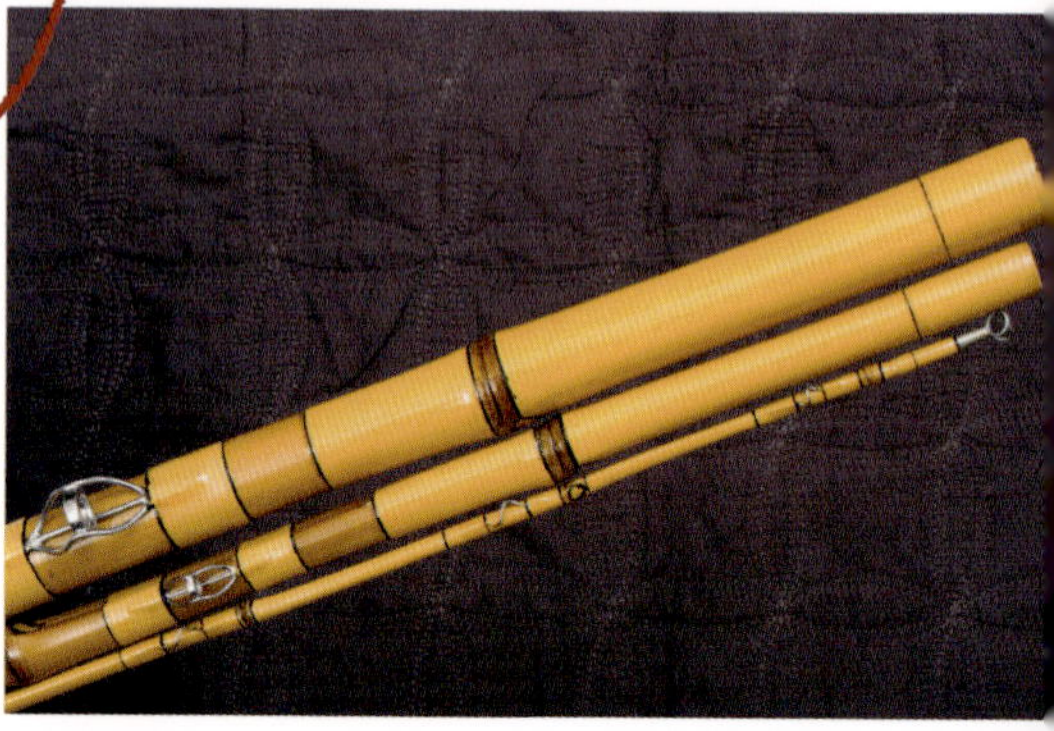

◉百武作

1間伸び(約2m)元3本継ぎ、3間の総布袋竹竿。この竿は7:3の先調子

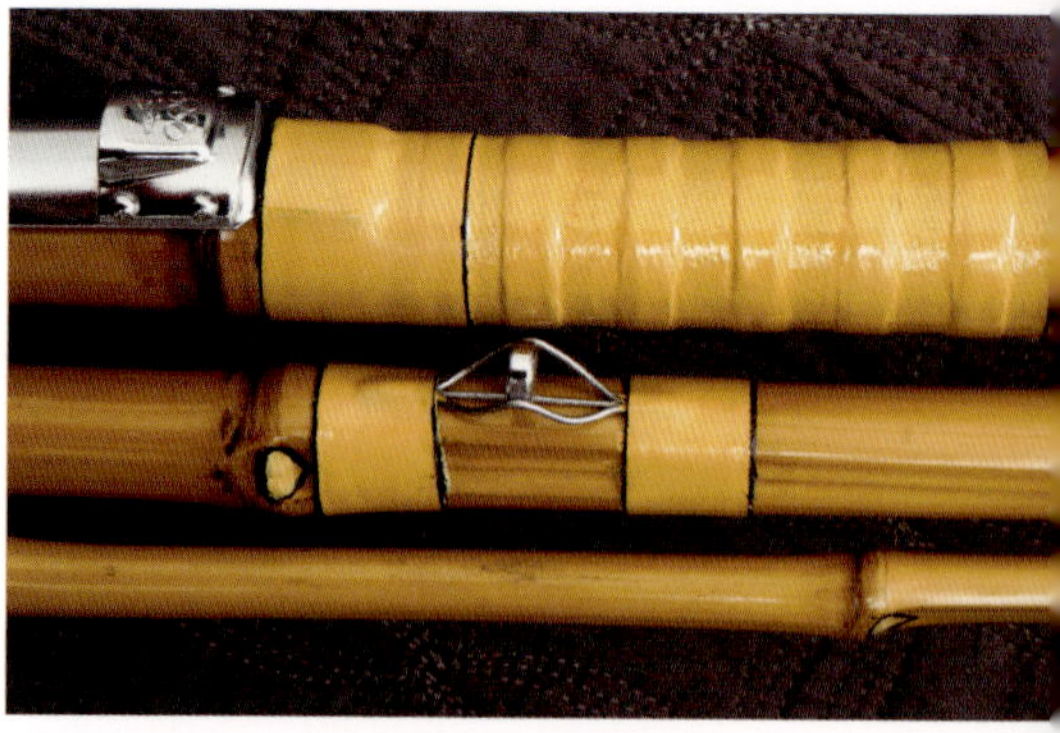

手元竿の握り部分は段巻きの黄石目塗り。胴漆は手拭き

竿かづ

◉竿かづ

下・左)手元竿から長寸の保護用口栓を抜いて、布袋竹の穂先を収納する仕組み。その継ぎ口に2番を継ぐ、珍しい1間元3本半継ぎのイシダイ竿。後日、リールシートの位置を下方に付け換えたため、焼き印は隠れてしまっている

下・右)継ぎ口は定法どおり、穂先と穂持ち、穂持ちと2番は印籠継ぎ、2番と手元には並み継ぎが採用されている

「古豪の和竿師が皆逝ってしまった今、竿清は次代を担う2代目竿敏流の新鋭イシダイ竿職人」（高尾敏・談）

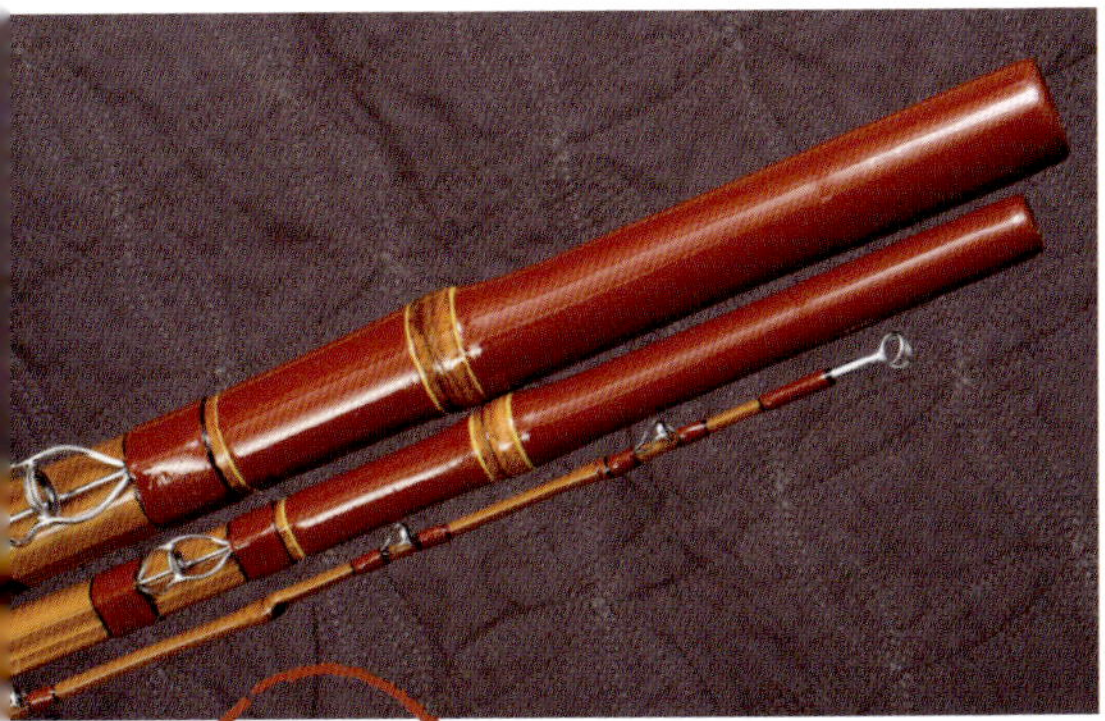

竿清

◉竿清
1間伸び（約2m）元3本継ぎ、3間の胴調子総布袋竹竿。口塗りは弁柄（紅殻）の塗り立て

手元竿のリールシート上部には石目塗りとともに、下巻きには等間隔で太めの筋巻きの後、滑り止め加工を施してある。胴漆は生上味（きじょうみ）漆の手拭き

堤防磯リール竿・投げ竿

リールの変遷とともに外ガイド式の新式和竿として発展していった投げ竿。また、メジナやクロダイをねらう磯の上もの釣りをはじめ、堤防の小もの釣りにも江戸和竿の巧妙な工法が生かされたことはいうまでもない。

磯の上もの竿

◉銀座東作
4尺9寸元4本継ぎのクロダイ磯竿
穂先と穂持ちは定法どおり印籠継ぎだが、手元2番を並継ぎに変更したのはクロダイに適した先調子に仕上げるためと思われる

磯釣りジャンルは、別項の石もの釣り（底もの）と、磯際のサラシに潜むメジナや、クロダイを相手にする上もの釣りに大別される。

後者の和竿の釣りは、外ガイド式リール竿と横転式タイコ型リールの組み合わせタックルから始まった。上ものターゲットは潮に乗せて流すウキ釣りが主体だから、全長3間（約5・4ｍ）前後の長竿が必要で、切り寸法4尺5寸～5尺（約1・35～1・5ｍ）で4本継ぎにまとめた竿が多い。

竿はイシダイに比べて数段細身とはいえ、相手は鋭い引き味を見せるメジナやクロダイ。やわな竹材は使えない。多少自重が増す欠点はあるが石ものと同じく、布袋竹竿が基本形だ。手元にはリールシートを取り付ける淡竹を継ぎ足すとともに、グラス穂先付きの布袋竹竿も定着した。

加えて、布袋竹竿は必然的に印籠継ぎになるので胴に乗る調子を出しやすい。予期せぬ大ものがきても竿の弾力を利用し、思う存分ファイトできることが大きな利点といえる。

黒の覆輪が引かれた朱色の口塗りは銀座東作のオリジナルカラー。握り手元には滑り止め用の木綿糸巻きが施されている

小磯や堤防でチンチン（クロダイの幼魚）、小メジナ、ウミタナゴをねらう小もの釣りも面白い。クロダイ釣りは専用のヘチ竿に任せるとして、小もののウキ釣りにはマブナや清流、渓流用のノベ竿が流用できるほか、専用の外ガイド式リール竿もある。

これらは全長2間〜2間半（約3・6〜4・5m）の3本継ぎ布袋竹竿が基準。10〜15cmの小魚でも心地よい引き味が楽しめる、軟らかめの先調子竿が理想的だ。

釣り姿を遠目に眺めると、1本物のノベ竿と見間違える竹肌塗り

竿中

◉竿中
4尺9寸元3本継ぎの磯&堤防小もの竿／印籠継ぎの布袋竹竿

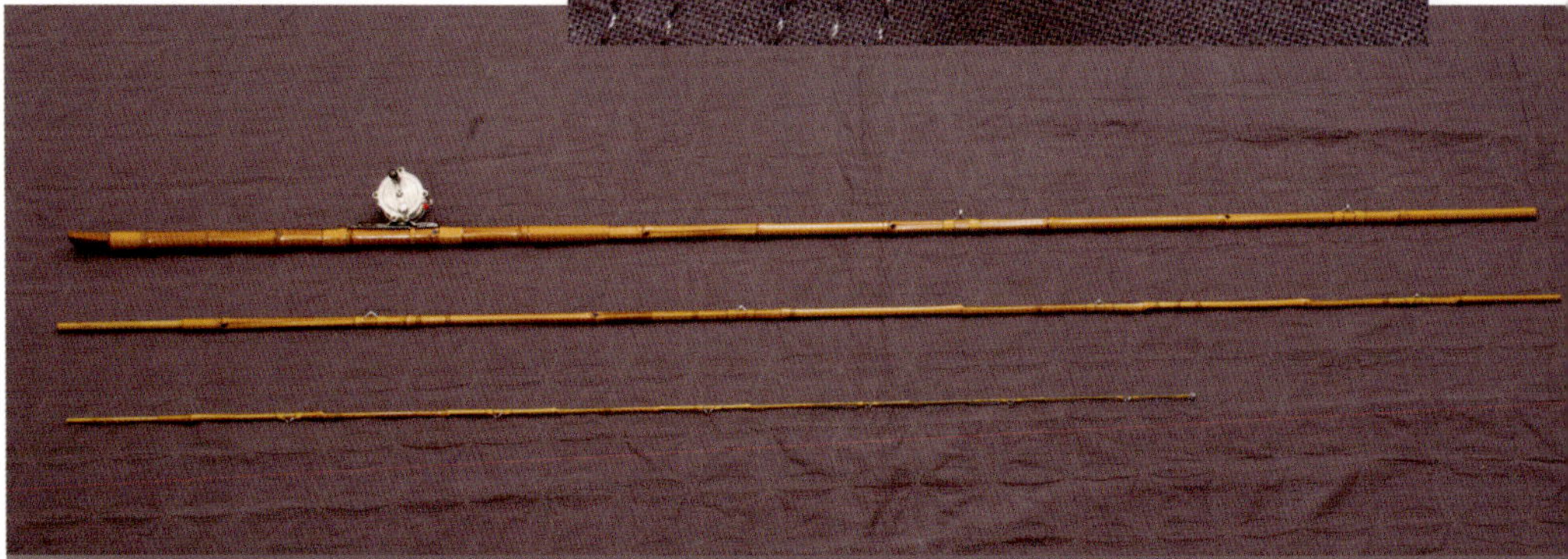

簪(かんざし)トップにS字&クリスタルガイドを取り付けたレトロスタイル!? れっきとした平成20年代の新作である

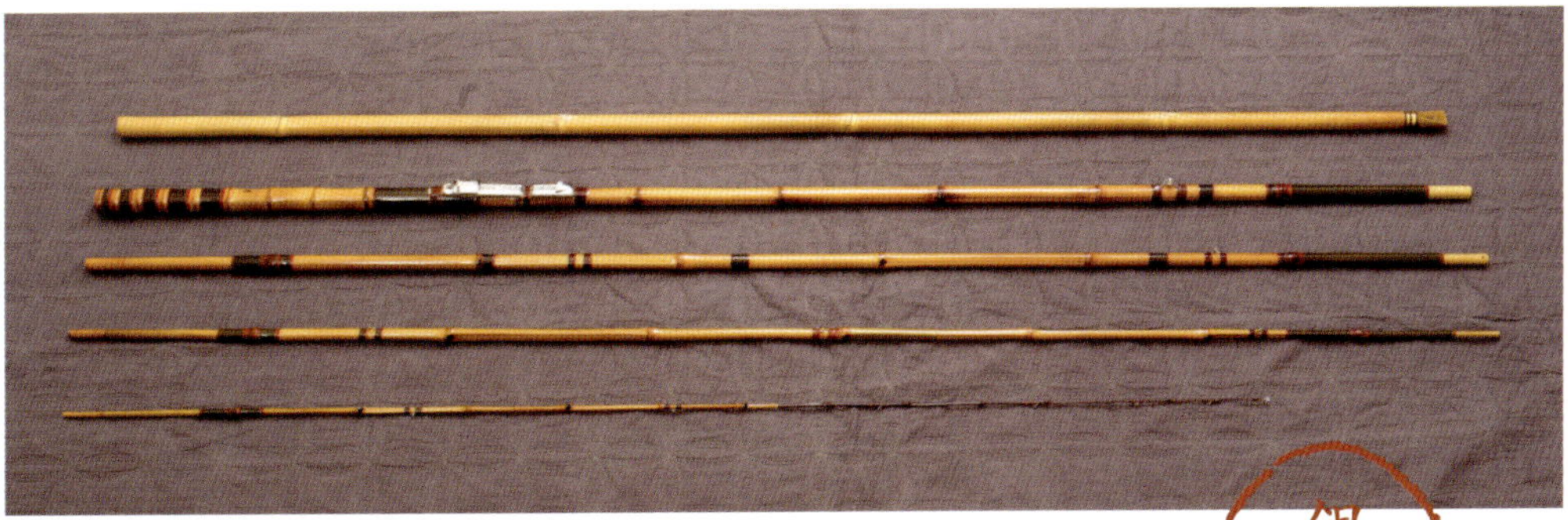

銀座東作

●銀座東作
4尺5寸元4本継ぎのメジナ磯竿／布袋竹穂先・淡竹手元の印籠継ぎ布袋竹竿

細身の布袋竹を印籠継ぎで組んだメジナ竿。胴に乗ってくる調子は粘り強い

投げの和竿

一方、シロギスやイシモチ、カレイを主要ターゲットとしてねらう砂浜や堤防の投げ釣りでも和竿は活躍した。汽水域のハゼ釣りなどは珍しさもあって万能タイプの六角竿も好まれたが、本格的な投げ竿には、イシダイやメジナといった磯釣り用竿のノウハウが生かされた。

横転式タイコ型リールを組み合わせた投げ釣りの黎明期は、瀬戸物ガイド付きの全長9尺（約2・7m）3本継ぎや2間（約3・6m）4本継ぎの投げ竿が主流。

竹材の基本は矢竹か丸節の穂先以下、穂持ちと穂持ち下には矢竹を継ぎ、淡竹手元に切り組まれたが、反発力が強い布袋竹竿も好まれた。さらに、砂浜で安定性のよい竿尻用の石突きが取り付けられたことは特徴的だ。

戦後、スピニングリールの新時代を迎えると、遠投用投げ竿には軽量の大口径ガイドが採用され、遠投力を高めていく。やがてリールのスプール形状がインスプールからアウトスプールに変わり、グラス製の投げ竿に呼応するかのように遠投専用の大型スピニングリールが登場する頃には、竹製の投げ竿は静かに役割を終えていく。

◉上＝**東作本店**
4尺8寸元3本継ぎの総竹投げ竿
下＝**竿銘なし**
4尺8寸元3本継ぎのグラス穂先投げ竿

東作本店

「カク東」の焼き印がある投げ竿には手元と手元2番のすげ口に
補強用口金が被せてある

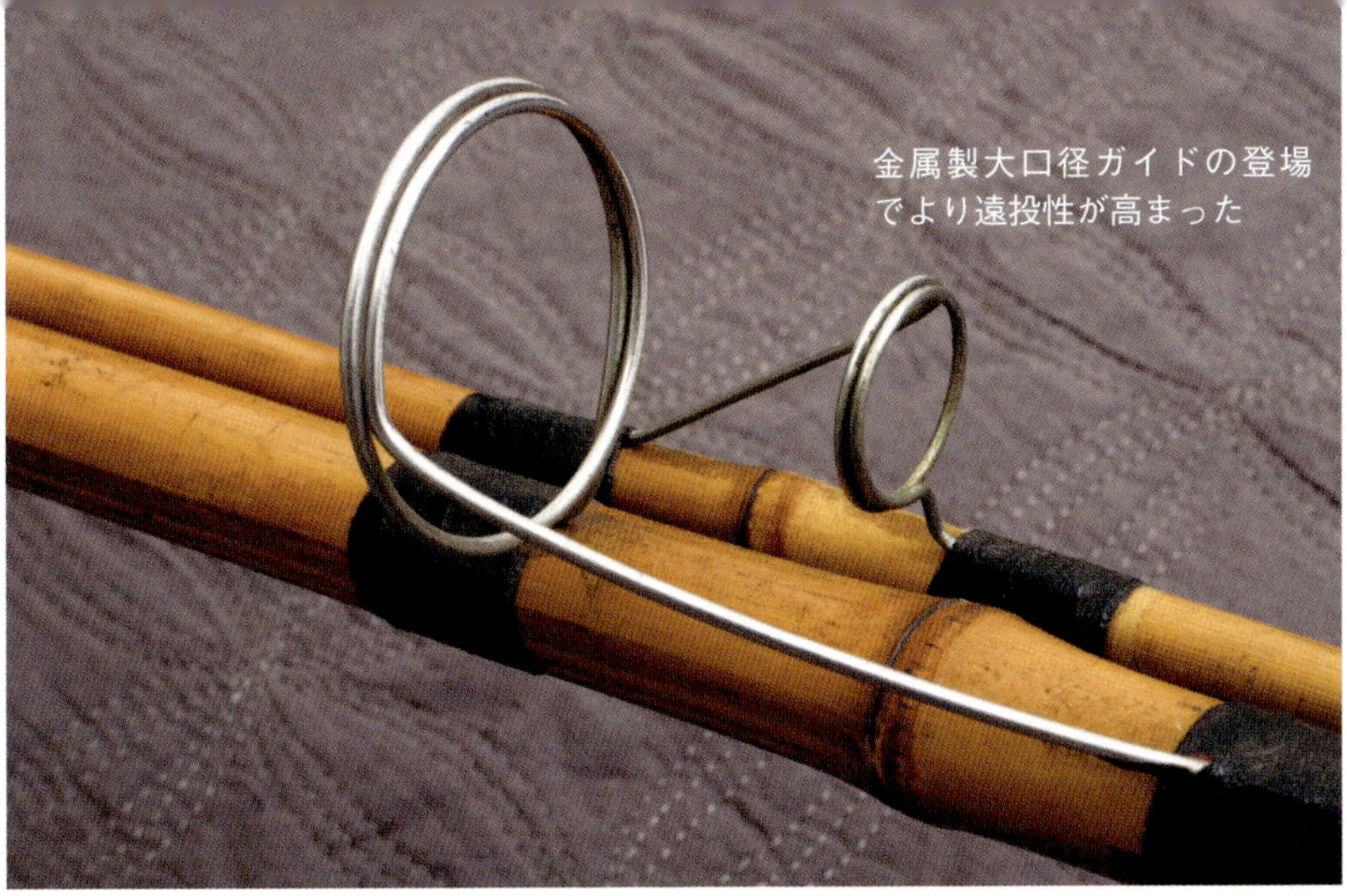

金属製大口径ガイドの登場
でより遠投性が高まった

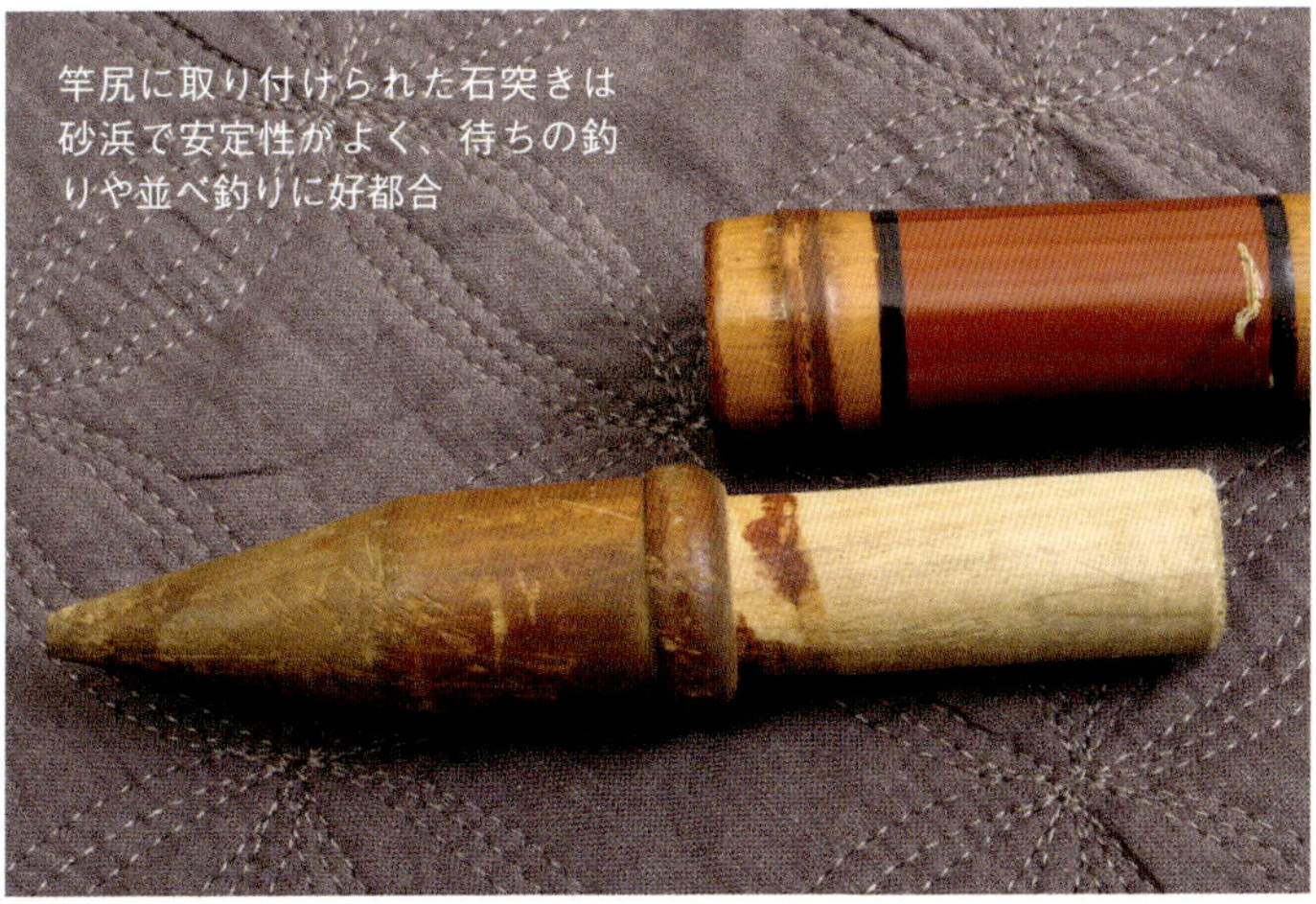

竿尻に取り付けられた石突きは
砂浜で安定性がよく、待ちの釣
りや並べ釣りに好都合

当時は最新だったスピニングリールとの
組み合わせも今となっては懐かしい

コラム

江戸和竿は絶滅危惧種!?

つり人社会長　鈴木康友

江戸和竿の現状

江戸和竿に限らず、伝統工芸品全般の将来は危機的状況にある。何しろ後継者がいない。本書の著者である葛島一美さんの和竿単行本シリーズ第一弾『平成の竹竿職人』が世に出たのが２００２年。あれから15年の時が流れ、当時は元気だった親方たちも引退したり、何名かは鬼籍に入られた方もいらっしゃる。

現存する親方も総じて高齢で、江戸和竿組合の竿忠組合長が、まだまだ元気とはいえ80代。役員をなさっていた竿しばさんも同い年。竿富さんも80歳を越え、竿辰さんも80歳に近い。そして皆さん跡継ぎがいない。

時代の流れといってしまえばそれまでだが、江戸和竿師が消えた世界をふと想像してみれば、とてもさみしい光景だ。竿だけが残ってしばらくの間は釣りができるとしても、それは砂を噛んだように味気ないものだろう。

希望の灯

そんな中での救いは、江戸和竿の本家本元、東作本店の代が途絶えていないことだ。6代目東作の晩年に竿作りを教わった、店主・松本耕平さんの双子の息子の1人、松本亮平さんが現在「東亮」の名で竿を出している。まだ若く経験も浅いが、さすがの血筋というべきか、非常に優れたセンスが感じられる。いつの日か間違いなく東作の跡目を継ぐ日が来るだろう。

もう1人は竿中さん。『平成の竹竿職人』のときには若手として登場していた。今、本当の意味で現役バリバリの江戸和竿師と呼べるのはこの人だけといっていい。竿中さんは高校を1年で中退し、「１０００円から１００万円の竿まで作れる」と豪語した稀代の和竿師、竿かづさんに弟子入りして和竿作りのすべてを学び、独立した。50代なかばにして和竿師歴40年、タナゴ竿、マブナ竿、ハゼの中通し竿はもちろん、海竿全般もこなし和のフライロッドまでなんでも来いの実力の持ち主だ。

もしもこの2人がいなかったら、江戸和竿の灯は消えてしまっていただろう。

横浜竿の和竿師さんたちも頑張っている。かつて島田汀石に弟子入りして江戸和竿のなんたるかを学び、横浜竿復興の祖といわれた邦昌さんが江戸和竿組合に入ったことで新しい流れが生まれた。現在は、汐よし、邦一、竿好さんが江戸和竿の系図に加わっている。彼らの存在も心強い。

江戸和竿の文化をみんなで未来へ

もう1つの新しい流れは、従来の徒弟制とは異なるところから出てきた、小もの竿を中心に活躍中の若い和竿師さんたちの存在だ。和竿界のサードウエイブとでもいおうか、竿貴さん、小春さん、増形智志さんたちは弊社の月刊『つり人』や私のブログにも何度か登場しており、特に若手ならではの塗りの美しさがファンの目に止まっている。

彼らにお願いしたいことがある。江戸和竿本流の親方たちが元気なうちに、和竿作りの要諦をしっかり教わってほしいのだ。2年でも3年でも、通いでいいから修行をして、そしてゆくゆくは江戸和竿組合に入って組合を継いでいってほしい。

親方たちには迷惑な話で、若い人には「竿作りの工程は頭に入っています」と言われるかもしれない。しかし私がいいたいのは、そんなうわべの話ではない。名のある和竿師の下で修行をするということは、たとえ竿銘を授からなくても、江戸和竿という歴史のたすきを受け継ぐのと同義だからだ。手を挙げてくださる方がいたら、私は全力で応援するつもりでいる。

それにはもう1つ理由がある。

近年私は江戸和竿師の竿中さんを師匠と仰ぎ、しょっちゅう工房に押しかけては教えを請い、「にわか・イカサマ・アマチュア竿師」を自称して和竿作りに励んでいる。なんでも本格的にやってみないと納得できない性分なので、あちこち手を尽くしてまず工具類を整えた。自宅に本格的な室も作った。毛バリやナイフも自作するので指先の器用さには自信があった。そのうえ釣り人としては和竿歴数十年、取材でも根掘り葉掘り親方たちに話を聞いてきたのでそれなりに精通しているつもりでいた。ところが……。

見るのと実際に作るのでは大違いなのだ。分かっていたはずの一寸先が分からない。その都度師匠に教えてもらい、目からウロコが落ちる。江戸和竿職人としての親方の凄さに私は改めて刮目《かつもく》した。

この素晴らしい技術は誰かが受け継がなくてはならない。だからこそ、この道を真剣に志している方には、器用な竿作りではなく、本物の竿作りを目差してほしいと思う次第だ。

そして、和竿ファンにもできることがある。

ＪＫＧ（ジャパンナイフギルド）というカスタムナイフの組織がある。ナイフショップ（ディーラー）、ナイフ作家（メーカー）、パートタイマーやアマチュア作家、コレクターなど、ナイフの世界にかかわるさまざまな人たちの集まりで私もメンバーの1人だ。

このような組織作りが和竿の世界でもできないだろうか。江戸和竿組合を中心に、和竿を扱う釣具店、セミプロ、アマチュア竿師、和竿ファン、コレクター、みんなが一堂に会することのできる組織があれば和竿師の育成にもつながるし、何より賑やかで楽しいではないか。メンバーが増えればゆくゆくは釣り場環境の保全活動など、さまざまな可能性も膨らむ。

そんな未来と「今」がつながっていればいいなと、思いませんか。

マブナ竿で覚える
和竿の定法

小継ぎ竿の代表格、マブナ竿を見本竿にして、主だった竹材の組み方や各部の名称、そして基本的な漆塗りなど和竿の特徴とノウハウをひと通りまとめてみた。

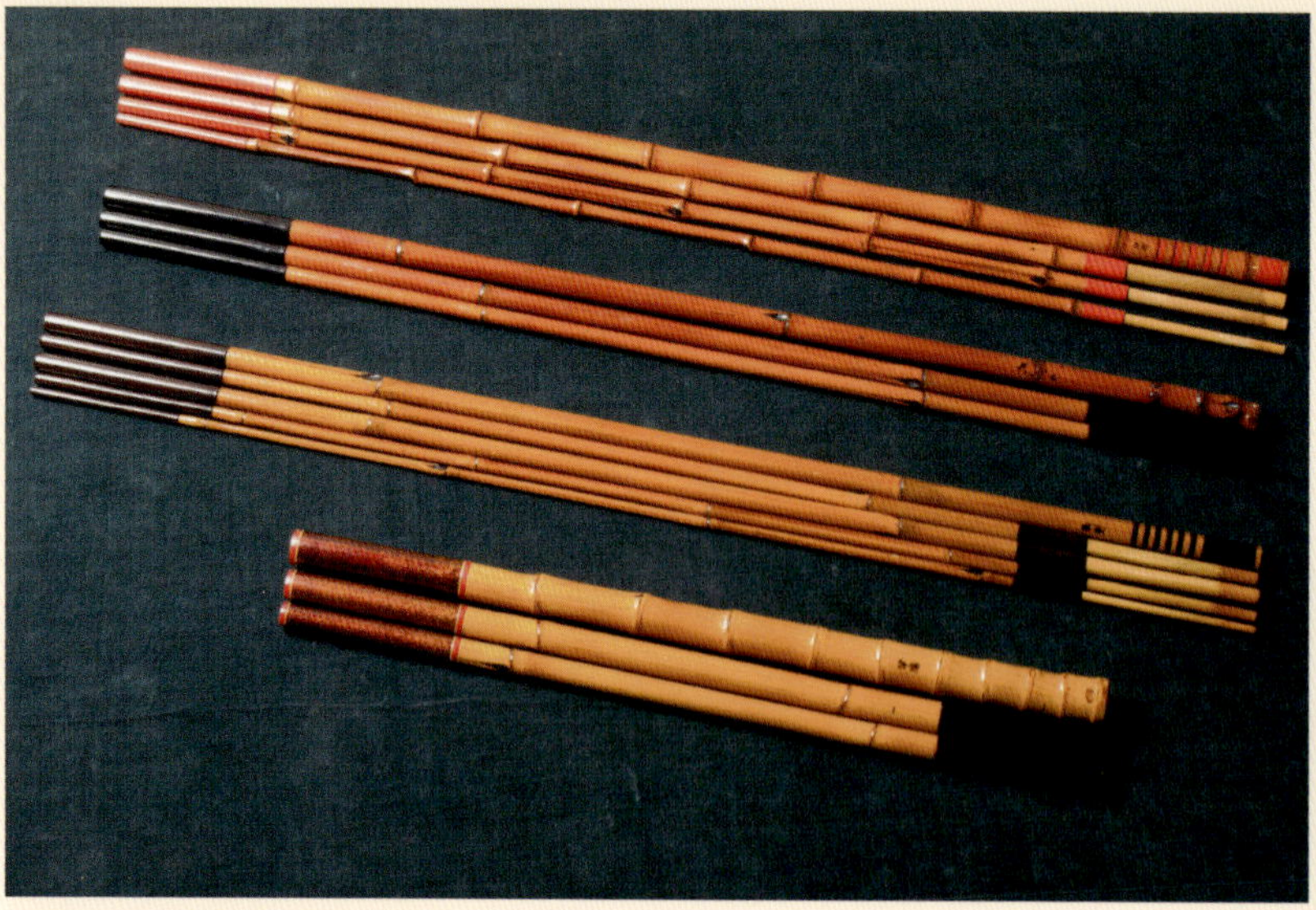

《竹材と継ぎ方の違い》

上：穂先から手元まで布袋竹の「印籠継ぎの総布袋竹竿」
中の２本：真竹の削り穂＋矢竹を組み合わせた「並継ぎの矢竹竿」（上）と、印籠継ぎの矢竹竿」（下）
下：真竹の削り穂＋矢竹＋淡竹手元で切り組んだ「並継ぎの矢竹竿」

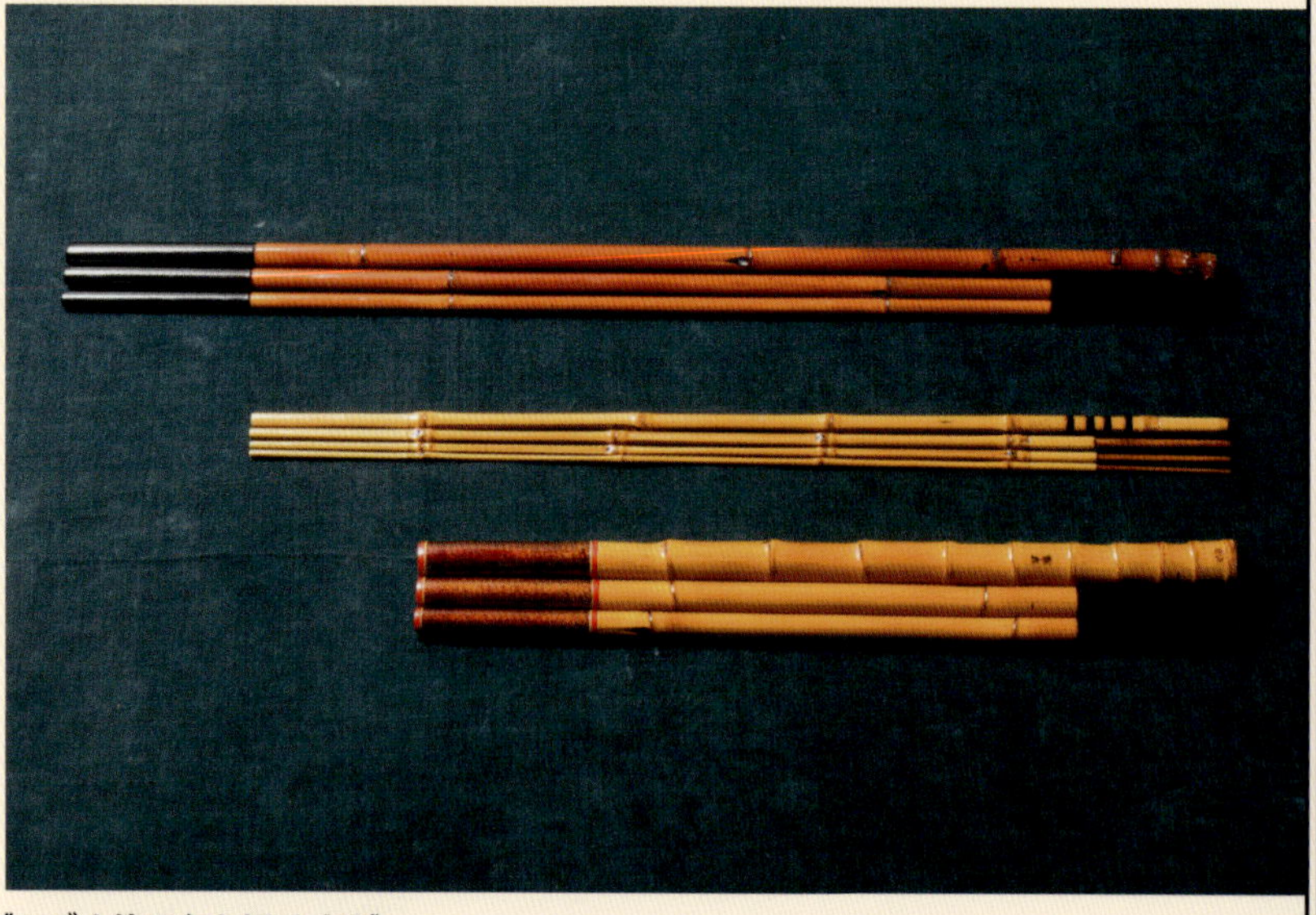

《マブナ竿の主な切り寸法》

上から、「尺８寸（約54cm）元」、「尺５寸（約45cm）元」、「尺２寸（約36cm）元」

《小継ぎ竿３本仕舞いの基本》
矢竹の並継ぎで切り組んだマブナ竿は穂先から順序よく、手元、手元２番、３番の３本に収納できる

【マブナ竿の切り寸法と継ぎ数による換算表】

尺８寸（約54cm）元 マブナ竿 すげ込みの長さ7cm	４本継ぎ	全長約193cm
	５本継ぎ	全長約240cm（８尺）
	６本継ぎ	全長約284cm
	７本継ぎ	全長約327cm
	８本継ぎ	全長約371cm
	９本継ぎ	全長約416cm

尺５寸（約45cm）元 マブナ竿 すげ込みの長さ7cm	４本継ぎ	全長約157cm
	５本継ぎ	全長約194cm
	６本継ぎ	全長約230cm
	７本継ぎ	全長約265cm
	８本継ぎ	全長約293cm
	９本継ぎ	全長約335cm

尺２寸（約36cm）元 マブナ竿 すげ込みの長さ6cm	４本継ぎ	全長約124cm
	５本継ぎ	全長約153cm
	６本継ぎ	全長約181cm
	７本継ぎ	全長約208cm
	８本継ぎ	全長約235cm
	９本継ぎ	全長約262cm

※資料提供「東作本店」

【小継ぎ竿の各部名称】

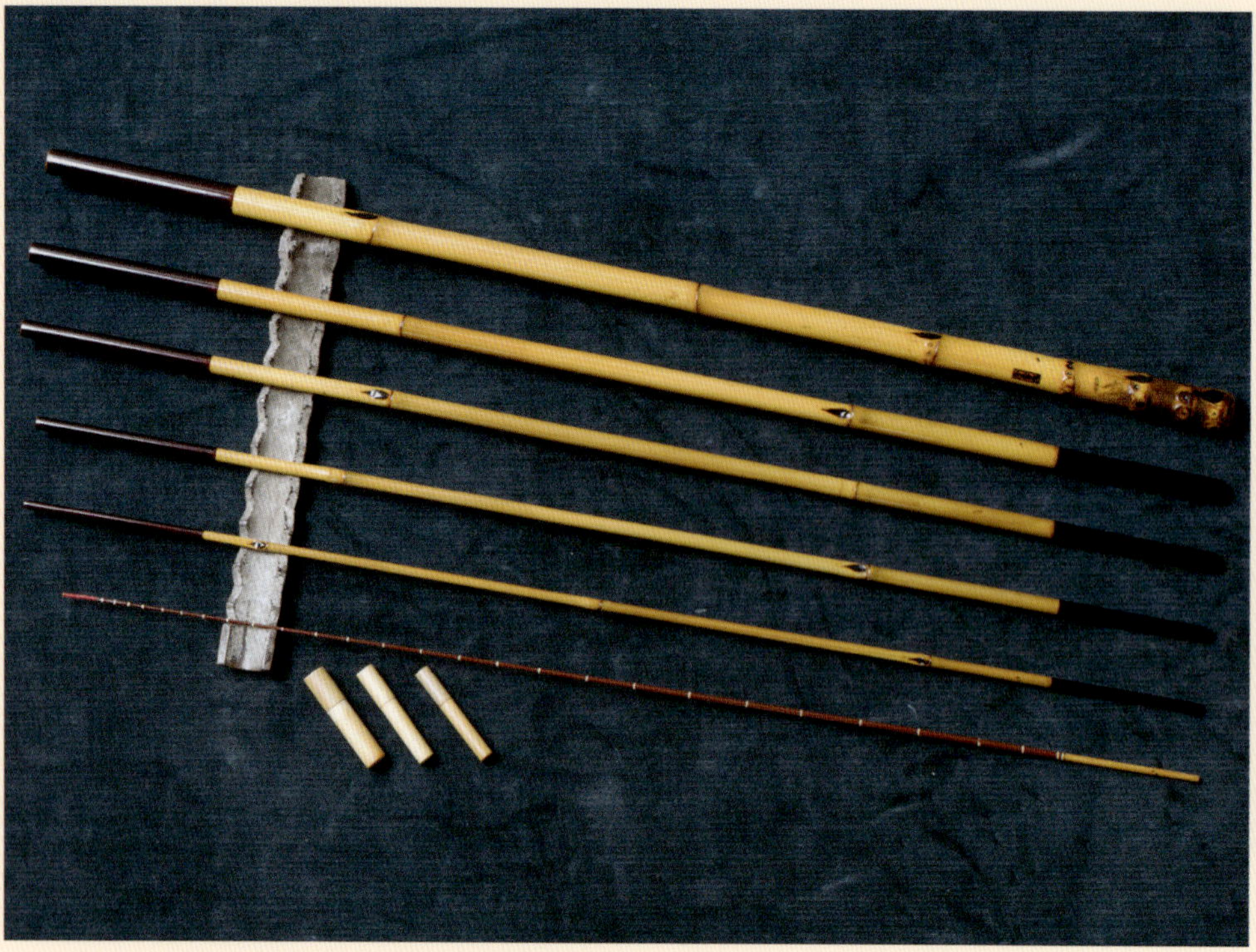

見本竿＝尺２寸元６本継ぎ３本仕舞いのマブナ竿

印籠継ぎ中通し竿の各部名称

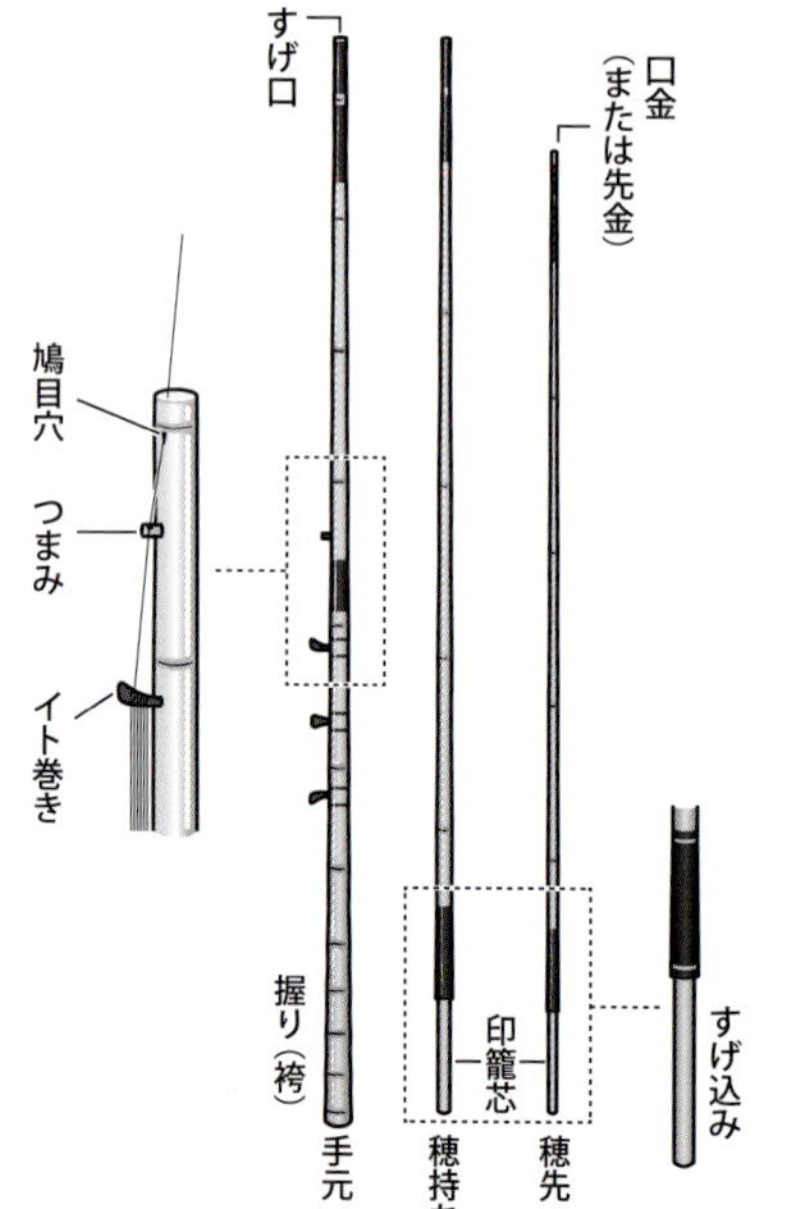

並継竿の各部名称

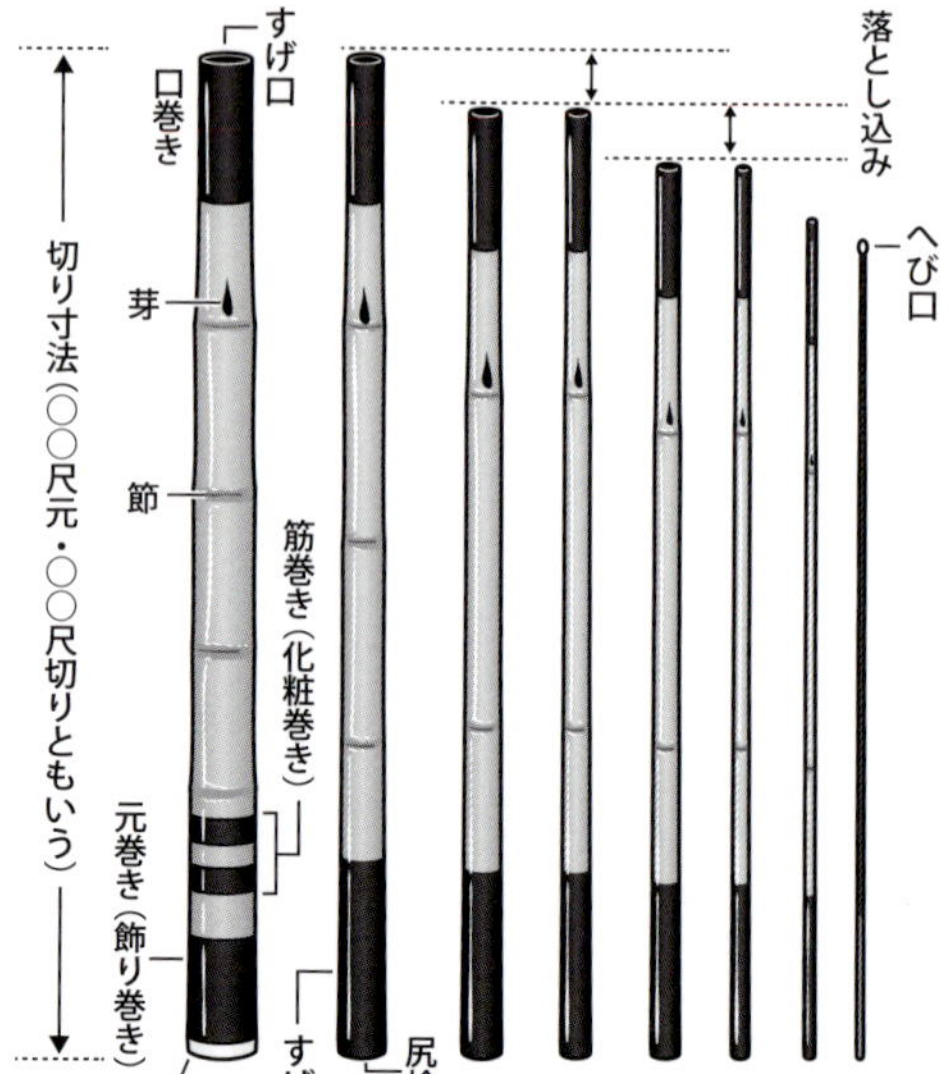

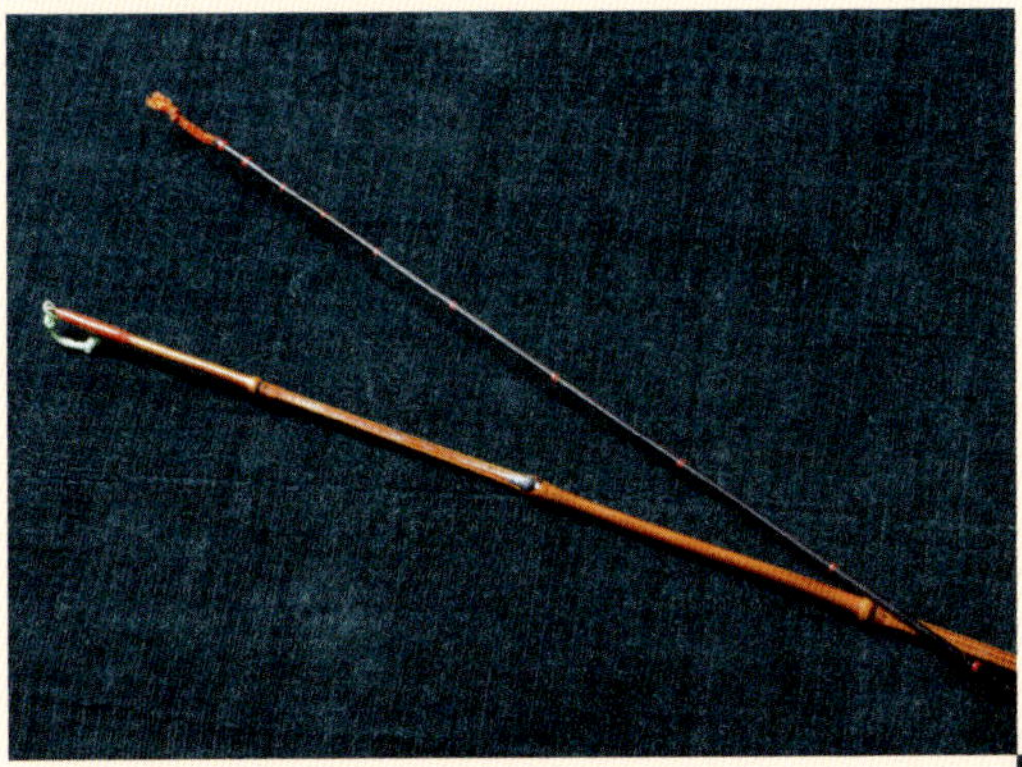

穂先
上が真竹の削り穂、下は布袋竹穂先

へび口
仕掛けを接続する穂先先端部は通称へび口と呼び、補助イトを結ぶ輪型とストレートなリリアン型が中心。
輪型のヘビ口を竜の頭にたとえて竜頭(りゅうず)ともいう

継ぎ
継ぎ合わせる個所を継ぎと呼び、その凹部が「すげ口」、もう一方の凸部は「すげ込み」という
上が並継ぎのすげ込み、下は印籠継ぎのすげ込みで印籠芯ともいう

上が並継ぎのすげ口とすげ込みを継ぎ合わせた状態、下は同じく印籠継ぎ

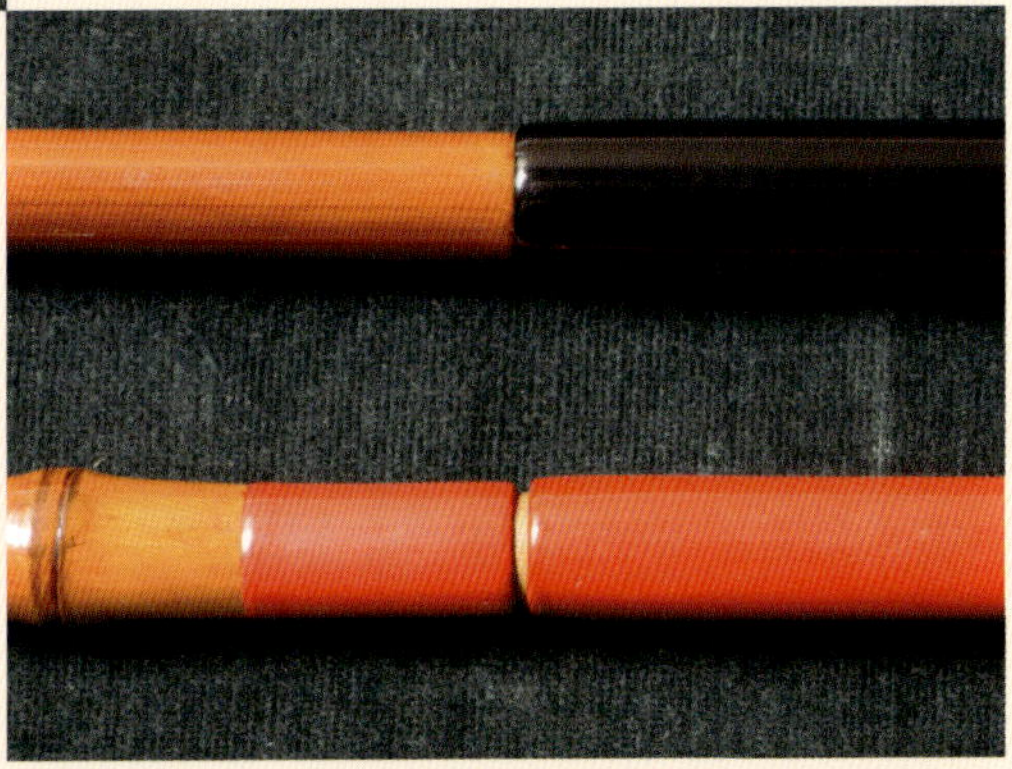

芽打ち

芽を取った跡に漆を入れる漆塗りの作業。切れ長な矢竹に対し、布袋竹の芽はこぢんまりと小さいことが相違点。黒漆を主体に、朱などの色漆も使われる。芽打ちは単なる装飾でなく、交互に芽合わせを行い、正しく竿を継ぐための目印でもある

上が切れ長の矢竹、下はこぢんまりとした布袋竹の芽打ち

手元の竿尻

竿全体の美しさやバランスは手元の竿尻によって大きく印象が変わる。マブナ竿の手元には淡竹、矢竹、布袋竹が使われ、個性豊かな形状の根掘り竹も好まれる

左から淡竹、矢竹２本、布袋竹

口栓

すげ口保護用の栓。付属していないことも多く、別途注文することも可能

【塗師仕事の名称】

口塗り

すげ口の口塗りを筆頭に主要個所に用いる装飾塗り。主に赤染めの撚りイトで巻いた上に漆塗りで仕上げる。黒の蝋色や朱などの単色塗りや透き塗りのほか、変わり塗りの種類は無限大

上が蝋色の単色塗り、下は変わり塗りの一種

覆輪

主に、口塗りの外周に沿って筋を引く飾り塗りの一種。口塗りとのマッチングを考慮したデコレーションだけでなく、竿全体の印象を引き締める役割もある。

写真のマブナ竿のすげ口には上下の外周に沿って、朱と黄の２色塗りの覆輪が描かれている

胴漆

穂先から手元まで胴中全体に漆をごく薄く伸ばしながら、何回も繰り返す摺り漆の塗師仕事。長期保存や潮にも負けない丈夫な被膜を作ることができる摺り漆は、拭き取りと手拭きの２通りが基本。拭き取りは布でふき取っては乾かす作業を繰り返し、竹の地肌を生かせることが特徴。一方、手でふき上げる手拭きは全体的に濃い色に仕上がり、より厚い漆の被膜でカバーできるので潮気などにも強く、海竿全般に多用される。どちらも月日が経つと漆の色が淡くなり、竹肌や口巻きは透き通るような美しさを増す

上が拭き取り、下は手拭き。どちらも製作から10年以上経ち、胴漆が美しく透けてきた

筋巻きと元巻き

覆輪と同じく、装飾用の化粧巻き。何本もの細い線を引いたパターンは筋巻きとか筋引き、そして竿尻に太く描いたものは元巻きと呼ぶ。筋巻きは和竿師の意向で各所に描かれ、その本数や間隔に決まりはない

上が黒の蝋色、下は朱漆で描いた手元の筋巻きと元巻き

おわりに

「和竿の竹林」四度目の旅

無我夢中で和竿の竹林をかき分けた平成14年（2002）発行『平成の竹竿職人』に始まり、竹と木の香りがする品々を集めた『釣り具CLASSICOモノ語り』（平成17年／2005）、そして和竿職人の保証印を捜し求めた『続・平成の竹竿職人　焼き印の顔』（平成19年／2007）。40～50歳の壮年期、あちらこちらの竹林を旅してまとめた、僕の和の釣り道具三部作だ。

あれからはや10年、六十路を迎えて四度目の竹林へ踏み入る決意をした。

対象魚別に江戸和竿をひと通りかき集めてみようという当初の魂胆は、気が付けば遊漁の竿として愛用されてきた江戸和竿の長い足跡をたどる旅になっていた。

平成28年、小ブナ釣りが忙しい晩秋10月、まずは海川を問わず釣り竿をリストアップしていくと、ジャンル別でざっと20項目あまり。ひと昔以上前に出番を失ったものが多い一方で、まだまだ現役あるいは最新釣法バージョンの和竿も含まれている点は心強かった。

僕は長年親しくしている釣り仲間とその知人を頼り、通い慣れた竹林をたどり始めた。季節は寒タナゴ釣りの好機に突入していた。撮影用に拝借した貴重な珍品、名品、現役バリバリの和竿の数々。それらとカメラのレンズ越しに対話をしながら、数え切れないほどシャッターを押し続けて師走を過ごした。

中でもアオギスの脚立釣りを筆頭に、海苔シビのボラ釣り、導流杭のカイズ釣りという江戸前の三大釣りは、経験したこともなければ目にしたこともない幻の釣りで歴史をひも解くのに難儀した。それでも長老格の釣り人や和竿師から何度も話を伺い、資料と付き合わせ、和竿と対話を続けていく間に、ある日冬晴れの空のように謎が解けていった。

こうして年が明けた平成29年春3月、僕は乗っ込みブナ釣り開幕戦に滑り込みセーフで原稿を書き上げることができたのだ。

取材中に貴重な証言や助言を与えてくださった方々、撮影に大切な和竿を快くお貸しいただいた方々、また既刊三部作同様コラムをお寄せいただいた、つり人社鈴木康友会長、皆様のご厚意なくして本書の完成はあり得ませんでした。心より感謝申し上げます。

ありがとうございました。

平成29年　乗っ込みブナの季節に

葛島一美

●取材協力（50音順・敬称略）

江戸川（櫻井宏克）
江戸和竿組合
奥田恭二
金森健太郎
川上明彦
銀座東作（松本和彦）
邦一（宮島精一）
越路克和
竿しば（芝崎　稔）
竿辰（奥平辰之）
竿忠（中根喜三郎）
竿富（吉田嘉弘）
竿中（中台泰夫）
竿好（吉澤　均）
坂本和久
汐よし（早坂良行）
島田　清
寿晴（山崎吉晴）
鈴木康友（つり人社会長）
高尾　敏
田沼光太郎
東作本店（松本耕平）
長谷文彦
平林　潔
姚　正雄

●参考文献

『釣技百科』松崎明治（朝日新聞社）
『釣りの四季』小早川遊竿　編（誠文堂新光社）
『服部博物館』服部善郎＝所蔵・解説　葛島一美＝フォト＆テキスト（日東書院）
『和竿事典』松本栄一（つり人社）

江戸和竿師系図

◉江戸和竿組合

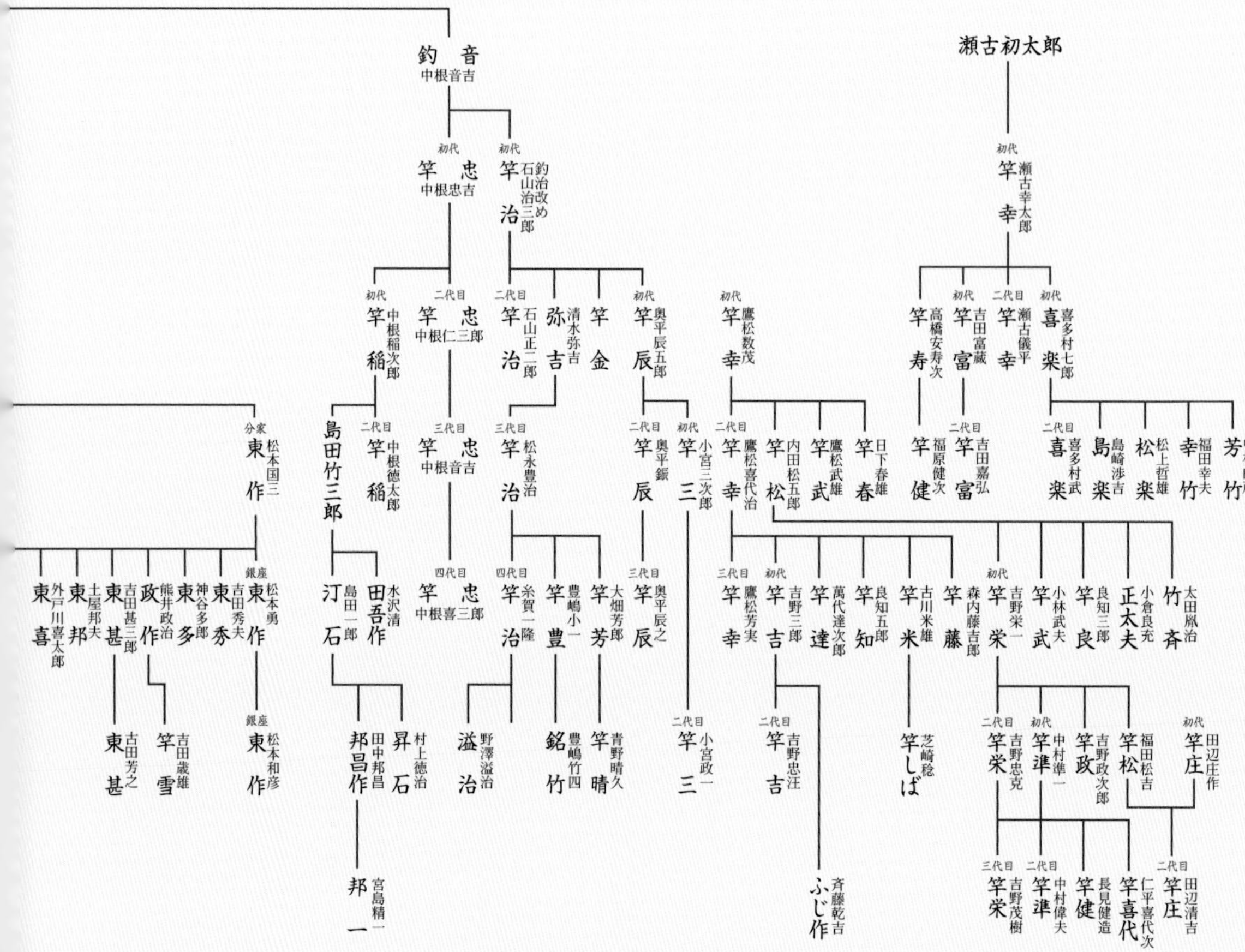

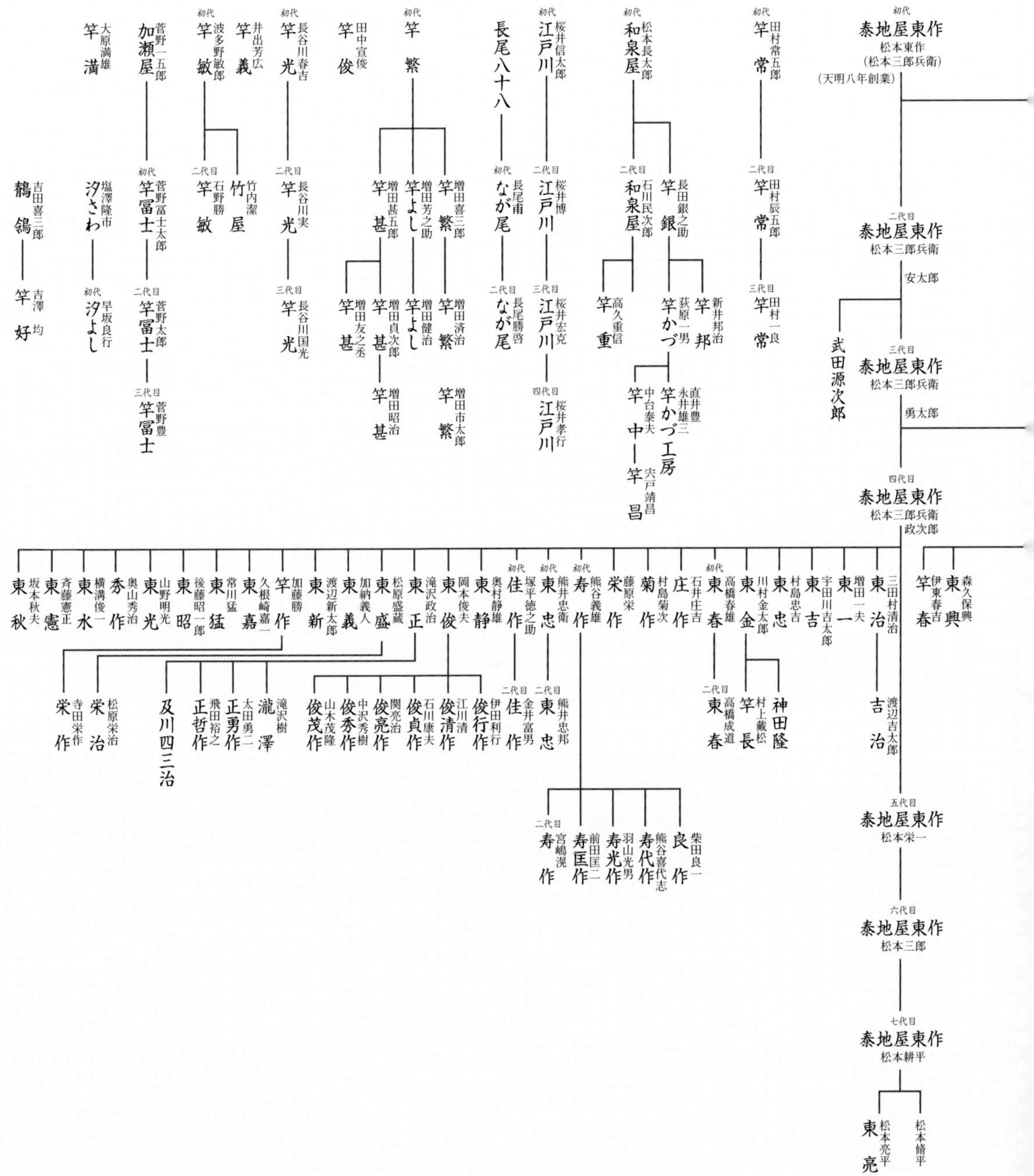
初代 泰地屋東作 松本東作 (松本三郎兵衛)
(天明八年創業)
二代目 泰地屋東作 松本三郎兵衛
安太郎
武田源次郎
三代目 泰地屋東作 松本三郎兵衛
勇太郎
四代目 泰地屋東作 松本三郎兵衛
政次郎
五代目 泰地屋東作 松本栄一
六代目 泰地屋東作 松本三郎
七代目 泰地屋東作 松本耕平
東亮 松本亮平
松本脩平
初代 竿常 田村常五郎
二代目 竿常 田村辰五郎
三代目 竿常 田村一良
初代 和泉屋 松本長太郎
二代目 和泉屋 石川民次郎
竿重 高久重信
竿銀 長田銀之助
竿かづ 荻原一男
竿邦 新井邦治
竿かづ工房 直井豊 永井雄三
竿中 中台泰夫
竿昌 宍戸靖昌
初代 江戸川 桜井信太郎
二代目 江戸川 桜井博
三代目 江戸川 桜井宏克
四代目 江戸川 桜井孝行
長尾八十八
初代 なが尾 長尾甫
二代目 なが尾 長尾勝啓
初代 竿繁
竿繁 増田喜三郎
竿よし 増田芳之助
竿甚 増田甚五郎
竿繁 増田済治
竿繁 増田市太郎
竿よし 増田健治
竿甚 増田貞次郎
竿甚 増田昭治
竿甚 増田友之丞
竿俊 田中宣俊
初代 竿光 長谷川春吉
二代目 竿光 長谷川実
三代目 竿光 長谷川国光
竿義 井出芳広
初代 竿敏 波多野敏郎
二代目 竿敏 石野勝
竹屋 竹内潔
加瀬屋 菅野一五郎
初代 竿冨士 菅野冨士太郎
二代目 竿冨士 菅野太郎
三代目 竿冨士 菅野豊
竿満 大原満雄
汐さわ 塩澤隆市
初代 汐よし 早坂良行
鶺鴒 吉田喜三郎
竿好 吉澤均
竿春 伊東春吉
東興 森久保興
東治 三田村清治
吉治 渡辺吉太郎
東一 増田一夫
東吉 宇田川吉太郎
東忠 村島忠吉
東金 川村金太郎
竿長 村上戴松
神田隆
初代 東春 高橋春雄
二代目 東春 高橋成道
庄作 石井庄吉
菊作 村島菊次
栄作 藤原栄
初代 寿作 熊谷義雄
良作 柴田良一
寿代作 熊谷喜代志
寿光作 羽山光男
寿匡作 前田匡二
二代目 寿作 宮嶋滉
初代 東忠 熊井忠衛
二代目 東忠 熊井忠邦
初代 佳作 塚平徳之助
二代目 佳作 金井富男
東静 奥村静雄
東俊 岡本俊夫
俊行作 伊田利行
俊清作 江川清
俊貞作 石川康夫
俊亮作 関亮治
俊秀作 中沢秀樹
俊茂作 山木茂隆
東正 滝沢政治
瀧澤 滝沢樹
正勇作 太田勇二
正哲作 飛田裕之
及川四三治
東盛 松原盛蔵
栄治 松原栄治
東義 加納義人
東新 渡辺新太郎
竿作 加藤勝
栄作 寺田栄作
東嘉 久根崎嘉一
東猛 常川猛
東昭 後藤昭一郎
東光 山野明光
秀作 奥山秀治
東水 横溝俊一
東憲 斉藤憲正
東秋 坂本秋夫

著者プロフィール

葛島一美(かつしま・かずみ)

昭和30年8月10日、東京都台東区東上野生まれ。幼年時代から父や叔父と連れ立って川や海の小もの釣りに親しみ、高校卒業後は料理好きが高じて調理師の免許を取得。しかし釣りの味(?)が忘れられず、東京中日スポーツ新聞の釣り欄に約20年間在籍した後、釣り＆魚料理のカメラマン・ライターとして独立。六十路の現在は根岸の里を終の住み処とし、親しき仲間と釣り三昧の侘び住まい。つり人社の主な著作は『平成の竹竿職人』、『釣り具CLASSICOモノ語り』、『続・平成の竹竿職人 焼き印の顔』、『ワカサギ釣り』、『決定版　フナ釣り タナゴ釣り入門』、『小さな魚を巡る小さな自転車の釣り散歩』、『日本タナゴ釣り紀行』（共著）、『日本タナゴ釣り紀行2』（共著）、『小もの釣りがある日突然上手くなる』、『川釣り入門』、『川釣り仕掛け入門』。
同DVD『見て納得！フナ釣りタナゴ釣り入門』。他に、辰巳出版『釣魚の食卓～葛島一美の旬魚食彩～』『釣った魚で干す。練る。漬ける。燻す』など。
元・東京釣具博物館理事、東京ハゼ釣り研究会副会長。

和竿大全《わざおたいぜん》

2017年5月1日発行

著　者　葛島一美
発行者　山根和明
発行所　株式会社つり人社
〒101-8408　東京都千代田区神田神保町1-30-13
TEL 03-3294-0781（営業部）
TEL 03-3294-0766（編集部）

印刷・製本　図書印刷株式会社

乱丁、落丁などありましたらお取り替えいたします。

ISBN978-4-86447-099-5　C2075
つり人社ホームページ　http://tsuribito.co.jp/
つり人オンライン　http://web.tsuribito.co.jp/
釣り人道具店　http://tsuribito-dougu.com/